15개정 교육과정

개념+유형

라이트 개념책

- 친절하고 자세한 **개념학습**
- 실력을 다지는 수준별 **유형학습**
- 생각하는 힘을 키우는 **교과역량학습**

개념과 유형이 하나로

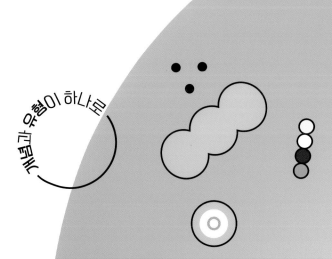

초등 수학

3·2

visang

개발 육성은, 황은지, 김명숙
디자인 정세연, 차민진, 이지은, 안상현

발행일 2022년 1월 1일
펴낸날 2023년 11월 1일
제조국 대한민국
펴낸곳 (주)비상교육
펴낸이 양태회
신고번호 제2002-000048호
출판사업총괄 최대찬
개발총괄 채진희
개발책임 최진형
디자인책임 김재훈
영업책임 이지웅
품질책임 석진안
마케팅책임 이은진
대표전화 1544-0554
주소 서울특별시 구로구 디지털로33길 48
　　　 대륭포스트타워 7차 20층

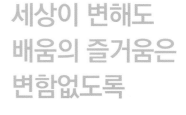

세상이 변해도
배움의 즐거움은
변함없도록

시대는 빠르게 변해도
배움의 즐거움은
변함없어야 하기에

어제의 비상은
남다른 교재부터
결이 다른 콘텐츠
전에 없던 교육 플랫폼까지

변함없는 혁신으로
교육 문화 환경의 새로운 전형을
실현해왔습니다.

비상은 오늘, 다시 한번
새로운 교육 문화 환경을 실현하기 위한
또 하나의 혁신을 시작합니다.

오늘의 내가 어제의 나를 초월하고
오늘의 교육이 어제의 교육을 초월하여
배움의 즐거움을 지속하는 혁신,

바로, 메타인지 기반 완전 학습을.

상상을 실현하는 교육 문화 기업 비상

메타인지 기반 완전 학습

초월을 뜻하는 meta와 생각을 뜻하는 인지가 결합한 메타인지는
자신이 알고 모르는 것을 스스로 구분하고 학습계획을 세우도록 하는
궁극의 학습 능력입니다. 비상의 메타인지 기반 완전 학습 시스템은
잠들어 있는 메타인지를 깨워 공부를 100% 내 것으로 만들도록 합니다.

개념+유형 라이트
공부 계획표

3-2
12주
완성

1주

1. 곱셈

개념책 6~11쪽	개념책 12~15쪽	개념책 16~19쪽	개념책 20~23쪽	개념책 24~27쪽
월 일	월 일	월 일	월 일	월 일

2주

1. 곱셈

개념책 28~31쪽	개념책 32~37쪽	복습책 3~8쪽	복습책 9~12쪽	복습책 13~18쪽
월 일	월 일	월 일	월 일	월 일

3주

1. 곱셈 　　　　　　 2. 나눗셈

평가책 2~4쪽	평가책 5~9쪽	개념책 38~43쪽	개념책 44~47쪽	개념책 48~51쪽
월 일	월 일	월 일	월 일	월 일

4주

2. 나눗셈

개념책 52~55쪽	개념책 56~61쪽	개념책 62~65쪽	개념책 66~71쪽	복습책 19~24쪽
월 일	월 일	월 일	월 일	월 일

5주

2. 나눗셈 　　　　　　 3. 원

복습책 25~28쪽	복습책 29~34쪽	평가책 10~12쪽	평가책 13~17쪽	개념책 72~77쪽
월 일	월 일	월 일	월 일	월 일

6주

3. 원

개념책 78~83쪽	개념책 84~89쪽	복습책 35~39쪽	복습책 40~42쪽	평가책 18~20쪽
월 일	월 일	월 일	월 일	월 일

좋은책 신사고 초등

공부 계획표 8주 완성에 맞추어 공부하면
개념책으로 공부한 후 **복습책**과 **평가책**으로 복습하며
기본 실력을 완성할 수 있어요!

복습책, 평가책으로 공부

5주

1. 곱셈				2. 나눗셈
복습책 3~8쪽	복습책 9~12쪽	복습책 13~18쪽	평가책 2~9쪽	복습책 19~24쪽
월 일	월 일	월 일	월 일	월 일

6주

2. 나눗셈			3. 원	
복습책 25~28쪽	복습책 29~34쪽	평가책 10~17쪽	복습책 35~42쪽	평가책 18~25쪽
월 일	월 일	월 일	월 일	월 일

7주

4. 분수				5. 들이와 무게
복습책 43~47쪽	복습책 48~51쪽	복습책 52~56쪽	평가책 26~33쪽	복습책 57~61쪽
월 일	월 일	월 일	월 일	월 일

8주

5. 들이와 무게			6. 자료의 정리	
복습책 62~66쪽	복습책 67~72쪽	평가책 34~41쪽	복습책 73~82쪽	평가책 42~49쪽
월 일	월 일	월 일	월 일	월 일

개념+유형 라이트 공부 계획표

3-2
8주 완성

개념책으로 공부

1주

1. 곱셈

개념책 6~15쪽	개념책 16~23쪽	개념책 24~31쪽	개념책 32~37쪽	**2. 나눗셈** 개념책 38~45쪽
월 일	월 일	월 일	월 일	월 일

2주

2. 나눗셈

개념책 46~51쪽	개념책 52~59쪽	개념책 60~65쪽	개념책 66~71쪽	**3. 원** 개념책 72~83쪽
월 일	월 일	월 일	월 일	월 일

3주

3. 원	**4. 분수**			**5. 들이와 무게**
개념책 84~89쪽	개념책 90~99쪽	개념책 100~107쪽	개념책 108~113쪽	개념책 114~123쪽
월 일	월 일	월 일	월 일	월 일

4주

5. 들이와 무게			**6. 자료의 정리**	
개념책 124~131쪽	개념책 132~139쪽	개념책 140~145쪽	개념책 146~157쪽	개념책 158~163쪽
월 일	월 일	월 일	월 일	월 일

공부 계획표 12주 완성에 맞추어 공부하면
단원별로 **개념책, 복습책, 평가책**을 번갈아 공부하며
기본 실력을 완성할 수 있어요!

7주	3. 원	4. 분수			
	평가책 21~25쪽	개념책 90~95쪽	개념책 96~99쪽	개념책 100~103쪽	개념책 104~107쪽
	월 일	월 일	월 일	월 일	월 일

8주	4. 분수				
	개념책 108~113쪽	복습책 43~47쪽	복습책 48~51쪽	복습책 52~56쪽	평가책 26~28쪽
	월 일	월 일	월 일	월 일	월 일

9주	4. 분수	5. 들이와 무게			
	평가책 29~33쪽	개념책 114~119쪽	개념책 120~123쪽	개념책 124~127쪽	개념책 128~131쪽
	월 일	월 일	월 일	월 일	월 일

10주	5. 들이와 무게				
	개념책 132~135쪽	개념책 136~139쪽	개념책 140~145쪽	복습책 57~61쪽	복습책 62~66쪽
	월 일	월 일	월 일	월 일	월 일

11주	5. 들이와 무게			6. 자료의 정리	
	복습책 67~72쪽	평가책 34~36쪽	평가책 37~41쪽	개념책 146~151쪽	개념책 152~157쪽
	월 일	월 일	월 일	월 일	월 일

12주	6. 자료의 정리				
	개념책 158~163쪽	복습책 73~76쪽	복습책 77~82쪽	평가책 42~44쪽	평가책 45~49쪽
	월 일	월 일	월 일	월 일	월 일

개념＋유형

PLUS

라이트

개념책

초등 수학 —

3·2

구성과 특징

친절하고 자세한
개념 학습

수준별 문제로 실력을 다지는
유형 학습

개념 정리

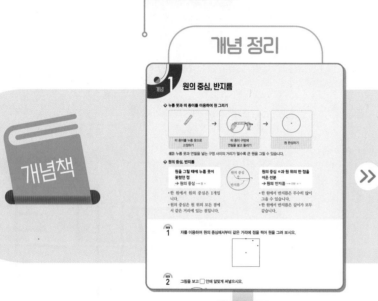

STEP 1 기본유형

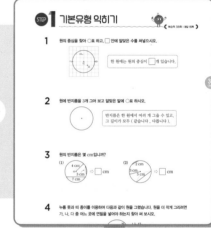

개념책

개념 복습 ⬇

기본유형 복습 ⬇

복습책

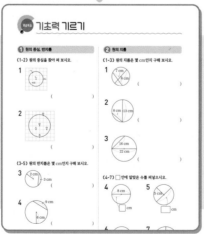

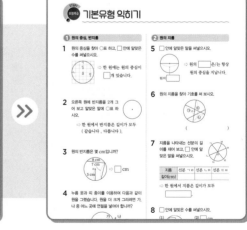

" 개념책의 문제를
복습책에서 1:1로 복습하여 기본 완성! 99

실력
평가

STEP 2 실전유형

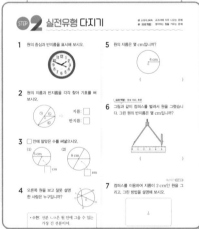

STEP 3 응용유형

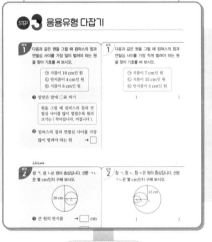

단원 마무리

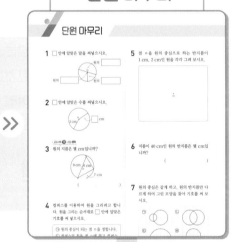

>>

실전유형 복습

응용유형 복습

실력 평가

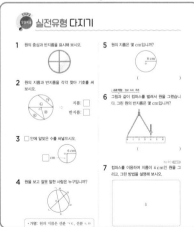

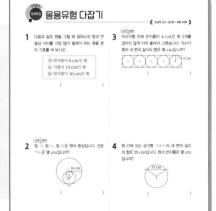

평가책

- 단원 평가
- 서술형 평가
- 학업 성취도 평가

차례

"라이트에서
공부할 내용을 알아보아요 99

1
곱셈

이전에 배운 내용	이번에 배울 내용	이후에 배울 내용

3-1 곱셈
- (몇십)×(몇)
- (몇십몇)×(몇)

1. 올림이 없는
   (세 자리 수)×(한 자리 수)
2. 올림이 한 번 있는
   (세 자리 수)×(한 자리 수)
3. 올림이 여러 번 있는
   (세 자리 수)×(한 자리 수)
4. (몇십)×(몇십), (몇십몇)×(몇십)
5. (몇)×(몇십몇)
6. 올림이 없는 (몇십몇)×(몇십몇)
7. 올림이 한 번 있는
   (몇십몇)×(몇십몇)
8. 올림이 여러 번 있는
   (몇십몇)×(몇십몇)

4-1 곱셈과 나눗셈
(세 자리 수)×(두 자리 수)

준비학습

1 계산해 보시오.

(1)
```
    3 2
  ×   3
```

(2)
```
    1 8
  ×   4
```

2 계산 결과를 찾아 선으로 이어 보시오.

21×6 ·   · 320

64×5 ·   · 288

72×4 ·   · 126

올림이 없는 (세 자리 수)×(한 자리 수)

◆ **234×2의 계산**

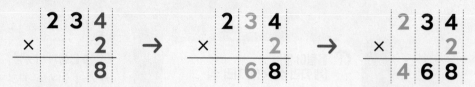

$$\begin{array}{r} 2\ 3\ 4 \\ \times \quad\ \ 2 \\ \hline 8 \end{array} \rightarrow \begin{array}{r} 2\ 3\ 4 \\ \times \quad\ \ 2 \\ \hline 6\ 8 \end{array} \rightarrow \begin{array}{r} 2\ 3\ 4 \\ \times \quad\ \ 2 \\ \hline 4\ 6\ 8 \end{array}$$

4×2=8에서
8을 일의 자리에 씁니다.

3×2=6에서
6을 십의 자리에 씁니다.

2×2=4에서
4를 백의 자리에 씁니다.

> 참고 **(몇백)×(몇)의 계산**
>
> (몇)×(몇)을 계산한 값에 0을 2개 붙입니다.
>
> 0을 2개 붙입니다.
> $$200 \times 4 = 800$$
> 2×4=8

예제 1

213×2는 얼마인지 알아보시오.

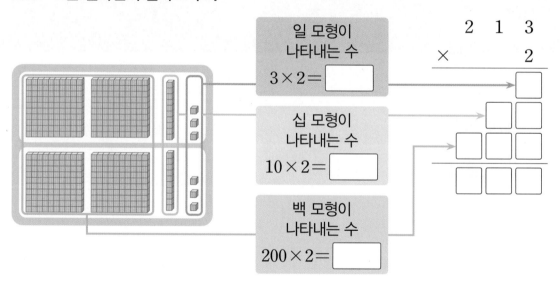

일 모형이
나타내는 수

3×2=☐

십 모형이
나타내는 수

10×2=☐

백 모형이
나타내는 수

200×2=☐

$$\begin{array}{r} 2\ 1\ 3 \\ \times \quad\quad\ 2 \\ \hline \end{array}$$

예제 2

☐ 안에 알맞은 수를 써넣으시오.

$$\begin{array}{r} 2\ 2\ 1 \\ \times \quad\quad 4 \\ \hline \ \ \Box \end{array} \Rightarrow \begin{array}{r} 2\ 2\ 1 \\ \times \quad\quad 4 \\ \hline \Box\ \Box \end{array} \Rightarrow \begin{array}{r} 2\ 2\ 1 \\ \times \quad\quad 4 \\ \hline \Box\ \Box\ \Box \end{array}$$

1 수 모형을 보고 계산해 보시오.

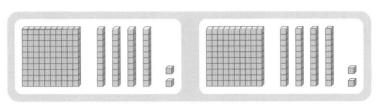

$$142 \times 2 = \boxed{}$$

2 계산해 보시오.

(1)
$$\begin{array}{r} 3\ 2\ 3 \\ \times \qquad 3 \\ \hline \end{array}$$

(2)
$$\begin{array}{r} 4\ 1\ 3 \\ \times \qquad 2 \\ \hline \end{array}$$

(3) 124×2

(4) 212×3

3 빈칸에 알맞은 수를 써넣으시오.

(1)

$\times 3$

321

(2)

$\times 4$

211

4 수호는 방울토마토를 한 바구니에 214개씩 담았습니다. 바구니 2개에 담은 방울토마토는 모두 몇 개입니까?

식 |

답 |

올림이 한 번 있는 (세 자리 수) × (한 자리 수)

◆ **326 × 2의 계산**

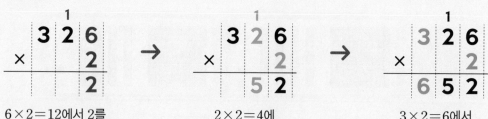

6×2=12에서 2를
일의 자리에 쓰고, 1을 올림하여
십의 자리 위에 작게 씁니다.

2×2=4에
올림한 수 1을 더하여
5를 십의 자리에 씁니다.

3×2=6에서
6을 백의 자리에
씁니다.

예제 1 153 × 2는 얼마인지 알아보시오.

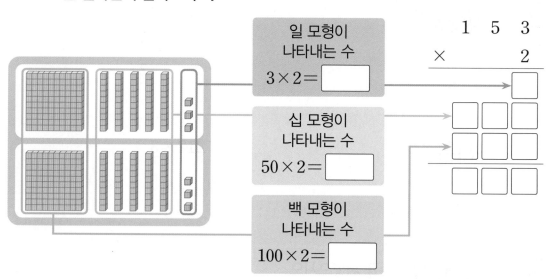

예제 2 ☐ 안에 알맞은 수를 써넣으시오.

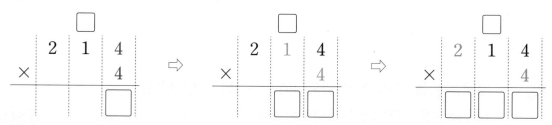

1 수 모형을 보고 계산해 보시오.

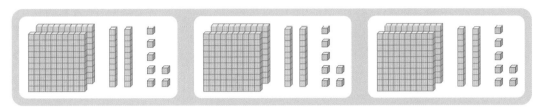

$$227 \times 3 = \boxed{}$$

2 계산해 보시오.

(1)
```
    1 2 3
  ×     4
```

(2)
```
    2 8 2
  ×     3
```

(3) 418×2

(4) 171×5

3 빈칸에 알맞은 수를 써넣으시오.

(1)

209　　4

(2)

394　　2

4 민영이는 줄넘기를 하루에 115번씩 했습니다. 민영이는 6일 동안 줄넘기를 모두 몇 번 했습니까?

식 |

답 |

개념 3 올림이 여러 번 있는 (세 자리 수)×(한 자리 수)

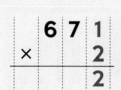 **671×2의 계산 →** 올림이 두 번 있는 경우

```
        6  7  1
     ×        2
              2
```
→
```
           1
        6  7  1
     ×        2
           4  2
```
→
```
           1
        6  7  1
     ×        2
     1  3  4  2
```

1×2=2에서
2를 일의 자리에
씁니다.

7×2=14에서 4를
십의 자리에 쓰고, 1을
백의 자리 위에 작게 씁니다.

6×2=12에 올림한 수 1을
더한 13을 천의 자리와
백의 자리에 차례대로 씁니다.

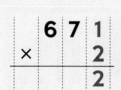 **546×3의 계산 →** 올림이 세 번 있는 경우

```
           1
        5  4  6
     ×        3
              8
```
→
```
        1  1
        5  4  6
     ×        3
           3  8
```
→
```
        1  1
        5  4  6
     ×        3
     1  6  3  8
```

6×3=18에서 8을
일의 자리에 쓰고, 1을
십의 자리 위에 작게 씁니다.

4×3=12에 올림한 수 1을
더한 13을 백의 자리 위와
십의 자리에 차례대로 씁니다.

5×3=15에 올림한 수 1을
더한 16을 천의 자리와
백의 자리에 차례대로 씁니다.

예제 1 ☐ 안에 알맞은 수를 써넣으시오.

(1)
```
        5  6  1
     ×        4
              4   ←  ☐ ×4
     ☐  ☐  ☐      ←  ☐ ×4
  ☐  ☐  ☐  ☐      ←  ☐ ×4
  ☐  ☐  ☐  ☐
```

(2)
```
        7  5  8
     ×        2
           1  6   ←  ☐ ×2
     ☐  ☐  ☐      ←  ☐ ×2
  ☐  ☐  ☐         ←  ☐ ×2
```

예제 2 ☐ 안에 알맞은 수를 써넣으시오.

(1)
```
        ☐  ☐
        1  6  8
     ×        4
     ☐  ☐  ☐
```

(2)
```
        ☐  ☐
        2  3  5
     ×        7
     ☐  ☐  ☐
```

1 ☐ 안에 알맞은 수를 써넣으시오.

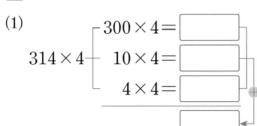

(1)
$$314 \times 4 \begin{cases} 300 \times 4 = \boxed{} \\ 10 \times 4 = \boxed{} \\ 4 \times 4 = \boxed{} \end{cases}$$

$$\boxed{}$$

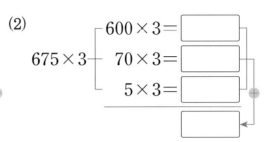

(2)
$$675 \times 3 \begin{cases} 600 \times 3 = \boxed{} \\ 70 \times 3 = \boxed{} \\ 5 \times 3 = \boxed{} \end{cases}$$

$$\boxed{}$$

2 계산해 보시오.

(1)
$$\begin{array}{r} 7\ 8\ 4 \\ \times \quad\quad 2 \\ \hline \end{array}$$

(2)
$$\begin{array}{r} 4\ 9\ 3 \\ \times \quad\quad 4 \\ \hline \end{array}$$

(3) 257×3

(4) 542×5

3 빈칸에 알맞은 수를 써넣으시오.

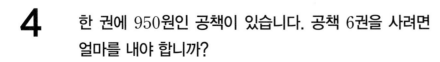

(1)
409
$\downarrow$
$\times 5$
$\downarrow$

(2)
876
$\downarrow$
$\times 2$
$\downarrow$

4 한 권에 950원인 공책이 있습니다. 공책 6권을 사려면 얼마를 내야 합니까?

식|

답|

950 원

1
$$\begin{array}{r} 310 \\ \times\quad 2 \\ \hline \end{array}$$

2
$$\begin{array}{r} 105 \\ \times\quad 4 \\ \hline \end{array}$$

3
$$\begin{array}{r} 261 \\ \times\quad 3 \\ \hline \end{array}$$

4
$$\begin{array}{r} 643 \\ \times\quad 3 \\ \hline \end{array}$$

5
$$\begin{array}{r} 436 \\ \times\quad 2 \\ \hline \end{array}$$

6
$$\begin{array}{r} 151 \\ \times\quad 8 \\ \hline \end{array}$$

7
$$\begin{array}{r} 403 \\ \times\quad 2 \\ \hline \end{array}$$

8
$$\begin{array}{r} 329 \\ \times\quad 3 \\ \hline \end{array}$$

9
$$\begin{array}{r} 470 \\ \times\quad 5 \\ \hline \end{array}$$

10
$$\begin{array}{r} 217 \\ \times\quad 3 \\ \hline \end{array}$$

11
$$\begin{array}{r} 456 \\ \times\quad 2 \\ \hline \end{array}$$

12
$$\begin{array}{r} 423 \\ \times\quad 5 \\ \hline \end{array}$$

13
$$\begin{array}{r} 302 \\ \times\quad 9 \\ \hline \end{array}$$

14
$$\begin{array}{r} 547 \\ \times\quad 3 \\ \hline \end{array}$$

15
$$\begin{array}{r} 332 \\ \times\quad 4 \\ \hline \end{array}$$

16
$$\begin{array}{r} 3\,4\,8 \\ \times \quad 3 \\ \hline \end{array}$$

17
$$\begin{array}{r} 1\,1\,8 \\ \times \quad 5 \\ \hline \end{array}$$

18
$$\begin{array}{r} 5\,7\,1 \\ \times \quad 2 \\ \hline \end{array}$$

19
$$\begin{array}{r} 4\,5\,3 \\ \times \quad 2 \\ \hline \end{array}$$

20
$$\begin{array}{r} 1\,1\,2 \\ \times \quad 4 \\ \hline \end{array}$$

21
$$\begin{array}{r} 7\,5\,3 \\ \times \quad 2 \\ \hline \end{array}$$

22
$$\begin{array}{r} 2\,2\,3 \\ \times \quad 4 \\ \hline \end{array}$$

23
$$\begin{array}{r} 8\,4\,7 \\ \times \quad 2 \\ \hline \end{array}$$

24
$$\begin{array}{r} 8\,2\,5 \\ \times \quad 4 \\ \hline \end{array}$$

25
$$\begin{array}{r} 1\,0\,4 \\ \times \quad 7 \\ \hline \end{array}$$

26
$$\begin{array}{r} 2\,8\,2 \\ \times \quad 6 \\ \hline \end{array}$$

27
$$\begin{array}{r} 2\,3\,1 \\ \times \quad 3 \\ \hline \end{array}$$

28
$$\begin{array}{r} 9\,6\,6 \\ \times \quad 2 \\ \hline \end{array}$$

29
$$\begin{array}{r} 1\,8\,6 \\ \times \quad 6 \\ \hline \end{array}$$

30
$$\begin{array}{r} 7\,5\,9 \\ \times \quad 4 \\ \hline \end{array}$$

1 계산해 보시오.

(1)
```
    1 3 1
  ×     3
```

(2)
```
    4 4 8
  ×     2
```

(3) 527×2

(4) 276×4

2 덧셈식을 곱셈식으로 나타내고 계산해 보시오.

$$361 + 361 + 361 + 361 + 361$$

☐ × ☐ = ☐

3 빈칸에 두 수의 곱을 써넣으시오.

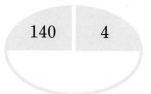

4 계산 결과를 찾아 선으로 이어 보시오.

232×4 ·	· 656
328×2 ·	· 519
173×3 ·	· 928

5 계산 결과의 크기를 비교하여 ◯ 안에 >, =, <를 알맞게 써넣으시오.

$$308 \times 3 \bigcirc 432 \times 2$$

6 가장 큰 수와 가장 작은 수의 곱은 얼마입니까?

| 592 | 2 | 567 | 3 |

( )

교과 역량 추론   개념 확인 서술형

7 잘못 계산한 곳을 찾아 이유를 쓰고, 바르게 계산해 보시오.

```
    8 6 5
  ×     2
  ───────
      1 0
    1 2
    1 6
  ───────
    2 9 0
```
⇨
```
    8 6 5
  ×     2
  ───────

```

이유 | _____

_____

_____

8 지우네 학교 도서관에는 책이 110권씩 꽂혀 있는 책장이 5개 있습니다. 지우네 학교 도서관에 있는 책은 모두 몇 권입니까?

( )

9 1년은 365일입니다. 2년은 모두 며칠입니까?

( )

10 정사각형의 네 변의 길이의 합은 몇 cm입니까?

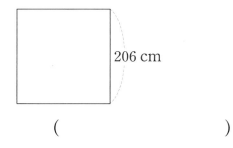

206 cm

( )

교과 역량 문제 해결, 정보 처리

11 다음이 나타내는 수와 6의 곱은 얼마입니까?

100이 4개, 10이 2개, 1이 8개인 수

( )

12 일호는 슈퍼에서 한 개에 540원인 사탕 7개를 사고 5000원을 냈습니다. 일호가 받아야 하는 거스름돈은 얼마입니까?

( )

교과서 pick

13 인영이네 학교 3학년 각 반의 학생 수를 나타낸 표입니다. 학생 한 명당 연필을 3자루씩 나누어 줄 때, 모든 학생에게 나누어 주려면 연필은 모두 몇 자루 필요합니까?

반	1반	2반	3반	4반
학생 수(명)	33	28	24	31

( )

교과 역량 문제 해결

14 돈을 더 많이 모은 사람은 누구이고, 얼마를 더 많이 모았습니까?

저금을 하려고 하루에 850원씩 7일 동안 모았어.

나는 하루에 650원씩 9일 동안 모았어.

은지   성진

(,)

개념 4 (몇십)×(몇십), (몇십몇)×(몇십)

◆ **20×40의 계산** → (몇십)×(몇십)

> (몇)×(몇)을
> 계산한 값에
> **0을 2개**
> 붙입니다.

방법 1 (몇)×(몇)의 100배

$$2 \times 4 = 8$$

10배 10배 100배

$$20 \times 40 = 800$$

$$\begin{array}{r} 2\,0 \\ \times\ 4\,0 \\ \hline 8\,0\,0 \end{array}$$ 0을 2개 붙입니다.

$2 \times 4 = 8$

방법 2 (몇십)×(몇)×10

$$20 \times 40 = 20 \times 4 \times 10$$
$$= 80 \times 10$$
$$= 800$$

◆ **15×30의 계산** → (몇십몇)×(몇십)

> (몇십몇)×(몇)을
> 계산한 값에
> **0을 1개**
> 붙입니다.

방법 1 (몇십몇)×(몇)의 10배

$$15 \times 3 = 45$$

10배 10배

$$15 \times 30 = 450$$

$$\begin{array}{r} 1\,5 \\ \times\ 3\,0 \\ \hline 4\,5\,0 \end{array}$$ 0을 1개 붙입니다.

$15 \times 3 = 45$

방법 2 (몇십몇)×(몇)×10

$$15 \times 30 = 15 \times 3 \times 10$$
$$= 45 \times 10$$
$$= 450$$

예제 1 그림을 보고 14×20은 얼마인지 알아보시오.

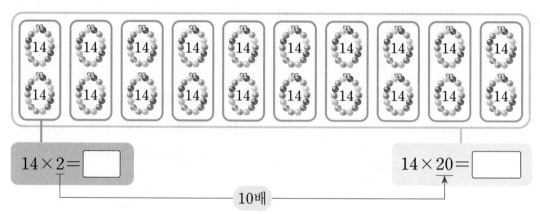

$14 \times 2 = \boxed{}$

$14 \times 20 = \boxed{}$

10배

예제 2 ☐ 안에 알맞은 수를 써넣으시오.

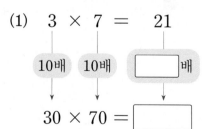

(1) $3 \times 7 = 21$

10배 10배 ☐배

$30 \times 70 = \boxed{}$

(2) $26 \times 3 = 78$

10배 ☐배

$26 \times 30 = \boxed{}$

1 ☐ 안에 알맞은 수를 써넣으시오.

(1) $30 \times 50 = 30 \times 5 \times 10$

$= \boxed{} \times 10$

$= \boxed{}$

(2) $56 \times 40 = 56 \times 4 \times 10$

$= \boxed{} \times 10$

$= \boxed{}$

2 계산해 보시오.

(1)
```
    6 0
  × 4 0
```

(2)
```
    4 2
  × 7 0
```

(3) 80×60

(4) 24×30

3 빈칸에 알맞은 수를 써넣으시오.

(1)

$\times 60$

20

(2)

$\times 50$

12

4 달걀이 한 판에 30개씩 들어 있습니다. 40판에 들어 있는 달걀은 모두 몇 개입니까?

식 |

답 |

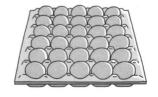

(몇)×(몇십몇)

◆ **6×34의 계산**

6×4=24에서 4를
일의 자리에 쓰고, 2를 올림하여
십의 자리 위에 작게 씁니다.

6×3=18에 올림한 수 2를
더한 20을 백의 자리와
십의 자리에 차례대로 씁니다.

참고 **6×34와 34×6의 계산 결과 비교**

6×34와 34×6의
계산 결과는 서로 같습니다.

예제 1 그림을 보고 7×25는 얼마인지 알아보시오.

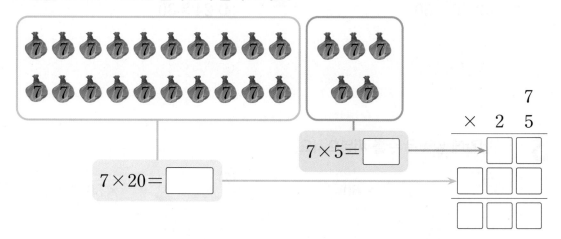

$7 \times 5 =$ □

$7 \times 20 =$ □

예제 2 8×47을 어떻게 계산하는지 알아보시오.

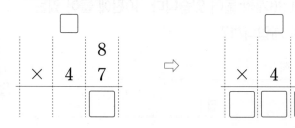

1 모눈종이를 보고 9×24를 계산해 보시오.

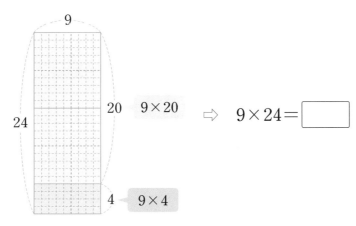

9×20

$\Rightarrow$ $9 \times 24 = \boxed{}$

9×4

2 계산해 보시오.

(1)
$$\begin{array}{r} 2 \\ \times\ 6\ 8 \\ \hline \end{array}$$

(2)
$$\begin{array}{r} 5 \\ \times\ 9\ 3 \\ \hline \end{array}$$

(3) 7×59

(4) 6×84

3 잘못 계산한 곳을 찾아 바르게 계산해 보시오.

$$\begin{array}{r} 3 \\ \times\ 3\ 4 \\ \hline 1\ 2 \\ 9 \\ \hline 2\ 1 \end{array} \Rightarrow$$

$$\begin{array}{r} 3 \\ \times\ 3\ 4 \\ \hline \end{array}$$

4 연호는 감을 한 봉지에 4개씩 44봉지에 담았습니다. 봉지에 담은 감은 모두 몇 개입니까?

식 |

답 |

개념 6 올림이 없는 (몇십몇) × (몇십몇)

◆ **21×14의 계산**

```
    2 1
  × 1 4
    8 4
```

21×4를 계산한 값
84를 씁니다.

→

```
    2 1
  × 1 4
    8 4
  2 1 0
```

계산의 편리함을 위해 일의
자리에 0을 쓰지 않아도 됩니다.

21×10을 계산한 값
210을 씁니다.

→

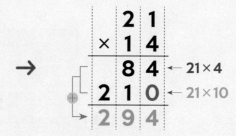

```
    2 1
  × 1 4
    8 4  ← 21×4
  2 1 0  ← 21×10
  2 9 4
```

84와 210을
더합니다.

예제 1 그림을 보고 23 × 12는 얼마인지 알아보시오.

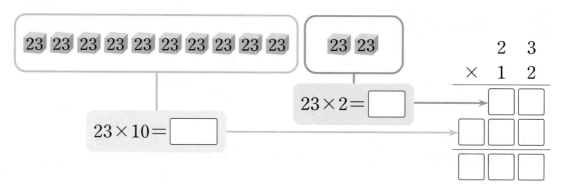

23 23 23 23 23 23 23 23 23 23   23 23

23×10= ☐   23×2= ☐

```
    2 3
  × 1 2
  ☐ ☐
  ☐ ☐ ☐
  ☐ ☐ ☐
```

예제 2 ☐ 안에 알맞은 수를 써넣으시오.

(1)
```
      3 2
  ×   2 1
    ☐ ☐  ← 32×☐
  ☐ ☐ ☐  ← 32×☐
  ☐ ☐ ☐
```

(2)
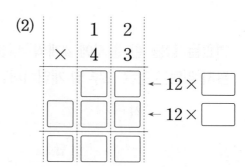
```
      1 2
  ×   4 3
    ☐ ☐  ← 12×☐
  ☐ ☐ ☐  ← 12×☐
  ☐ ☐ ☐
```

복습책 14쪽 | 정답 4쪽

1 모눈종이를 보고 14×12를 계산해 보시오.

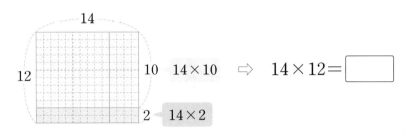

$$14 \times 12 = \boxed{}$$

2 계산해 보시오.

(1)
$$\begin{array}{r} 3\ 5 \\ \times\ 1\ 1 \\ \hline \end{array}$$

(2)
$$\begin{array}{r} 2\ 1 \\ \times\ 4\ 2 \\ \hline \end{array}$$

(3) 22×13

(4) 31×23

3 빈칸에 알맞은 수를 써넣으시오.

(1) 33 ⇨ $\times 12$ ⇨

(2) 11 ⇨ $\times 15$ ⇨

4 색연필이 한 상자에 12자루씩 들어 있습니다. 13상자에 들어 있는 색연필은 모두 몇 자루입니까?

식 | _____

답 | _____

개념 7 올림이 한 번 있는 (몇십몇)×(몇십몇)

◆ **36×12의 계산**

36×2를 계산한 값
72를 씁니다.

36×10을 계산한 값
360을 씁니다.

72와 360을
더합니다.

예제 1 그림을 보고 24×13은 얼마인지 알아보시오.

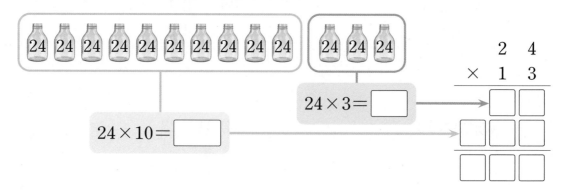

$24 \times 3 =$ ☐

$24 \times 10 =$ ☐

$$\begin{array}{ccc} & 2 & 4 \\ \times & 1 & 3 \end{array}$$

예제 2 ☐ 안에 알맞은 수를 써넣으시오.

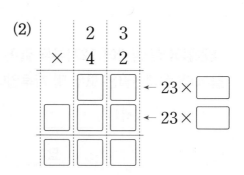

(1)
$$\begin{array}{ccc} & 1 & 9 \\ \times & 1 & 4 \end{array}$$
← 19×☐
← 19×☐

(2)
$$\begin{array}{ccc} & 2 & 3 \\ \times & 4 & 2 \end{array}$$
← 23×☐
← 23×☐

1 모눈종이를 보고 13×15를 계산해 보시오.

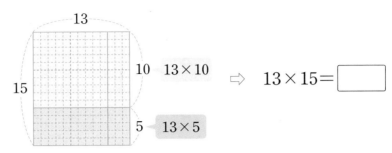

$$13 \times 15 = \boxed{}$$

2 계산해 보시오.

(1)
$$\begin{array}{r} 4\ 1 \\ \times\ 1\ 8 \\ \hline \end{array}$$

(2)
$$\begin{array}{r} 1\ 2 \\ \times\ 3\ 7 \\ \hline \end{array}$$

(3) 51×15

(4) 45×21

3 빈칸에 두 수의 곱을 써넣으시오.

(1)

62	14

(2)

29	31

4 신비 아파트는 한 층에 12가구씩 살고 있고, 25층까지 있습니다. 신비 아파트에는 모두 몇 가구가 살고 있습니까?

식 |

답 |

올림이 여러 번 있는 (몇십몇) × (몇십몇)

◆ **26 × 34의 계산**

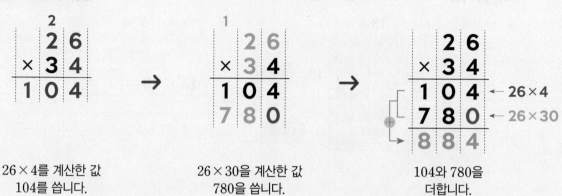

26 × 4를 계산한 값
104를 씁니다.

26 × 30을 계산한 값
780을 씁니다.

104와 780을
더합니다.

예제 1

그림을 보고 17 × 25는 얼마인지 알아보시오.

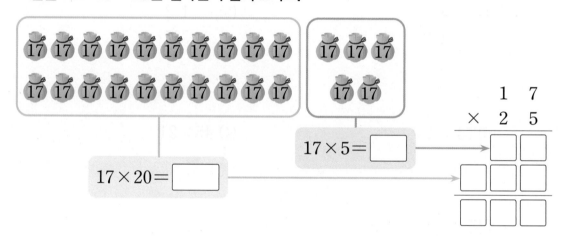

$17 \times 5 =$ □

$17 \times 20 =$ □

예제 2

□ 안에 알맞은 수를 써넣으시오.

(1)
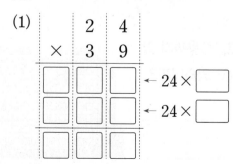
← 24 × □
← 24 × □

(2)
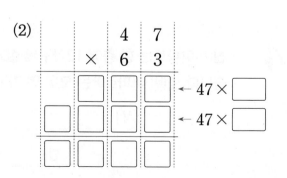
← 47 × □
← 47 × □

1 모눈종이를 보고 29×23을 계산해 보시오.

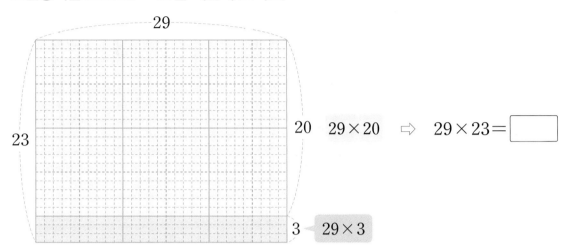

29

23

20   29×20 ⇨ $29 \times 23 =$ ☐

3   29×3

2 계산해 보시오.

(1)　　 7 3
　　　 × 2 5

(2)　　 5 6
　　　 × 4 2

(3) 35×61

(4) 94×22

3 잘못 계산한 곳을 찾아 바르게 계산해 보시오.

```
    3 8
  × 5 4
  ─────
  1 5 2
  1 9 0
  ─────
  3 4 2
```
⇨
```
    3 8
  × 5 4
```

4 효주는 선물 상자 한 개를 포장하는 데 리본을 $36\,\text{cm}$ 씩 사용했습니다. 선물 상자 27개를 포장하는 데 사용한 리본은 몇 cm입니까?

식 |

답 |

❹~❽ (두 자리 수) × (두 자리 수)

1
```
    4 0
 ×  5 0
```

2
```
    1 6
 ×  4 0
```

3
```
    2 1
 ×  2 1
```

4
```
    1 3
 ×  2 5
```

5
```
    2 8
 ×  1 7
```

6
```
    3 1
 ×  6 0
```

7
```
    1 2
 ×  2 3
```

8
```
    3 6
 ×  3 2
```

9
```
    2 9
 ×  3 5
```

10
```
    5 7
 ×  3 0
```

11
```
    5 2
 ×  1 3
```

12
```
    8 5
 ×  6 7
```

13
$$\begin{array}{r} 2\ 2 \\ \times\ 3\ 2 \\ \hline \end{array}$$

14
$$\begin{array}{r} 5\ 6 \\ \times\ 3\ 8 \\ \hline \end{array}$$

15
$$\begin{array}{r} 6\ 1 \\ \times\ 1\ 6 \\ \hline \end{array}$$

16
$$\begin{array}{r} 4\ 2 \\ \times\ 5\ 9 \\ \hline \end{array}$$

17
$$\begin{array}{r} 2\ 7 \\ \times\ 3\ 1 \\ \hline \end{array}$$

18
$$\begin{array}{r} 1\ 1 \\ \times\ 5\ 4 \\ \hline \end{array}$$

19
$$\begin{array}{r} 3\ 2 \\ \times\ 4\ 2 \\ \hline \end{array}$$

20
$$\begin{array}{r} 1\ 8 \\ \times\ 5\ 1 \\ \hline \end{array}$$

21
$$\begin{array}{r} 6\ 4 \\ \times\ 3\ 4 \\ \hline \end{array}$$

22
$$\begin{array}{r} 3\ 1 \\ \times\ 1\ 3 \\ \hline \end{array}$$

23
$$\begin{array}{r} 9\ 4 \\ \times\ 4\ 9 \\ \hline \end{array}$$

24
$$\begin{array}{r} 7\ 7 \\ \times\ 8\ 2 \\ \hline \end{array}$$

1 계산해 보시오.

(1)
$$\begin{array}{r} 9 \\ \times\ 6\ 8 \\ \hline \end{array}$$

(2)
$$\begin{array}{r} 2\ 8 \\ \times\ 1\ 2 \\ \hline \end{array}$$

(3) 52×60

(4) 47×32

2 빈칸에 알맞은 수를 써넣으시오.

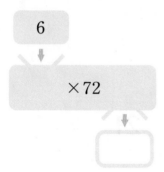

3 계산 결과가 같은 것끼리 선으로 이어 보시오.

40×30 •   • 18×20

12×30 •   • 90×40

60×60 •   • 60×20

4 계산에서 ☐ 안의 수끼리의 곱이 실제로 나타내는 값을 찾아 ○표 하시오.

$$\begin{array}{r} 2\ \boxed{5} \\ \times\ \boxed{1}\ 3 \\ \hline \end{array}$$
(5 , 50 , 500)

5 계산 결과의 크기를 비교하여 ○ 안에 >, =, <를 알맞게 써넣으시오.

52×74 ◯ 63×68

6 계산 결과가 큰 것부터 차례대로 기호를 써 보시오.

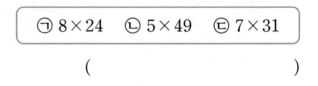

(   )

7 계산 결과가 3000보다 큰 곱셈식을 모두 찾아 색칠해 보시오.

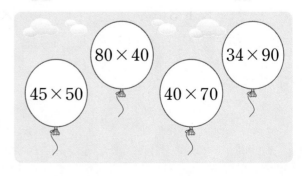

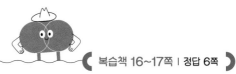

8 □ 안에 들어갈 수 있는 수를 찾아 ○표 하시오.

$\square > 13 \times 32$

(415 , 416 , 417)

9 파프리카가 한 상자에 24개씩 들어 있습니다. 57상자에 들어 있는 파프리카는 모두 몇 개입니까?

( )

교과서 pick

서술형

10 하진이는 위인전을 하루에 48쪽씩 읽으려고 합니다. 하진이가 3주 동안 읽을 수 있는 위인전은 모두 몇 쪽인지 풀이 과정을 쓰고 답을 구해 보시오.

❶ 3주는 며칠인지 구하기

풀이 |

❷ 하진이가 3주 동안 읽을 수 있는 위인전의 쪽수 구하기

풀이 |

답 |

11 영도는 한 달 동안 매주 화요일, 목요일, 토요일에 걷기 운동을 각각 45분씩 했습니다. 영도가 한 달 동안 걷기 운동을 한 시간은 모두 몇 분입니까?

일	월	화	수	목	금	토
			1	②	3	④
5	6	⑦	8	⑨	10	⑪
12	13	⑭	15	⑯	17	⑱
19	20	㉑	22	㉓	24	㉕
26	27	㉘	29	㉚	31	

( )

교과 역량 창의·융합, 정보 처리

12 은혜 아버지는 지난달 일반 문자를 22건, 그림 문자를 14건 사용하였습니다. 휴대 전화 문자 요금이 다음과 같을 때, 은혜 아버지가 지난달 사용한 문자 요금은 모두 얼마입니까?

문자 내역	요금
일반 문자 1건	18원
그림 문자 1건	85원

( )

교과 역량 문제 해결, 추론

13 수 카드 2장을 한 번씩만 사용하여 곱이 가장 큰 곱셈식을 만들고, 계산해 보시오.

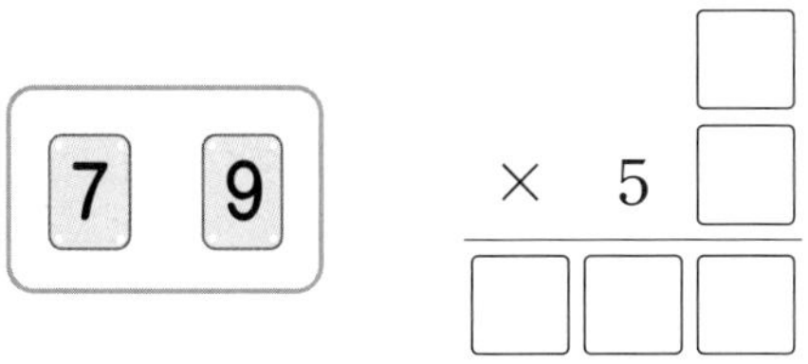

예제 1 ㉠에 알맞은 수를 구해 보시오.

$$
\begin{array}{r}
2\ 1\ ㉠ \\
\times \quad\quad 4 \\
\hline
8\ 5\ 2
\end{array}
$$

❶ ㉠×4의 일의 자리 수가 2인 곱셈식

→ □×4=□

□×4=□

❷ ㉠에 알맞은 수 →㉠=□

유제 1 ㉠에 알맞은 수를 구해 보시오.

$$
\begin{array}{r}
5\ ㉠\ 1 \\
\times \quad\quad 8 \\
\hline
4\ 5\ 6\ 8
\end{array}
$$

( )

교과서 pick

예제 2 어떤 수에 43을 곱해야 하는데 잘못하여 어떤 수에 43을 더했더니 70이 되었습니다. 바르게 계산하면 얼마인지 구해 보시오.

❶ 어떤 수를 ■라 할 때, 잘못 계산한 식

→ ■+□=□

❷ 어떤 수(■) →□

❸ 바르게 계산한 값 →□

유제 2 어떤 수에 34를 곱해야 하는데 잘못하여 어떤 수에서 34를 뺐더니 17이 되었습니다. 바르게 계산하면 얼마인지 구해 보시오.

( )

교과서 pick

예제 3

1부터 9까지의 수 중에서 ㉠에 알맞은 가장 큰 수를 구해 보시오.

$$30 \times ㉠0 < 1000$$

❶ 두 수의 곱 구하기

×	10	20	30	40
30				

❷ ㉠에 알맞은 가장 큰 수 ➡ ㉠ = ☐

유제 3

1부터 9까지의 수 중에서 ㉠에 알맞은 가장 작은 수를 구해 보시오.

$$53 \times ㉠0 > 2600$$

(   )

예제 4

수 카드 4장을 한 번씩만 사용하여 곱이 가장 큰 (세 자리 수)×(한 자리 수)를 만들고, 계산해 보시오.

☐☐☐ × ☐ = ☐

❶ 알맞은 말에 ○표 하기

> 곱이 가장 큰 (세 자리 수)×(한 자리 수)를 만들려면 곱하는 수인 (한 자리 수)는 가장 (작아야 , 커야) 합니다.

❷ 위 ☐ 안에 알맞은 수를 써넣어 곱이 가장 큰 곱셈식을 만들고, 계산하기

유제 4

수 카드 4장을 한 번씩만 사용하여 곱이 가장 작은 (세 자리 수)×(한 자리 수)를 만들고, 계산해 보시오.

☐☐☐ × ☐ = ☐

1 단원

단원 마무리

1 수 모형을 보고 계산해 보시오.

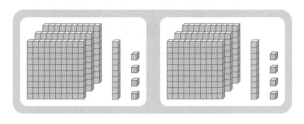

$$314 \times 2 = \boxed{}$$

(2~3) 계산해 보시오.

2
$$\begin{array}{r} 7\,6 \\ \times\ 5\,0 \\ \hline \end{array}$$

3
$$\begin{array}{r} 2\,4\,6 \\ \times\quad\ 2 \\ \hline \end{array}$$

4 빈칸에 알맞은 수를 써넣으시오.

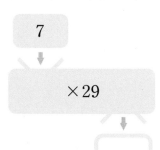

5 ☐ 안에 들어갈 수는 실제로 어떤 수의 곱인지 찾아 ○표 하시오.

$$\begin{array}{r} 4\,6\,1 \\ \times\quad\ 8 \\ \hline 8 \\ \boxed{} \\ 3\,2 \\ \hline 3\,6\,8\,8 \end{array}$$

6×8
61×8
60×8
400×8

6 21×36과 계산 결과가 같은 곱셈식에 ○표 하시오.

$$\boxed{28 \times 22} \qquad \boxed{12 \times 63}$$

(   )   (   )

7 빈칸에 알맞은 수를 써넣으시오.

27   ×20   ☐   ×9   ☐

8 계산 결과의 크기를 비교하여 ◯ 안에 >, =, <를 알맞게 써넣으시오.

$$573 \times 4 \bigcirc 78 \times 30$$

9 가장 큰 수와 가장 작은 수의 곱은 얼마입니까?

| 69 | 24 | 75 | 32 |

( )

교과서에 꼭 나오는 문제

10 고구마가 한 상자에 50개씩 들어 있습니다. 30상자에 들어 있는 고구마는 모두 몇 개입니까?

( )

11 한 번에 16명씩 탈 수 있는 놀이기구가 있습니다. 이 놀이기구가 빈 자리 없이 31번 운행하면 모두 몇 명이 탈 수 있습니까?

( )

12 ㉠과 ㉡이 나타내는 수의 차는 얼마입니까?

㉠ $30 \times (8의 10배)$
㉡ $14의 60배$

( )

교과서에 꼭 나오는 문제

13 계산 결과가 작은 것부터 차례대로 기호를 써 보시오.

㉠ 342×2 ㉡ 20×20
㉢ 8×96 ㉣ 13×27

( )

잘 틀리는 문제

14 재희네 집에서 우체통까지의 거리는 149 m입니다. 집에서 출발하여 우체통에 편지를 넣고 집으로 돌아왔을 때, 재희가 이동한 거리는 모두 몇 m입니까?

( )

15 빨간 구슬이 24개씩 들어 있는 주머니가 30개 있고, 파란 구슬이 38개씩 들어 있는 주머니가 18개 있습니다. 빨간 구슬과 파란 구슬 중에서 어느 구슬이 몇 개 더 많습니까?

(,   )

잘 틀리는 문제

16 □ 안에 알맞은 수를 써넣으시오.

$$
\begin{array}{r}
5\ \square\ 3 \\
\times \quad\quad 2 \\
\hline
1\ 1\ 8\ 6
\end{array}
$$

17 수 카드 4장을 한 번씩만 사용하여 곱이 가장 작은 (세 자리 수)×(한 자리 수)를 만들고, 계산해 보시오.

□□□ × □ = □□□□

서술형 **문제**

18 잘못 계산한 곳을 찾아 이유를 쓰고, 바르게 계산해 보시오.

$$
\begin{array}{r}
5\ 8 \\
\times\ 6\ 2 \\
\hline
1\ 0\ 6 \\
3\ 0\ 8\quad \\
\hline
3\ 1\ 8\ 6
\end{array}
\Rightarrow
\begin{array}{r}
5\ 8 \\
\times\ 6\ 2 \\
\hline
\end{array}
$$

이유 |

19 지혜는 하루에 종이학을 5개씩, 종이배를 4개씩 접었습니다. 지혜가 37일 동안 접은 종이학과 종이배는 모두 몇 개인지 풀이 과정을 쓰고 답을 구해 보시오.

풀이 |

답 |

20 1부터 9까지의 수 중에서 ㉠에 알맞은 가장 작은 수를 구하려고 합니다. 풀이 과정을 쓰고 답을 구해 보시오.

$$60 \times ㉠0 > 2000$$

풀이 |

답 |

같은 그림을 찾아라!

○ 서로 똑같은 그림 2개를 찾아보세요.

①

②

③

④

⑤

⑥

⑤ '① **정답**

2

나눗셈

| 이전에 배운 내용 | 이번에 배울 내용 | 이후에 배울 내용 |

이전에 배운 내용

3-1 나눗셈
• 똑같이 나누기
• 곱셈과 나눗셈의 관계 알아보기
• 곱셈식에서 나눗셈의 몫 구하기
• 곱셈구구로 나눗셈의 몫 구하기

이번에 배울 내용

① 내림이 없는 (몇십)÷(몇)
② 내림이 있는 (몇십)÷(몇)
③ 내림이 없는 (몇십몇)÷(몇)
④ 내림이 없고 나머지가 있는 (몇십몇)÷(몇)
⑤ 내림이 있고 나머지가 없는 (몇십몇)÷(몇)
⑥ 내림이 있고 나머지가 있는 (몇십몇)÷(몇)
⑦ 나머지가 없는 (세 자리 수)÷(한 자리 수)
⑧ 나머지가 있는 (세 자리 수)÷(한 자리 수)
⑨ 계산이 맞는지 확인하기

이후에 배울 내용

4-1 곱셈과 나눗셈
• 몇십으로 나누기
• 두 자리 수로 나누기

준비학습

1 곱셈식을 나눗셈식으로, 나눗셈식을 곱셈식으로 나타내어 보시오.

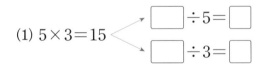

(1) $5 \times 3 = 15$ → ☐ ÷ 5 = ☐
→ ☐ ÷ 3 = ☐

(2) $36 \div 9 = 4$ → $9 \times$ ☐ = ☐
→ $4 \times$ ☐ = ☐

2 나눗셈의 몫을 구해 보시오.

(1) $21 \div 7$

(2) $48 \div 6$

개념 1 내림이 없는 (몇십)÷(몇)

◆ **나눗셈식을 세로로 쓰는 방법**

$$8 \div 2 = 4 \rightarrow 2\overline{)8}\,^{4}$$

$$2\overline{)8}\,^{4} \leftarrow 몫$$
← 나누어지는 수
└ 나누는 수

◆ **80÷2의 계산**

> (몇)÷(몇)의 몫에 **0**을 하나 더 붙인 것과 같습니다.

$$80 \div 2 = 40$$
$$8 \div 2 = 4$$

$$2\overline{)80}\,^{4}$$
$$\underline{80} \leftarrow 2 \times 40$$

$$\rightarrow \quad 2\overline{)80}\,^{40}$$
$$\underline{8}$$
$$0$$

◆ **(몇)÷(몇)과 (몇십)÷(몇) 사이의 관계**

나누어지는 수가 10배가 되면 몫도 10배가 됩니다.
예 $8 \div 4 = 2$
↓10배 ↓10배
$80 \div 4 = 20$

예제 1

수 모형을 보고 $60 \div 3$의 몫을 알아보시오.

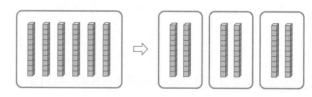

(1) 십 모형 6개를 똑같이 3묶음으로 나누면 한 묶음에 십 모형이 ☐ 개씩 있습니다.

(2) $60 \div 3 = $ ☐

예제 2

☐ 안에 알맞은 수를 써넣으시오.

(1) $4 \div 4 = $ ☐ ⇨ $40 \div 4 = $ ☐

(2) $6 \div 2 = $ ☐ ⇨ $60 \div 2 = $ ☐

1 수 모형을 보고 $40 \div 2$의 몫을 구해 보시오.

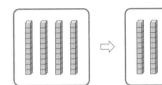 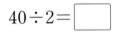

$40 \div 2 = \boxed{}$

2 계산해 보시오.

(1)
$$3 \overline{)3\ 0}$$

(2)
$$4 \overline{)8\ 0}$$

(3) $60 \div 6$

(4) $70 \div 7$

3 빈칸에 알맞은 수를 써넣으시오.

(1)

$\div 5$

50

(2)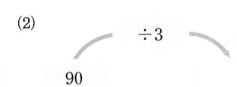

$\div 3$

90

4 연필 80자루를 한 명에게 8자루씩 똑같이 나누어 주려고 합니다. 연필을 몇 명에게 나누어 줄 수 있습니까?

식 |

답 |

개념 2 내림이 있는 (몇십)÷(몇)

◆ **60÷5의 계산**

십의 자리 계산   일의 자리 계산

$$5\overline{)60} \rightarrow \begin{array}{r} 1 \\ 5\overline{)60} \\ 50 \leftarrow 5\times10 \\ \hline 10 \leftarrow 60-50 \end{array} \rightarrow \begin{array}{r} 12 \\ 5\overline{)60} \\ 50 \\ \hline 10 \\ 10 \leftarrow 5\times2 \\ \hline 0 \end{array} \qquad \begin{array}{r} 12 \\ 5\overline{)60} \\ 5 \\ \hline 10 \\ 10 \\ \hline 0 \end{array}$$

예제 1

수 모형을 보고 50÷2의 몫을 알아보시오.

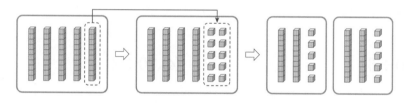

(1) 십 모형 5개를 똑같이 2묶음으로 나누면 한 묶음에 십 모형이 ☐개,

일 모형이 ☐개씩 있습니다.

(2) 50÷2= ☐

예제 2

90÷5를 계산하는 방법을 알아보시오.

$$5\overline{)90} \quad \Rightarrow \quad 5\overline{)90} \quad \Rightarrow \quad 5\overline{)90}$$

1 수 모형을 보고 $70 \div 2$의 몫을 구해 보시오.

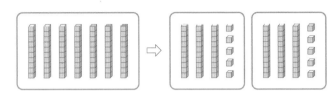

$$70 \div 2 = \boxed{}$$

2 계산해 보시오.

(1)
$$5 \overline{)7\ 0}$$

(2)
$$2 \overline{)5\ 0}$$

(3) $30 \div 2$

(4) $80 \div 5$

3 빈칸에 알맞은 수를 써넣으시오.

(1) 60 ➡ $\div 4$ ➡

(2) 90 ➡ $\div 2$ ➡

4 감 90개를 한 상자에 6개씩 똑같이 나누어 담으려고 합니다. 필요한 상자는 몇 개입니까?

식 |

답 |

내림이 없는 (몇십몇)÷(몇)

◆ **39÷3의 계산**

$$3\overline{)39} \quad \rightarrow$$

십의 자리 계산

$$\begin{array}{r} 1 \\ 3\overline{)39} \\ 30 \\ \hline 9 \end{array} \begin{array}{l} \leftarrow 3\times10 \\ \leftarrow 39-30 \end{array} \quad \rightarrow$$

일의 자리 계산

$$\begin{array}{r} 13 \\ 3\overline{)39} \\ 30 \\ \hline 9 \\ 9 \\ \hline 0 \end{array} \quad \leftarrow 3\times3$$

$$\begin{array}{r} 13 \\ 3\overline{)39} \\ 3 \\ \hline 9 \\ 9 \\ \hline 0 \end{array}$$

예제 1

수 모형을 보고 42÷2의 몫을 알아보시오.

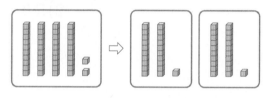

(1) 십 모형 4개와 일 모형 2개를 똑같이 2묶음으로 나누면 한 묶음에 십 모형이 ☐개, 일 모형이 ☐개씩 있습니다.

(2) 42÷2=☐

예제 2

69÷3을 계산하는 방법을 알아보시오.

$$3\overline{)69} \quad \Rightarrow$$

$$\begin{array}{r} \square \\ 3\overline{)69} \\ \square\,0 \\ \hline \square \end{array} \quad \leftarrow 3\times\square \quad \Rightarrow$$

$$\begin{array}{r} \square\square \\ 3\overline{)69} \\ \square\,0 \\ \hline \square \\ \square \\ \hline \square \end{array} \quad \leftarrow 3\times\square$$

STEP 1 기본유형 익히기

1 수 모형을 보고 $62 \div 2$의 몫을 구해 보시오.

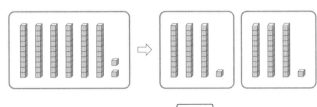

$$62 \div 2 = \boxed{}$$

2 계산해 보시오.

(1)
$$2 \overline{)2\,8}$$

(2)
$$5 \overline{)5\,5}$$

(3) $36 \div 3$

(4) $86 \div 2$

3 빈칸에 알맞은 수를 써넣으시오.

(1)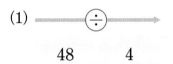

48   4

(2)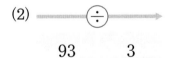

93   3

4 체육 시간에 학생 64명이 2모둠으로 똑같이 나누어 줄다리기를 하려고 합니다. 한 모둠을 몇 명으로 하면 됩니까?

식 |

답 |

내림이 없고 나머지가 있는 (몇십몇)÷(몇)

◆ **나눗셈의 몫과 나머지**

> 23을 3으로 나누면
> 몫은 7이고
> 2가 남습니다.

$$23 \div 3 = 7 \cdots 2$$

몫   나머지

$$3 \overline{) 2 \, 3}$$
$$\quad 2 \, 1$$
$$\quad\quad 2$$

7 ← 몫

← 나머지 → 나누는 수보다 작습니다.

> 15를 3으로 나누면
> 몫은 5입니다.

· $15 \div 3 = 5$ ⇨ 나머지가 없으므로 나머지는 0입니다.

· 나눗셈의 나머지가 0인 경우 → 나누어떨어진다

◆ **49÷4의 계산**

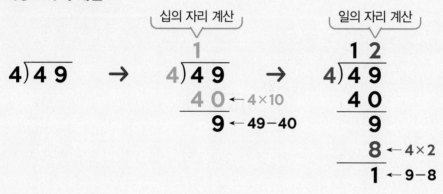

십의 자리 계산

일의 자리 계산

$$4 \overline{) 4 \, 9}$$ → $4 \overline{) 4 \, 9}$ / $4 \, 0$ ← 4×10 / 9 ← 49-40   →   일의 자리 계산 12 / $4 \overline{) 4 \, 9}$ / $4 \, 0$ / 9 / 8 ← 4×2 / 1 ← 9-8

$$4 \overline{) 4 \, 9}$$ 몫 12, 4, 9, 8, 1

예제 1

나눗셈식을 보고 ☐ 안에 알맞은 말을 써넣으시오.

$$25 \div 2 = 12 \cdots 1$$

25를 2로 나누면 ☐ 은/는 12이고 1이 남습니다.

이때 1을 25÷2의 ☐ (이)라고 합니다.

예제 2

67÷3을 계산하는 방법을 알아보시오.

$$3 \overline{) 6 \, 7}$$ ⇒   ☐ / $3 \overline{) 6 \, 7}$ / ☐ 0 ← 3×☐ / ☐   ⇒   ☐☐ / $3 \overline{) 6 \, 7}$ / ☐ 0 / ☐ / ☐ ← 3×☐ / ☐

STEP 1 기본유형 익히기

복습책 26쪽 | 정답 9쪽

1 수 모형을 보고 $58 \div 5$의 몫과 나머지를 구해 보시오.

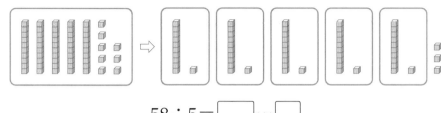

$$58 \div 5 = \boxed{} \cdots \boxed{}$$

2 계산해 보시오.

(1)

$3 \overline{)3\ 5}$

(2)

$4 \overline{)4\ 6}$

(3) $63 \div 2$

(4) $98 \div 3$

3 나누어떨어지는 나눗셈을 찾아 기호를 써 보시오.

$$\bigcirc\ 3 \overline{)6\ 4} \qquad \bigcirc\ 6 \overline{)6\ 8} \qquad \bigcirc\ 4 \overline{)8\ 4}$$

(   )

4 사탕 79개를 한 명에게 7개씩 똑같이 나누어 주려고 합니다. 사탕을 몇 명에게 줄 수 있고, 몇 개가 남습니까?

식 |

답 | ,

❶~❹ 한 자리 수로 나누기(1)

1 2)2 0

2 4)6 0

3 3)3 3

4 2)2 3

5 2)9 0

6 3)6 0

7 6)9 0

8 3)9 5

9 2)2 4

10 2)4 6

11 6)6 0

12 5)5 9

13 $3\overline{)6\ 3}$

14 $2\overline{)8\ 0}$

15 $5\overline{)5\ 4}$

16 $4\overline{)4\ 7}$

17 $2\overline{)7\ 0}$

18 $2\overline{)8\ 2}$

19 $5\overline{)8\ 0}$

20 $3\overline{)3\ 8}$

21 $3\overline{)9\ 0}$

22 $2\overline{)4\ 3}$

23 $3\overline{)9\ 9}$

24 $4\overline{)8\ 3}$

1 계산해 보시오.

(1) $80 \div 2$ (2) $77 \div 7$

(3) $60 \div 5$ (4) $65 \div 3$

2 나눗셈의 몫과 나머지를 각각 구해 보시오.

$$59 \div 5$$

몫 (   )
나머지 (   )

3 어떤 수를 4로 나누었을 때 나머지가 될 수 <u>없는</u> 수는 어느 것입니까? (   )

① 0   ② 1   ③ 2

④ 3   ⑤ 4

4 큰 수를 작은 수로 나눈 몫을 구해 보시오.

| 4 | 80 |

(   )

5 계산해 보고 나누어떨어지는 나눗셈에 ◯표 하시오.

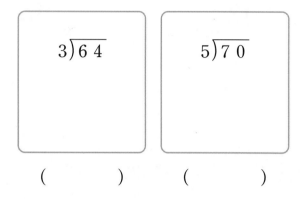

(   )   (   )

6 몫이 같은 것끼리 선으로 이어 보시오.

$40 \div 2$ ·

$60 \div 2$ ·

· $30 \div 3$

· $60 \div 3$

· $90 \div 3$

교과서 **pick**

7 구슬 48개를 한 명에게 4개씩 똑같이 나누어 주려고 합니다. 구슬을 몇 명에게 나누어 줄 수 있습니까?

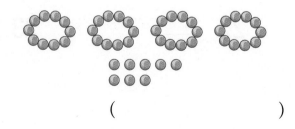

(   )

8 몫의 크기를 비교하여 ○ 안에 >, =, <를 알맞게 써넣으시오.

$$30 \div 2 \quad \bigcirc \quad 80 \div 5$$

9 나머지가 가장 큰 것을 찾아 기호를 써 보시오.

| ㉠ $45 \div 4$ | ㉡ $59 \div 5$ |
| ㉢ $78 \div 7$ | ㉣ $68 \div 6$ |

( )

서술형

10 길이가 89 cm인 끈을 8 cm씩 똑같이 잘라서 리본을 만들려고 합니다. 리본을 몇 개까지 만들 수 있고 남는 끈은 몇 cm인지 풀이 과정을 쓰고 답을 구해 보시오.

❶ 문제에 알맞은 나눗셈식 만들기

풀이 |

❷ 만들 수 있는 리본의 수와 남는 끈의 길이 각각 구하기

풀이 |

답 | ,

11 세 변의 길이가 모두 같은 삼각형이 있습니다. 삼각형의 세 변의 길이의 합이 39 cm일 때 ☐ 안에 알맞은 수를 써넣으시오.

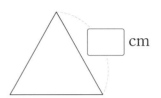

교과서 pick

12 남학생 42명과 여학생 48명이 있습니다. 학생들이 한 줄에 6명씩 서면 모두 몇 줄이 됩니까?

( )

교과 역량 문제 해결, 추론, 정보 처리

13 성은이는 호두과자 66개를 3개의 상자에, 민호는 호두과자 60개를 2개의 상자에 각각 똑같이 나누어 담았습니다. 상자 한 개에 호두과자를 더 많이 담은 사람은 누구이고, 몇 개 더 많이 담았습니까?

(,)

개념 5 내림이 있고 나머지가 없는 (몇십몇)÷(몇)

◆ **36÷2의 계산**

십의 자리 계산

일의 자리 계산

$$2\overline{)36} \quad \rightarrow \quad \begin{array}{r} 1 \\ 2\overline{)36} \\ 20 \leftarrow 2\times10 \\ \hline 16 \leftarrow 36-20 \end{array} \quad \rightarrow \quad \begin{array}{r} 18 \\ 2\overline{)36} \\ 20 \\ \hline 16 \\ 16 \leftarrow 2\times8 \\ \hline 0 \end{array} \qquad \begin{array}{r} 18 \\ 2\overline{)36} \\ 2 \\ \hline 16 \\ 16 \\ \hline 0 \end{array}$$

예제 1

수 모형을 보고 $52÷4$의 몫을 알아보시오.

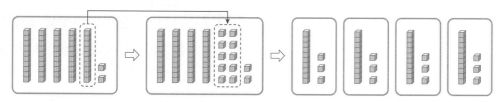

(1) 십 모형 5개와 일 모형 2개를 똑같이 4묶음으로 나누면 한 묶음에 십 모형이 □개, 일 모형이 □개씩 있습니다.

(2) $52÷4=$ □

예제 2

$42÷3$을 계산하는 방법을 알아보시오.

$$3\overline{)42} \quad \Rightarrow \quad \begin{array}{r} \square \\ 3\overline{)42} \\ \square\,0 \leftarrow 3\times\square \\ \hline \square\square \end{array} \quad \Rightarrow \quad \begin{array}{r} \square\square \\ 3\overline{)42} \\ \square\,0 \\ \hline \square\square \\ \square\square \leftarrow 3\times\square \\ \hline \square \end{array}$$

1 수 모형을 보고 $75 \div 3$의 몫을 구해 보시오.

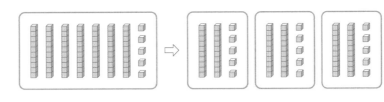

$$75 \div 3 = \boxed{}$$

2 계산해 보시오.

(1)
$$4 \overline{)6\ 8}$$

(2)
$$3 \overline{)7\ 2}$$

(3) $38 \div 2$

(4) $54 \div 3$

3 빈칸에 알맞은 수를 써넣으시오.

$\div 2$

56
32

4 동화책 65권을 책꽂이 5칸에 똑같이 나누어 꽂으려고 합니다. 동화책을 책꽂이 한 칸에 몇 권씩 꽂아야 합니까?

식 |

답 |

2. 나눗셈 **53**

개념6 내림이 있고 나머지가 있는 (몇십몇)÷(몇)

◆ **63÷4의 계산**

십의 자리 계산

일의 자리 계산

$$4)\overline{63} \rightarrow 4)\overline{\underset{1}{63}} \atop \underset{23}{\underline{40}} \leftarrow 4\times10 \atop \leftarrow 63-40$$

$$4)\overline{\underset{15}{63}} \atop \underset{23}{\underline{40}} \atop \underset{20}{} \leftarrow 4\times5 \atop \underset{3}{\underline{}} \leftarrow 23-20$$

$$4)\overline{\underset{15}{63}} \atop \underline{4} \atop \underset{23}{} \atop \underline{20} \atop 3$$

예제 1 수 모형을 보고 33÷2의 몫과 나머지를 알아보시오.

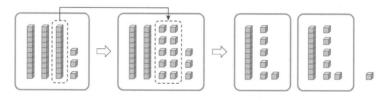

(1) 십 모형 3개와 일 모형 3개를 똑같이 2묶음으로 나누면 한 묶음에 십 모형이
　　□개, 일 모형이 □개씩 있고, 일 모형 □개가 남습니다.

(2) 33÷2= □ … □

예제 2 56÷3을 계산하는 방법을 알아보시오.

$$3)\overline{5\ 6} \Rightarrow 3)\overline{\underset{\square}{5\ 6}} \atop \underset{\square\square}{\underline{\square\ 0}} \leftarrow 3\times\square \Rightarrow 3)\overline{\underset{\square\square}{5\ 6}} \atop \underline{\square\ 0} \atop \underset{\square\square}{} \atop \underline{\square\square} \leftarrow 3\times\square \atop \square$$

1 수 모형을 보고 $41 \div 3$의 몫과 나머지를 구해 보시오.

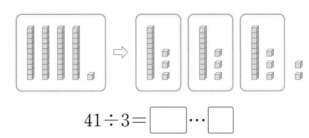

$$41 \div 3 = \boxed{} \cdots \boxed{}$$

2 계산해 보시오.

(1)
$$5 \overline{)7\,2}$$

(2)
$$4 \overline{)9\,1}$$

(3) $83 \div 7$

(4) $77 \div 2$

3 ☐ 안에는 몫을 써넣고, ◯ 안에는 나머지를 써넣으시오.

$\div 5$

62 $\cdots$

4 배 73개를 한 상자에 6개씩 똑같이 나누어 담으려고 합니다. 배를 몇 상자에 담을 수 있고, 몇 개가 남습니까?

식 |

답 | ,

개념 7 나머지가 없는 (세 자리 수)÷(한 자리 수)

◇ **480÷3의 계산** → 백의 자리부터 나눌 수 있는 경우

$$\begin{array}{r} 1 \\ 3\overline{)4\,8\,0} \\ 3 \\ \hline 1 \end{array}$$ → $$\begin{array}{r} 1\,6 \\ 3\overline{)4\,8\,0} \\ 3 \\ \hline 1\,8 \\ 1\,8 \\ \hline 0 \end{array}$$ → $$\begin{array}{r} 1\,6\,⓪ \\ 3\overline{)4\,8\,0} \\ 3 \\ \hline 1\,8 \\ 1\,8 \\ \hline 0 \end{array}$$

• 일의 자리 계산에서 0을 3으로 나눌 수 없으므로 몫의 일의 자리에 0을 씁니다.

╋ 480÷3을 가로로 계산하기

48÷3을 계산하여 구한 몫에 0을 1개 더 붙입니다.

$$48 \div 3 = 16$$
↓10배   ↓10배
$$480 \div 3 = 160$$

◇ **232÷4의 계산** → 백의 자리부터 나눌 수 없는 경우

$$4\overline{)②\,3\,2}$$ → $$\begin{array}{r} 5 \\ 4\overline{)2\,3\,2} \\ 2\,0 \\ \hline 3 \end{array}$$ → $$\begin{array}{r} 5\,8 \\ 4\overline{)2\,3\,2} \\ 2\,0 \\ \hline 3\,2 \\ 3\,2 \\ \hline 0 \end{array}$$

• 백의 자리 숫자 2가 나누는 수 4보다 작으므로 나눌 수 없습니다.

백의 자리 숫자가 나누는 수보다 작으면 몫은 두 자리 수가 됩니다.

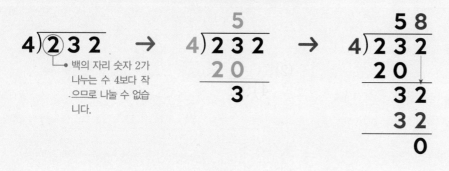

예제 1   ☐ 안에 알맞은 수를 써넣으시오.

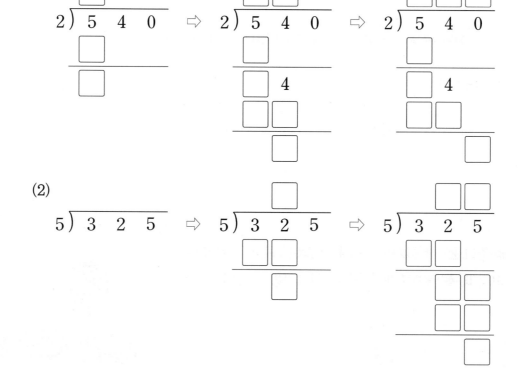

(1)

$$2\overline{)5\,4\,0}$$ ⇨ $$2\overline{)5\,4\,0}$$ ⇨ $$2\overline{)5\,4\,0}$$

(2)

$$5\overline{)3\,2\,5}$$ ⇨ $$5\overline{)3\,2\,5}$$ ⇨ $$5\overline{)3\,2\,5}$$

1 ☐ 안에 알맞은 수를 써넣으시오.

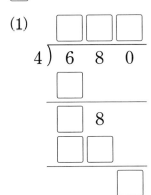

(1)

```
    ☐ ☐ ☐
4 ) 6 8 0
    ☐
  ☐ 8
  ☐ ☐
      ☐
```

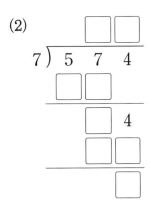

(2)

```
      ☐ ☐
7 ) 5 7 4
  ☐ ☐
    ☐ 4
    ☐ ☐
        ☐
```

2 계산해 보시오.

(1)
```
3 ) 3 0 9
```

(2)
```
5 ) 3 5 0
```

(3) 624 ÷ 8

(4) 792 ÷ 6

3 빈칸에 알맞은 수를 써넣으시오.

(1)   584 ➡ ÷ 4 ➡

(2)   324 ➡ ÷ 9 ➡

4 색종이 210장을 한 명에게 5장씩 똑같이 나누어 주려고 합니다. 색종이를 몇 명에게 나누어 줄 수 있습니까?

식 | _____

답 | _____

나머지가 있는 (세 자리 수)÷(한 자리 수)

◆ **409÷4의 계산** → | 백의 자리부터 나눌 수 있는 경우 |

$$
\begin{array}{r} 1 \\ 4)\overline{409} \\ 4 \\ \hline 0 \end{array}
\rightarrow
\begin{array}{r} 1\,0 \\ 4)\overline{409} \\ 4 \\ \hline 0 \end{array}
\rightarrow
\begin{array}{r} 1\,0\,2 \\ 4)\overline{409} \\ 4 \\ \hline 9 \\ 8 \\ \hline 1 \end{array}
$$

● 십의 자리 계산에서 4로 나눌 수 없으므로 몫의 십의 자리에 0을 씁니다.

◆ **257÷3의 계산** → | 백의 자리부터 나눌 수 없는 경우 |

$$
3)\overline{②57}
\rightarrow
\begin{array}{r} 8 \\ 3)\overline{257} \\ 2\,4 \\ \hline 1 \end{array}
\rightarrow
\begin{array}{r} 8\,5 \\ 3)\overline{257} \\ 2\,4 \\ \hline 1\,7 \\ 1\,5 \\ \hline 2 \end{array}
$$

● 백의 자리 숫자 2가 나누는 수 3보다 작으므로 나눌 수 없습니다.

예제 1 □ 안에 알맞은 수를 써넣으시오.

(1)
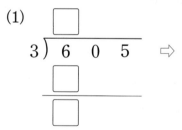 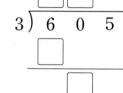 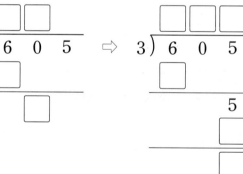

(2)
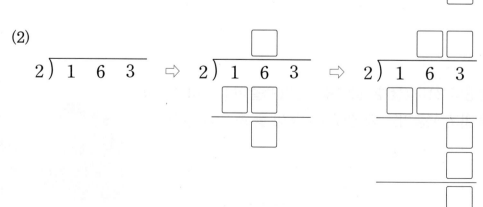

1 ☐ 안에 알맞은 수를 써넣으시오.

(1)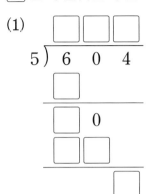

(2)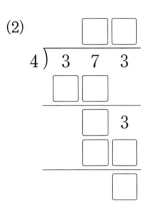

2 계산해 보시오.

(1)
$$4 \overline{)453}$$

(2)
$$7 \overline{)716}$$

(3) $361 \div 2$

(4) $879 \div 9$

3 ◯ 안에는 몫을 써넣고, ◯ 안에는 나머지를 써넣으시오.

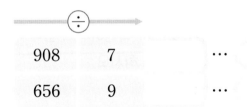

4 밤 523개를 4상자에 똑같이 나누어 담으려고 합니다. 밤을 한 상자에 몇 개씩 담을 수 있고, 몇 개가 남습니까?

식 | _____

답 | _____ , _____

계산이 맞는지 확인하기

◆ **31÷4를 계산하고 계산 결과가 맞는지 확인하기**

나누는 수와 몫의 곱에 나머지를 더하면 나누어지는 수가 되어야 합니다.

$$31 \div 4 = 7 \cdots 3$$

확인 $4 \times 7 = 28$, $28 + 3 = 31$

→ 수가 같으면 계산이 맞는 것입니다.

예제 1

그림을 이용하여 19÷7을 계산하고, 계산 결과가 맞는지 확인해 보시오.

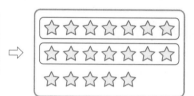

(1) 별 모양 19개를 7개씩 묶으면 ☐묶음이 되고 ☐개가 남습니다.

⇨ $19 \div 7 = \boxed{} \cdots \boxed{}$

(2) 나눗셈의 계산 결과가 맞는지 확인해 보면

$7 \times \boxed{} = 14$, $14 + \boxed{} = \boxed{}$입니다.

예제 2

나눗셈식을 보고 계산 결과가 맞는지 확인하려고 합니다. ☐ 안에 알맞은 수를 써넣고, 계산이 맞으면 ○표, 틀리면 ×표 하시오.

(1) $23 \div 6 = 3 \cdots 5$

확인 $6 \times \boxed{} = \boxed{}$, $\boxed{} + \boxed{} = \boxed{}$ ·········· (   )

(2) $78 \div 5 = 14 \cdots 3$

확인 $5 \times \boxed{} = \boxed{}$, $\boxed{} + \boxed{} = \boxed{}$ ·········· (   )

1 ☐ 안에 알맞은 수를 써넣으시오.

$$20 \div 6 = \boxed{} \cdots \boxed{}$$

확인 $6 \times 3 = 18, \ 18 + \boxed{} = 20$

2 나눗셈을 계산한 것을 보고 계산 결과가 맞는지 확인해 보시오.

$$\begin{array}{r} 7 \\ 5{\overline{\smash{\big)}\,3\ 6}} \\ \underline{3\ 5} \\ 1 \end{array}$$

확인 _____ , _____

3 계산해 보고 계산 결과가 맞는지 확인해 보시오.

(1) $42 \div 9 = \boxed{} \cdots \boxed{}$ 확인 $9 \times \boxed{} = 36, \ 36 + \boxed{} = \boxed{}$

(2) $55 \div 4 = \boxed{} \cdots \boxed{}$ 확인 $4 \times \boxed{} = 52, \ 52 + \boxed{} = \boxed{}$

4 계산해 보고 계산 결과가 맞는지 확인해 보시오.

(1)
$$2{\overline{\smash{\big)}\,3\ 1}}$$

(2)
$$3{\overline{\smash{\big)}\,8\ 3}}$$

확인 _____

_____

확인 _____

_____

❺~❾ 한 자리 수로 나누기 (2)

1 2)3 4

2 4)8 4 0

3 6)3 7 2

4 4)6 5 2

5 3)8 7

6 8)5 8 4

7 7)7 6 3

8 6)2 5 8

9 4)6 4

10 8)9 6

11 9)7 5 6

12 5)9 8 5

정답 16쪽

13 5)6 9

확인 _____

14 9)5 9 0

확인 _____

15 2)5 1

확인 _____

16 4)5 7 5

확인 _____

17 7)9 0

확인 _____

18 3)6 2 6

확인 _____

1 계산해 보시오.

(1) $92 \div 4$ (2) $67 \div 5$

(3) $734 \div 2$ (4) $350 \div 9$

2 빈칸에 알맞은 수를 써넣으시오.

840 ➡ ÷6 ➡ ◻

3 잘못 계산한 곳을 찾아 바르게 계산해 보시오.

$$
\begin{array}{r}
1\,2 \\
5\,)\overline{6\,8} \\
5 \\
\hline
1\,8 \\
1\,0 \\
\hline
8
\end{array}
$$

⇨

$$
5\,)\overline{6\,8}
$$

4 관계있는 것끼리 선으로 이어 보시오.

$23 \div 5$ ·

$56 \div 3$ ·

$73 \div 4$ ·

· $3 \times 18 = 54,$ $54 + 2 = 56$

· $4 \times 18 = 72,$ $72 + 1 = 73$

· $5 \times 4 = 20,$ $20 + 3 = 23$

5 $84 \div 7$과 몫이 같은 것은 어느 것입니까?

(   )

① $52 \div 4$ ② $78 \div 6$

③ $34 \div 2$ ④ $72 \div 4$

⑤ $96 \div 8$

6 두 사람의 대화를 읽고 필요한 봉지는 몇 개인지 구해 보시오.

초콜릿 65개를 한 봉지에 5개씩 똑같이 나누어 담으려고 해.

그럼 필요한 봉지는 몇 개일까?

(   )

교과서 pick

서술형

7 바르게 계산한 사람은 누구인지 쓰고, 그 이유를 써 보시오.

선호 $78 \div 5 = 15 \cdots 3$

민아 $78 \div 5 = 14 \cdots 4$

답 | _____

_____

_____

8 나머지가 큰 것부터 차례대로 기호를 써 보시오.

| ㉠ $348 \div 4$ | ㉡ $646 \div 5$ |
| ㉢ $308 \div 3$ | ㉣ $712 \div 7$ |

(   )

교과 역량 문제 해결, 추론

9 (몇십몇)÷(몇)을 계산하고 계산 결과가 맞는지 확인한 식이 (보기)와 같습니다. 계산한 나눗셈식을 쓰고, 몫과 나머지를 각각 구해 보시오.

(보기)
$$3 \times 28 = 84, \ 84 + 1 = 85$$

식|_____

몫 (   )

나머지 (   )

10 사과 167개를 3상자에 똑같이 나누어 담으려고 합니다. 사과를 한 상자에 몇 개씩 담을 수 있고, 몇 개가 남습니까?

(,   )

11 $62 \div 5$의 계산을 바르게 설명한 사람이 누구인지 찾아 이름을 써 보시오.

$$62 \div 5 = \boxed{} \cdots \boxed{}$$

정연: 몫은 10보다 작구나.

새한: 나머지는 0으로 나누어떨어지네.

수진: 나머지는 5보다 작아.

(   )

12 한 상자에 45개씩 들어 있는 토마토가 3상자 있습니다. 이 토마토를 한 봉지에 8개씩 담아서 판다면 몇 봉지까지 팔 수 있습니까?

(   )

교과서 pick

13 어떤 수를 6으로 나누었더니 몫이 4, 나머지가 3이 되었습니다. 어떤 수는 얼마입니까?

(   )

예제 1

연필이 한 타에 12자루씩 8타 있습니다. 이 연필을 연필꽂이 한 개에 7자루씩 꽂을 때 남는 것 없이 모두 꽂으려면 연필꽂이는 적어도 몇 개 필요한지 구해 보시오.

❶ 전체 연필의 수 → ☐ 자루

❷ 필요한 연필꽂이의 수 → ☐ 개

유제 1

장미가 한 묶음에 8송이씩 16묶음 있습니다. 이 장미를 꽃병 한 개에 5송이씩 꽂을 때 남는 것 없이 모두 꽂으려면 꽃병은 적어도 몇 개 필요한지 구해 보시오.

( )

예제 2

사과가 210개 있습니다. 그중에서 96개는 한 상자에 8개씩 나누어 담고, 남은 사과는 한 상자에 6개씩 나누어 담았습니다. 사과를 담은 상자는 모두 몇 개인지 구해 보시오.

❶ 8개씩 나누어 담은 상자 수

→ ☐ 개

❷ 6개씩 나누어 담은 상자 수

→ ☐ 개

❸ 사과를 담은 전체 상자 수

→ ☐ 개

유제 2

오렌지가 197개 있습니다. 그중에서 112개는 한 봉지에 7개씩 나누어 담고, 남은 오렌지는 한 봉지에 5개씩 나누어 담았습니다. 오렌지를 담은 봉지는 모두 몇 개인지 구해 보시오.

( )

교과서 pick

예제 3

어떤 수를 3으로 나누어야 할 것을 잘못하여 어떤 수에 3을 곱했더니 108이 되었습니다. 바르게 계산하면 몫은 얼마인지 구해 보시오.

❶ 어떤 수를 ■라 할 때, 잘못 계산한 식

→ ■ × □ = □

❷ 어떤 수(■) → □

❸ 바르게 계산한 몫 → □

유제 3

어떤 수를 5로 나누어야 할 것을 잘못하여 9로 나누었더니 몫이 7로 나누어떨어졌습니다. 바르게 계산하면 몫과 나머지는 각각 얼마인지 구해 보시오.

몫 ( )

나머지 ( )

예제 4

수 카드 3장을 한 번씩만 사용하여 몫이 가장 큰 (몇십몇)÷(몇)을 만들고, 계산해 보시오.

2　4　5

□ ÷ □ = □

❶ 알맞은 말에 ○표 하기

몫이 가장 크려면 나누어지는 수는 가장 (크게 , 작게), 나누는 수는 가장 (크게 , 작게) 만듭니다.

❷ 위 □ 안에 알맞은 수를 써넣어 몫이 가장 큰 나눗셈식을 만들고, 계산하기

유제 4

수 카드 3장을 한 번씩만 사용하여 몫이 가장 큰 (몇십몇)÷(몇)을 만들고, 계산해 보시오.

3　6　9

□ ÷ □ = □

단원 마무리

1 수 모형을 보고 ☐ 안에 알맞은 수를 써넣으시오.

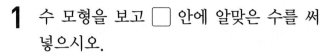

$$60 \div 2 = \boxed{}$$

2 ☐ 안에 알맞은 수를 써넣으시오.

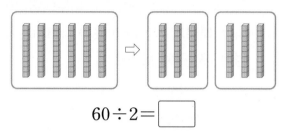

3 계산해 보시오.

$$48 \div 4$$

4 빈칸에 알맞은 수를 써넣으시오.

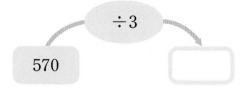

5 나눗셈의 몫과 나머지를 각각 구해 보시오.

$$81 \div 6$$

몫 (   )
나머지 (   )

교과서에 꼭 나오는 문제

6 계산해 보고 계산 결과가 맞는지 확인해 보시오.

$$7 \overline{)8\,8}$$

확인 _____

7 두 나눗셈의 몫의 차를 구해 보시오.

$$68 \div 2 \qquad 42 \div 3$$

(   )

8 몫의 크기를 비교하여 ◯ 안에 >, =, < 를 알맞게 써넣으시오.

$$60 \div 4 \bigcirc 84 \div 7$$

9 6으로 나누었을 때 나누어떨어지는 수를 모두 찾아 기호를 써 보시오.

㉠ 72   ㉡ 68   ㉢ 88   ㉣ 96

(   )

 틀리는 문제

10 나머지가 5가 될 수 <u>없는</u> 식은 어느 것입니 까? (   )

① ■÷6   ② ■÷8   ③ ■÷7
④ ■÷3   ⑤ ■÷9

11 ☐ 안에 알맞은 수를 써넣으시오.

$$\boxed{} \div 8 = 12 \cdots 5$$

12 나머지가 작은 것부터 차례대로 기호를 써 보시오.

㉠ 35÷3   ㉡ 53÷2
㉢ 78÷6   ㉣ 94÷9

(   )

교과서에 꼭 나오는 문제

13 사탕 478개를 한 봉지에 6개씩 똑같이 나누어 담으려고 합니다. 사탕을 몇 봉지에 담을 수 있고, 몇 개가 남습니까?

(,   )

14 길이가 52 cm인 철사를 남김없이 겹치지 않게 사용하여 정사각형 한 개를 만들었습니다. 만든 정사각형의 한 변은 몇 cm 입니까?

(   )

15 구슬을 한 봉지에 6개씩 담았더니 14봉지가 되고 1개가 남았습니다. 구슬은 모두 몇 개입니까?

( )

🟥 잘 틀리는 문제

16 동화책을 재희가 하루에 9쪽씩 15일 동안 읽었더니 모두 읽었습니다. 이 동화책을 동생이 하루에 4쪽씩 읽으면 모두 읽는 데 적어도 며칠이 걸리겠습니까?

( )

17 어떤 수를 3으로 나누어야 할 것을 잘못하여 어떤 수에 5를 곱했더니 235가 되었습니다. 바르게 계산하면 몫과 나머지는 각각 얼마입니까?

몫 ( )

나머지 ( )

서술형 **문제**

18 잘못 계산한 곳을 찾아 이유를 쓰고, 바르게 계산해 보시오.

```
    1 2 0
6 ) 7 3 0
    6
    1 3
    1 2
      1 0
```
⇨
```
6 ) 7 3 0
```

이유 |

19 색연필 60자루를 한 명에게 5자루씩 똑같이 나누어 주려고 합니다. 색연필을 몇 명에게 나누어 줄 수 있는지 풀이 과정을 쓰고 답을 구해 보시오.

풀이 |

답 |

20 수 카드 3장을 한 번씩만 사용하여 몫이 가장 큰 (몇십몇)÷(몇)을 만들려고 합니다. 나눗셈의 몫은 얼마인지 풀이 과정을 쓰고 답을 구해 보시오.

[4] [6] [7]

풀이 |

답 |

거울 속 나를 찾아라!

○ 거울에 비친 모습을 찾아보세요.

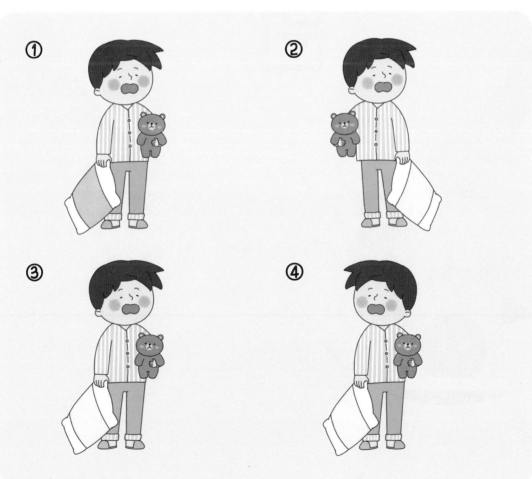

① ② ③ ④

3

원

이전에 배운 내용	이번에 배울 내용	이후에 배울 내용
2-1 여러 가지 도형 • 여러 가지 물건을 관찰하여 원 모양 찾기 • 원 알아보기 • 여러 가지 크기의 원 모양을 본 떠 그리기 • 원을 이용하여 모양 꾸미기	① 원의 중심, 반지름 ② 원의 지름 ③ 컴퍼스를 이용하여 원 그리기 ④ 원을 이용하여 여러 가지 모양 그리기	**6-2 원의 넓이** • 원주와 원주율 • 원의 넓이 어림하기 • 원의 넓이 구하기

준비학습

1 원을 모두 찾아 ◯표 하시오.

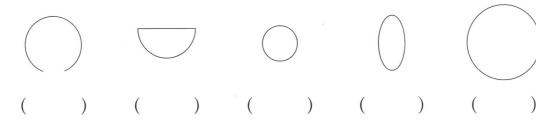

(   )   (   )   (   )   (   )   (   )

2 원에 대한 설명으로 옳은 것에 ◯표, 틀린 것에 ✕표 하시오.

• 원에는 곧은 선이 여러 개 있습니다. ⋯⋯⋯⋯⋯⋯⋯⋯⋯⋯⋯⋯⋯⋯⋯⋯ (   )

• 원은 어느 방향에서 보아도 똑같이 동그란 모양입니다. ⋯⋯⋯⋯⋯⋯⋯ (   )

• 모든 원은 모양과 크기가 같습니다. ⋯⋯⋯⋯⋯⋯⋯⋯⋯⋯⋯⋯⋯⋯⋯⋯⋯ (   )

정답 1 (◯)(   )(◯)(   )(◯) 2 (✕)(◯)(✕)

원의 중심, 반지름

◆ **누름 못과 띠 종이를 이용하여 원 그리기**

| 띠 종이를 누름 못으로
고정하기 | 띠 종이 구멍에
연필을 넣고 돌리기 | 원 완성하기 |

참고 누름 못과 연필을 넣는 구멍 사이의 거리가 멀수록 큰 원을 그릴 수 있습니다.

◆ **원의 중심, 반지름**

원을 그릴 때에 누름 못이
꽂혔던 점
→ **원의 중심** → 점 ㅇ

원의 중심 ㅇ과 원 위의 한 점을
이은 선분
→ **원의 반지름** → 선분 ㅇㄱ

• 한 원에서 원의 중심은 1개입
니다.
• 원의 중심은 원 위의 모든 점에
서 같은 거리에 있는 점입니다.

• 한 원에서 반지름은 무수히 많이
그을 수 있습니다.
• 한 원에서 반지름은 길이가 모두
같습니다.

예제 **1**

자를 이용하여 원의 중심에서부터 같은 거리에 점을 찍어 원을 그려 보시오.

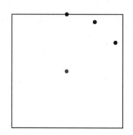

예제 **2**

그림을 보고 ☐ 안에 알맞게 써넣으시오.

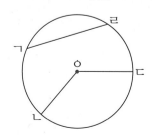

(1) 원의 중심은 점 ☐ 입니다.

(2) 원의 반지름은 선분 ☐, 선분 ☐ 입니다.

복습책 38쪽 | 정답 15쪽

1 원의 중심을 찾아 ○표 하고, ☐ 안에 알맞은 수를 써넣으시오.

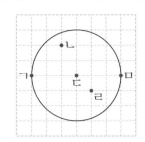

한 원에는 원의 중심이 ☐개 있습니다.

2 원에 반지름을 3개 그어 보고 알맞은 말에 ○표 하시오.

반지름은 한 원에서 여러 개 그을 수 있고,
그 길이가 모두 (같습니다 , 다릅니다).

3 원의 반지름은 몇 cm입니까?

(1) 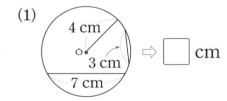 ⇨ ☐ cm

(2) 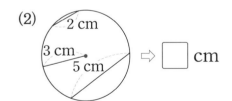 ⇨ ☐ cm

4 누름 못과 띠 종이를 이용하여 다음과 같이 원을 그렸습니다. 원을 더 작게 그리려면
가, 나, 다 중 어느 곳에 연필을 넣어야 하는지 찾아 써 보시오.

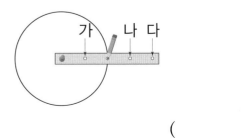

(   )

◆ **원의 지름**

> 원의 중심 ㅇ을 지나도록 원 위의 두 점을 이은 선분 → 원의 지름 → 선분 ㄱㄴ

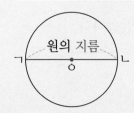

원의 지름

ㄱ · · ㄴ
ㅇ

- 한 원에서 지름은 길이가 모두 같습니다.
- 한 원에서 지름은 무수히 많이 그을 수 있습니다.
- 원의 지름은 원을 둘로 똑같이 나눕니다. → 지름을 따라 접으면 완전히 포개어집니다.
- 원의 지름은 원 안에 그을 수 있는 선분 중 가장 긴 선분입니다.

◆ **원의 지름과 반지름 사이의 관계**

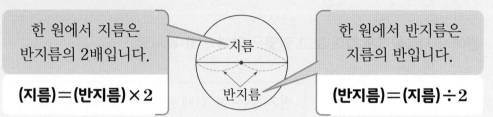

한 원에서 지름은 반지름의 2배입니다.

(지름)=(반지름)×2

한 원에서 반지름은 지름의 반입니다.

(반지름)=(지름)÷2

예제 1

원 안에 5개의 선분을 그었습니다. 그림을 보고 ☐ 안에 알맞게 써넣으시오.

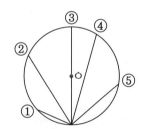

(1) 5개의 선분 중 길이가 가장 긴 선분은 ☐입니다.

(2) 길이가 가장 긴 선분은 원의 ☐을/를 지납니다.

(3) 5개의 선분 중 원의 지름은 ☐입니다.

예제 2

원을 보고 ☐ 안에 알맞게 써넣으시오.

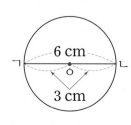

6 cm

ㄱ · · ㄴ
ㅇ

3 cm

(1) 원의 반지름은 선분 ☐이고 3 cm입니다.

(2) 원의 지름은 선분 ☐이고 ☐ cm입니다.

(3) 원의 지름은 반지름의 ☐배입니다.

1 ☐ 안에 알맞은 말을 써넣으시오.

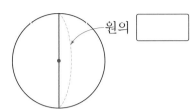

원의 ☐

원의 ☐ 은/는 원을 둘로 똑같이 나눕니다.

2 원의 지름을 찾아 기호를 써 보시오.

(1)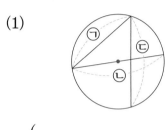

(2)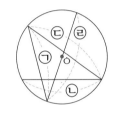

(   )   (   )

3 지름을 나타내는 선분의 길이를 재어 보고, 알맞은 말에 ○표 하시오.

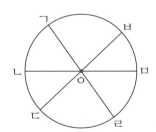

지름	선분 ㄱㄹ	선분 ㄴㅁ	선분 ㄷㅂ
길이(cm)	3		

⇨ 한 원에서 지름은 길이가 모두
(같습니다 , 다릅니다).

4 ☐ 안에 알맞은 수를 써넣으시오.

(1)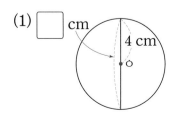

☐ cm   4 cm

(2)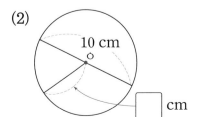

10 cm   ☐ cm

개념 3 컴퍼스를 이용하여 원 그리기

◆ **컴퍼스를 이용하여 반지름이 1 cm인 원을 그리는 방법**

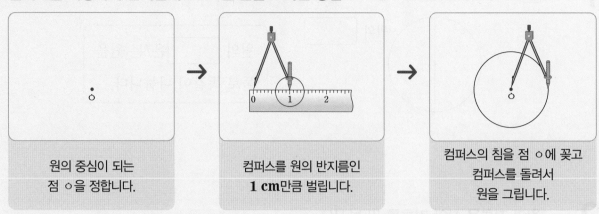

| 원의 중심이 되는 점 ㅇ을 정합니다. | 컴퍼스를 원의 반지름인 **1 cm**만큼 벌립니다. | 컴퍼스의 침을 점 ㅇ에 꽂고 컴퍼스를 돌려서 원을 그립니다. |

참고 컴퍼스의 침과 연필심 사이의 간격을 많이 벌릴수록 더 큰 원을 그릴 수 있습니다.

예제 1 컴퍼스를 이용하여 점 ㅇ을 원의 중심으로 하고 반지름이 2 cm인 원을 그리려고 합니다. ☐ 안에 알맞게 써넣고, 원을 그려 보시오.

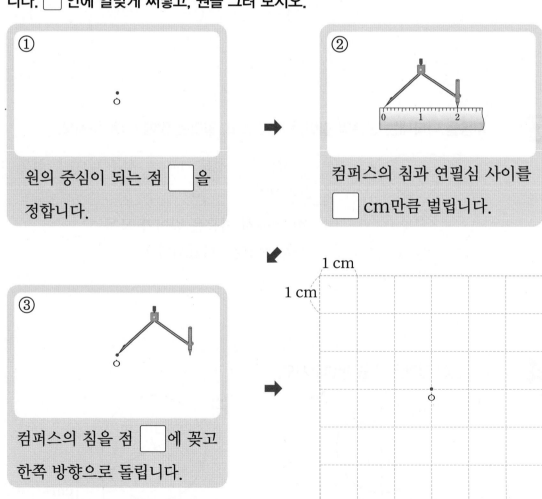

① 원의 중심이 되는 점 ☐을 정합니다.

② 컴퍼스의 침과 연필심 사이를 ☐ cm만큼 벌립니다.

③ 컴퍼스의 침을 점 ☐에 꽂고 한쪽 방향으로 돌립니다.

1 컴퍼스를 이용하여 원을 그릴 때 컴퍼스의 침은 어느 점에 꽂아야 합니까?

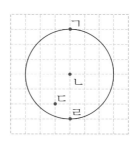

(   )

2 반지름이 3 cm인 원을 그리려고 합니다. 컴퍼스를 바르게 벌린 것에 ○표 하시오.

  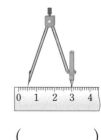 

(   )   (   )   (   )   (   )

3 주어진 선분을 반지름으로 하는 원을 그려 보시오.

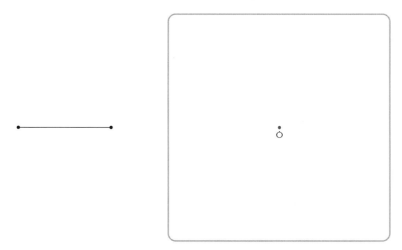

원을 이용하여 여러 가지 모양 그리기

◆ **규칙에 따라 원 그리기**

원을 이용하여 모양을 그릴 때에는 원의 중심과 원의 반지름의 규칙을 정해서 그립니다.

컴퍼스의 침을 꽂는 위치   원의 크기를 결정합니다.

원의 중심은 같게 하고, 원의 반지름만 다르게 하기	원의 반지름은 같게 하고, 원의 중심만 다르게 하기	원의 중심과 원의 반지름을 모두 다르게 하기

참고 원의 중심을 다르게 하면 원의 위치가 변하고, 원의 반지름을 다르게 하면 원의 크기가 변합니다.

예제 1 주어진 모양을 보고 모양을 그린 규칙을 찾아보시오.

(1)

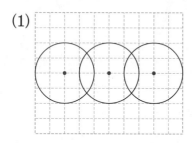

원의 중심은 오른쪽으로 모눈 ☐ 칸씩 이동하고,

원의 반지름은 (같습니다 , 다릅니다).

(2)

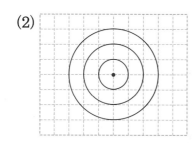

원의 중심은 (같고 , 다르고),

원의 반지름은 모눈 ☐ 칸씩 늘어납니다.

(3)

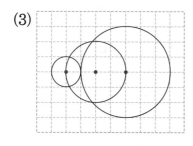

원의 중심은 오른쪽으로 모눈 ☐ 칸씩 이동하고,

원의 반지름은 모눈 ☐ 칸씩 늘어납니다.

STEP 1 기본유형 익히기

1 주어진 모양을 그리기 위해 컴퍼스의 침을 꽂아야 할 곳을 모두 찾아 ✕표 하시오.

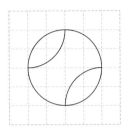

2 원의 중심은 같게 하고, 원의 반지름만 다르게 하여 그린 모양에 ◯표 하시오.

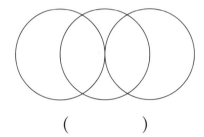 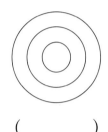

(   )   (   )

3 주어진 모양과 똑같이 그려 보시오.

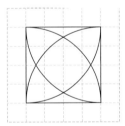 

4 그림과 같이 원들이 맞닿도록 모눈종이에 반지름을 1칸 더 늘려 원을 1개 그려 보시오.

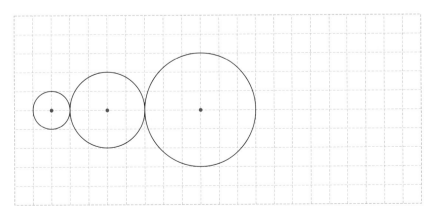

1 원의 중심과 반지름을 표시해 보시오.

2 원의 지름과 반지름을 각각 찾아 기호를 써 보시오.

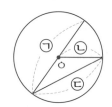 ⇨ 지름: ☐

반지름: ☐

3 ☐ 안에 알맞은 수를 써넣으시오.

(1)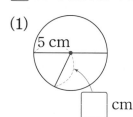

☐ cm

(2)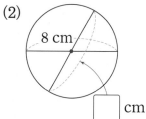

☐ cm

4 오른쪽 원을 보고 잘못 설명 한 사람은 누구입니까?

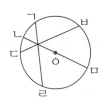

• 수현: 선분 ㄴㅁ은 원 안에 그을 수 있는 가장 긴 선분이야.
• 미라: 선분 ㄴㅁ을 원의 반지름이라고 하고 반지름은 무수히 많이 그을 수 있어.

( )

5 원의 지름은 몇 cm입니까?

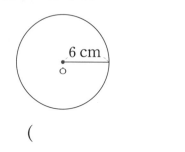

( )

6 그림과 같이 컴퍼스를 벌려서 원을 그렸습니다. 그린 원의 반지름은 몇 cm입니까?

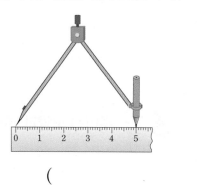

( )

개념 확인 서술형

7 컴퍼스를 이용하여 지름이 2 cm인 원을 그리고, 그린 방법을 설명해 보시오.

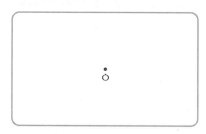

답 |
_____
_____

8 크기가 더 큰 원의 기호를 써 보시오.

> ⊙ 반지름이 5 cm인 원
> ⓒ 지름이 9 cm인 원

(   )

9 원을 그린 규칙을 찾아 □ 안에 알맞은 수를 써넣고, 찾은 규칙에 따라 원을 2개 더 그려 보시오.

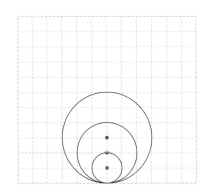

> 원의 중심은 위쪽으로 모눈 □칸씩 옮겨 가고, 원의 반지름은 모눈 □칸 씩 늘려 가며 그린 규칙입니다.

10 원의 반지름은 같게 하고, 원의 중심만 다르게 하여 그린 모양을 찾아 기호를 써 보시오.

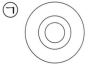

(   )

11 주어진 모양을 그리기 위해 컴퍼스의 침을 꽂아야 할 곳이 가장 많은 모양을 찾아 기호를 써 보시오.

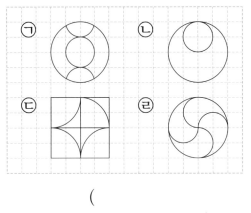

(   )

12 점 ㄱ, 점 ㄴ은 원의 중심입니다. 선분 ㄱㄷ은 몇 cm입니까?

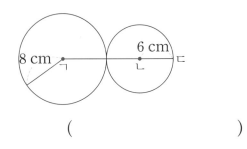

(   )

13 반지름이 5 cm인 크기가 같은 원 3개를 그림과 같이 겹치지 않게 붙여 놓고, 세 원의 중심을 이어 삼각형을 만들었습니다. 삼각형의 세 변의 길이의 합은 몇 cm입니까?

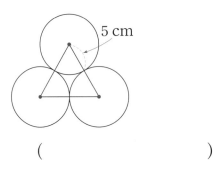

5 cm

(   )

예제 1

다음과 같은 원을 그릴 때 컴퍼스의 침과 연필심 사이를 가장 많이 벌려야 하는 원을 찾아 기호를 써 보시오.

> ㉠ 지름이 10 cm인 원
> ㉡ 반지름이 4 cm인 원
> ㉢ 지름이 6 cm인 원

❶ 알맞은 말에 ○표 하기

> 원을 그릴 때 컴퍼스의 침과 연필심 사이를 많이 벌릴수록 원의 크기는 (작아집니다 , 커집니다).

❷ 컴퍼스의 침과 연필심 사이를 가장 많이 벌려야 하는 원 → ☐

유제 1

다음과 같은 원을 그릴 때 컴퍼스의 침과 연필심 사이를 가장 적게 벌려야 하는 원을 찾아 기호를 써 보시오.

> ㉠ 지름이 7 cm인 원
> ㉡ 지름이 15 cm인 원
> ㉢ 반지름이 5 cm인 원

(   )

교과서 pick

예제 2

점 ㄱ, 점 ㄴ은 원의 중심입니다. 선분 ㄱㄴ은 몇 cm인지 구해 보시오.

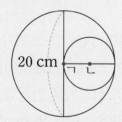

❶ 큰 원의 반지름 → ☐ cm

❷ 작은 원의 지름 → ☐ cm

❸ 선분 ㄱㄴ의 길이 → ☐ cm

유제 2

점 ㄱ, 점 ㄴ, 점 ㄷ은 원의 중심입니다. 선분 ㄱㄴ은 몇 cm인지 구해 보시오.

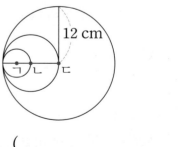

(   )

복습책 42쪽 | 정답 17쪽

교과서 pick

예제 3

직사각형 안에 반지름이 6 cm인 원 3개를 겹치지 않게 이어 붙여서 그렸습니다. 직사각형의 네 변의 길이의 합은 몇 cm인지 구해 보시오.

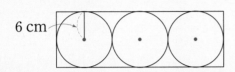

6 cm

❶ 직사각형의 가로 → ☐ cm

❷ 직사각형의 세로 → ☐ cm

❸ 직사각형의 네 변의 길이의 합

→ ☐ cm

유제 3

직사각형 안에 반지름이 5 cm인 원 4개를 겹치지 않게 이어 붙여서 그렸습니다. 직사각형의 네 변의 길이의 합은 몇 cm인지 구해 보시오.

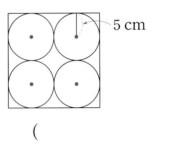

5 cm

(　　　　　　　)

예제 4

오른쪽 원 안에 있는 삼각형 ㅇㄴㄱ의 세 변의 길이의 합은 25 cm입니다. 원의 반지름은 몇 cm인지 구해 보시오.

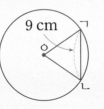

9 cm

❶ 선분 ㅇㄱ과 선분 ㅇㄴ의 길이의 합

→ ☐ cm

❷ 알맞은 말에 ○표 하기

선분 ㅇㄱ과 선분 ㅇㄴ은 길이가 (같습니다, 다릅니다).

❸ 원의 반지름 → ☐ cm

유제 4

원 안에 있는 삼각형 ㅇㄱㄴ의 세 변의 길이의 합은 38 cm입니다. 원의 반지름은 몇 cm인지 구해 보시오.

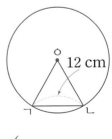

12 cm

(　　　　　　　)

3. 원 **85**

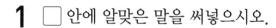

단원 마무리

1 ☐ 안에 알맞은 말을 써넣으시오.

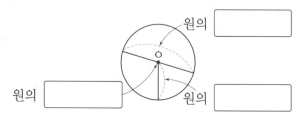

원의 ☐

원의 ☐

원의 ☐

2 ☐ 안에 알맞은 수를 써넣으시오.

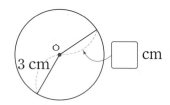

☐ cm

교과서에 꼭 나오는 문제

3 원의 지름은 몇 cm입니까?

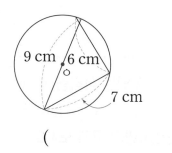

( )

4 컴퍼스를 이용하여 원을 그리려고 합니다. 원을 그리는 순서대로 ☐ 안에 알맞은 기호를 써넣으시오.

> ㉠ 원의 중심이 되는 점 ㅇ을 정합니다.
> ㉡ 컴퍼스의 침을 점 ㅇ에 꽂고 컴퍼스를 돌려서 원을 그립니다.
> ㉢ 컴퍼스를 원의 반지름만큼 벌립니다.

5 점 ㅇ을 원의 중심으로 하는 반지름이 1 cm, 2 cm인 원을 각각 그려 보시오.

6 지름이 40 cm인 원의 반지름은 몇 cm입니까?

( )

7 원의 중심은 같게 하고, 원의 반지름만 다르게 하여 그린 모양을 찾아 기호를 써 보시오.

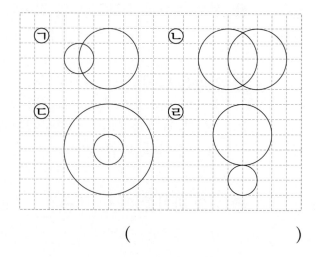

( )

8 원에 대한 설명으로 <u>틀린</u> 것은 어느 것입니까? (　　　)

① 한 원에서 원의 중심은 1개 있습니다.

② 한 원에서 반지름은 길이가 모두 같습니다.

③ 한 원에서 지름은 무수히 많이 그을 수 있습니다.

④ 한 원 위의 두 점을 이은 선분 중에서 길이가 가장 긴 선분은 반지름입니다.

⑤ 한 원에서 반지름은 지름의 반입니다.

9 원 모양의 교통 표지판입니다. 컴퍼스를 이용하여 크기가 같은 원을 그려 보시오.

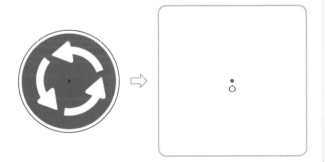

10 그림과 같이 컴퍼스를 벌려서 원을 그렸습니다. 그린 원의 지름은 몇 cm입니까?

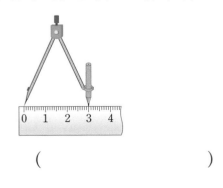

(　　　　　　　)

11 누름 못과 띠 종이를 이용하여 원을 그리려고 합니다. 누름 못을 원의 중심으로 하여 가장 큰 원을 그리려면 어느 곳에 연필을 넣어야 합니까? (　　　)

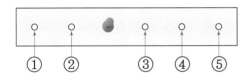

12 주어진 모양을 그리기 위해 컴퍼스의 침을 꽂아야 할 곳에 모두 ×표 하시오.

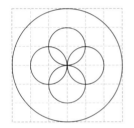

13 주어진 모양과 똑같이 그려 보시오.

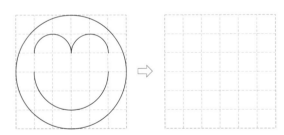

14 크기가 가장 작은 원을 찾아 기호를 써 보시오.

㉠ 반지름이 4 cm인 원

㉡ 지름이 5 cm인 원

㉢ 반지름이 3 cm인 원

㉣ 지름이 7 cm인 원

(　　　　　　　)

(15~16) 그림을 보고 물음에 답하시오.

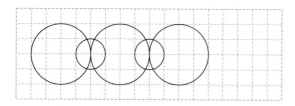

15 원을 그린 규칙을 찾아 바르게 설명한 사람은 누구입니까?

> • 은혜: 원의 중심은 오른쪽으로 모눈 2칸씩 이동하고 원의 반지름은 모눈 1칸씩 줄어드는 규칙이야.
>
> • 정화: 원의 중심은 오른쪽으로 모눈 2칸씩 이동하고 원의 반지름은 모눈 2칸인 원과 1칸인 원이 반복되어 나타나는 규칙이야.

(   )

16 위 **15**에서 찾은 규칙에 따라 이어서 원을 2개 더 그려 보시오.

잘 틀리는 문제

17 원 안에 있는 삼각형 ㅇㄱㄴ의 세 변의 길이의 합은 34 cm입니다. 원의 반지름은 몇 cm입니까?

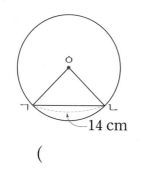

—14 cm

(   )

서술형 문제

18 반지름이 2 cm인 원을 그리기 위해 오른쪽과 같이 컴퍼스를 벌렸습니다. <u>잘못된 부분</u>을 설명해 보시오.

답 |

19 큰 원 안에 크기가 작은 원 2개를 맞닿게 그렸습니다. 작은 원의 반지름은 몇 cm인지 풀이 과정을 쓰고 답을 구해 보시오.

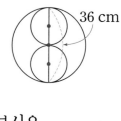

36 cm

풀이 |

답 |

20 점 ㄱ, 점 ㄴ은 원의 중심입니다. 선분 ㄱㄷ은 몇 cm인지 풀이 과정을 쓰고 답을 구해 보시오.

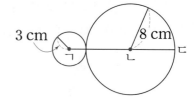

3 cm   8 cm

풀이 |

답 |

수수께끼를 맞혀라!

○ 수수께끼 문제를 보고 답을 맞혀 보세요.

1. 개 중에 가장 아름다운 개는?

2. 진짜 새의 이름은?

3. 병아리가 제일 잘 먹는 약은?

4. 다리가 4개 있어도 걷지 못하는 다리는?

5. 못은 못인데 박지 못하는 못은?

4

분수

이전에 배운 내용	이번에 배울 내용	이후에 배울 내용

이전에 배운 내용

3-1 분수와 소수
- 분수의 개념 이해하기
- 전체와 부분의 관계를 분수로 나타내기
- 분모가 같은 진분수의 크기 비교
- 단위분수의 크기 비교

이번에 배울 내용

1 부분은 전체의 얼마인지 분수로 나타내기
2 전체 개수의 분수만큼은 얼마인지 알아보기
3 전체 길이의 분수만큼은 얼마인지 알아보기
4 진분수, 가분수
5 대분수
6 분모가 같은 분수의 크기 비교

이후에 배울 내용

4-2 분수의 덧셈과 뺄셈
- 분모가 같은 분수의 덧셈
- 분모가 같은 분수의 뺄셈

준비학습

1 색칠한 부분은 전체의 얼마인지 분수로 나타내어 보시오.

(1)

(2)

2 두 분수의 크기를 비교하여 ○ 안에 >, =, <를 알맞게 써넣으시오.

(1) $\dfrac{4}{7}$ ○ $\dfrac{2}{7}$

(2) $\dfrac{1}{6}$ ○ $\dfrac{1}{5}$

부분은 전체의 얼마인지 분수로 나타내기

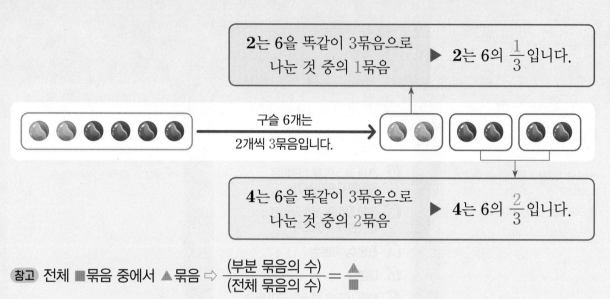

2는 6을 똑같이 3묶음으로 나눈 것 중의 1묶음 ▶ **2**는 6의 $\frac{1}{3}$입니다.

구슬 6개는 2개씩 3묶음입니다.

4는 6을 똑같이 3묶음으로 나눈 것 중의 2묶음 ▶ **4**는 6의 $\frac{2}{3}$입니다.

참고 전체 ■묶음 중에서 ▲묶음 ⇨ $\frac{(부분\ 묶음의\ 수)}{(전체\ 묶음의\ 수)} = \frac{▲}{■}$

예제 1 딸기 8개를 똑같이 4묶음으로 나누었습니다. ☐ 안에 알맞은 수를 써넣으시오.

(1) 부분 은 전체 를 똑같이 4묶음으로 나눈 것 중의 ☐묶음입니다.

(2) 부분 은 4묶음 중에서 ☐묶음이므로 전체의 $\frac{☐}{☐}$입니다.

예제 2 색칠한 부분은 전체의 얼마인지 분수로 나타내어 보시오.

색칠한 부분은 3묶음 중에서 ☐묶음이므로 전체의 $\frac{☐}{☐}$입니다.

STEP 1 기본유형 익히기

1 그림을 보고 ☐ 안에 알맞은 수를 써넣으시오.

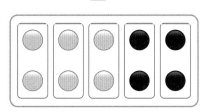

흰색 바둑돌은 전체 바둑돌을 똑같이

☐ 묶음으로 나눈 것 중의 ☐ 묶음입니다.

⇨ 흰색 바둑돌은 전체 바둑돌의 $\dfrac{☐}{☐}$ 입니다.

2 색칠한 부분은 전체의 얼마인지 분수로 나타내어 보시오.

(1)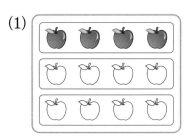

(2)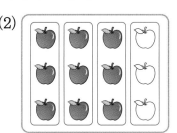

3 그림을 보고 ☐ 안에 알맞은 수를 써넣으시오.

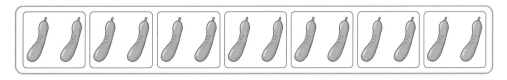

14를 2씩 묶으면 ☐ 묶음이 됩니다. ⇨ 6은 14의 $\dfrac{☐}{☐}$ 입니다.

4 그림을 보고 ☐ 안에 알맞은 수를 써넣으시오.

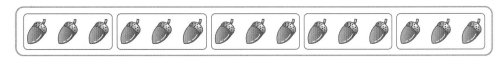

(1) 3은 15의 $\dfrac{☐}{☐}$ 입니다.　　(2) 6은 15의 $\dfrac{☐}{☐}$ 입니다.

축구공 9개를 똑같이 3묶음으로 나누면 1묶음은 3개입니다.

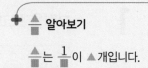 🔺 알아보기

$\frac{\blacksquare}{\blacksquare}$는 $\frac{1}{\blacksquare}$이 🔺개입니다.

• 9의 $\frac{1}{3}$: 9를 똑같이 3묶음으로 나눈 것 중의 **1**묶음 ➡ 3

  ↓2배 ↓2배

• 9의 $\frac{2}{3}$: 9를 똑같이 3묶음으로 나눈 것 중의 **2**묶음 ➡ 6

  $\frac{2}{3}$는 $\frac{1}{3}$이 2개이므로 3×2=6입니다.

예제 1

8의 $\frac{1}{2}$은 얼마인지 알아보시오.

(1) 구슬 8개를 똑같이 2묶음으로 나누어 보시오.

(2) ☐ 안에 알맞은 수를 써넣으시오.

구슬 2묶음 중 1묶음은 전체의 $\frac{\Box}{\Box}$이고,

구슬 1묶음에는 구슬이 ☐개 있습니다.

➡ 8의 $\frac{1}{2}$은 ☐입니다.

예제 2

12의 $\frac{5}{6}$는 얼마인지 알아보시오.

(1) ◻ 12개를 똑같이 6묶음으로 나누어 보시오.

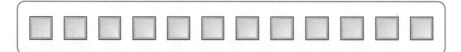

(2) ☐ 안에 알맞은 수를 써넣으시오.

• 12의 $\frac{1}{6}$은 ☐입니다.

• $\frac{5}{6}$는 $\frac{1}{6}$이 ☐개입니다.

➡ 12의 $\frac{5}{6}$는 ☐입니다.

복습책 48쪽 | 정답 19쪽

1 별 10개를 똑같이 5묶음으로 나누고, ☐ 안에 알맞은 수를 써넣으시오.

(1) 10의 $\frac{1}{5}$은 ☐ 입니다.　　　(2) 10의 $\frac{2}{5}$는 ☐ 입니다.

2 그림을 보고 ☐ 안에 알맞은 수를 써넣으시오.

(1) 16의 $\frac{1}{4}$은 ☐ 입니다.　　　(2) 16의 $\frac{3}{4}$은 ☐ 입니다.

3 그림을 보고 ☐ 안에 알맞은 수를 써넣으시오.

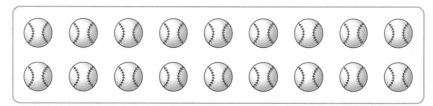

(1) 18의 $\frac{1}{2}$은 ☐ 입니다.　　　(2) 18의 $\frac{1}{6}$은 ☐ 입니다.

(3) 18의 $\frac{2}{3}$는 ☐ 입니다.　　　(4) 18의 $\frac{2}{9}$는 ☐ 입니다.

개념 3 전체 길이의 분수만큼은 얼마인지 알아보기

10 cm를 똑같이 5부분으로 나누면 1부분은 2 cm입니다.

0 1 2 3 4 5 6 7 8 9 10(cm)

· 10 cm의 $\frac{1}{5}$: 10 cm를 똑같이 5부분으로 나눈 것 중의 **1**부분 ⇨ 2 cm

  ↓2배   ↓2배

· 10 cm의 $\frac{2}{5}$: 10 cm를 똑같이 5부분으로 나눈 것 중의 **2**부분 ⇨ 4 cm

  $\frac{2}{5}$는 $\frac{1}{5}$이 2개이므로 2×2=4(cm)입니다.

예제 1

9 cm의 $\frac{1}{3}$은 얼마인지 알아보시오.

(1) 9 cm를 똑같이 3부분으로 나누어 보시오.

0 1 2 3 4 5 6 7 8 9(cm)

(2) ☐ 안에 알맞은 수를 써넣으시오.

3부분 중 1부분은 전체의 $\frac{\boxed{}}{\boxed{}}$이고,

1부분은 $\boxed{}$ cm입니다.

⇨ 9 cm의 $\frac{1}{3}$은 $\boxed{}$ cm입니다.

예제 2

20 cm의 $\frac{3}{5}$은 얼마인지 알아보시오.

(1) 20 cm를 똑같이 5부분으로 나누어 보시오.

0 1 2 3 4 5 6 7 8 9 10 11 12 13 14 15 16 17 18 19 20(cm)

(2) ☐ 안에 알맞은 수를 써넣으시오.

· 20 cm의 $\frac{1}{5}$은 $\boxed{}$ cm입니다.

· $\frac{3}{5}$은 $\frac{1}{5}$이 $\boxed{}$개입니다.

⇨ 20 cm의 $\frac{3}{5}$은 $\boxed{}$ cm입니다.

1 8 cm의 종이띠를 분수만큼 색칠하고, ☐ 안에 알맞은 수를 써넣으시오.

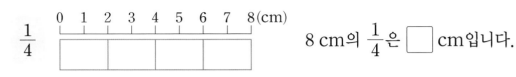

$\frac{1}{4}$ 8 cm의 $\frac{1}{4}$은 ☐ cm입니다.

2 종이띠를 보고 ☐ 안에 알맞은 수를 써넣으시오.

(1) 15 cm의 $\frac{1}{5}$은 ☐ cm입니다.

(2) 15 cm의 $\frac{4}{5}$는 ☐ cm입니다.

3 수직선을 보고 ☐ 안에 알맞은 수를 써넣으시오.

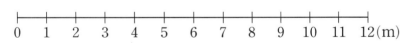

(1) 12 m의 $\frac{3}{4}$은 ☐ m입니다.   (2) 12 m의 $\frac{4}{6}$는 ☐ m입니다.

4 수직선을 보고 ☐ 안에 알맞은 수를 써넣으시오.

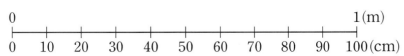

(1) $\frac{1}{10}$ m는 ☐ cm입니다.   (2) $\frac{3}{10}$ m는 ☐ cm입니다.

1 단추 16개를 4개씩 묶어 보고, ☐ 안에 알맞은 수를 써넣으시오.

(1) 4는 16의 $\dfrac{\Box}{\Box}$ 입니다.

(2) 12는 16의 $\dfrac{\Box}{\Box}$ 입니다.

2 색칠한 부분이 전체의 $\dfrac{2}{3}$ 가 되도록 색칠해 보시오.

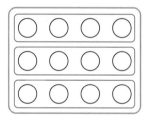

3 그림을 보고 28의 $\dfrac{5}{7}$ 는 얼마인지 구해 보시오.

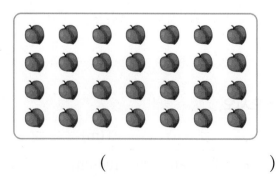

(   )

4 수직선을 보고 $\dfrac{1}{5}$ m는 몇 cm인지 구해 보시오.

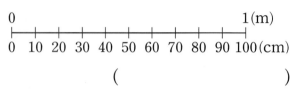

(   )

5 연필을 3자루씩 묶으면 6은 15의 얼마인지 분수로 나타내어 보시오.

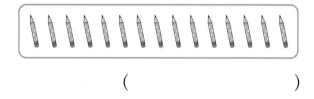

(   )

(6~7) 종이띠를 보고 물음에 답하시오.

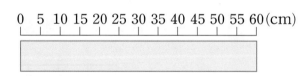

6 종이띠를 10 cm씩 나누면 50 cm는 60 cm의 얼마인지 분수로 나타내어 보시오.

(   )

7 60 cm의 $\dfrac{4}{6}$ 는 몇 cm입니까?

(   )

교과 역량 창의·융합

8 〈조건〉에 맞게 초록색과 주황색으로 □를 색칠하고, □ 안에 알맞은 수를 써넣으시오.

〈조건〉

• 초록색: 20의 $\dfrac{2}{5}$ • 주황색: 20의 $\dfrac{3}{5}$

□□□□□□□□□□
□□□□□□□□□□

초록색 □: □ 개, 주황색 □: □ 개

9 은지는 60분의 $\dfrac{1}{4}$ 만큼 책을 읽었습니다. 은지가 책을 읽은 시간은 몇 분입니까?

(　　　　　)

교과서 pick

10 지원이는 초콜릿 21개의 $\dfrac{3}{7}$ 을 친구에게 주었습니다. 남은 초콜릿은 몇 개인지 풀이 과정을 쓰고 답을 구해 보시오.   **서술형**

❶ 친구에게 준 초콜릿은 몇 개인지 구하기

풀이 |

❷ 남은 초콜릿은 몇 개인지 구하기

풀이 |

답 |

교과 역량 문제 해결

11 집에서 우체국까지의 거리는 15 km입니다. 학교는 집에서 우체국으로 가는 길의 $\dfrac{1}{3}$ 만큼의 거리에 있습니다. 학교에서 우체국까지의 거리는 몇 km입니까?

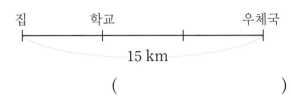

집　　　　학교　　　　　　우체국

15 km

(　　　　　)

12 하연이와 은우 중에서 송편을 더 많이 먹은 사람은 누구입니까?

• 하연: 난 송편 10개의 $\dfrac{4}{5}$ 만큼 먹었어.

• 은우: 난 송편 10개의 $\dfrac{7}{10}$ 만큼 먹었어.

(　　　　　)

13 부분은 전체의 얼마인지 잘못 설명한 것을 찾아 기호를 써 보시오.

㉠ 18을 2씩 묶으면 4는 18의 $\dfrac{2}{9}$ 입니다.

㉡ 18을 3씩 묶으면 15는 18의 $\dfrac{5}{6}$ 입니다.

㉢ 18을 6씩 묶으면 12는 18의 $\dfrac{3}{4}$ 입니다.

(　　　　　)

진분수, 가분수

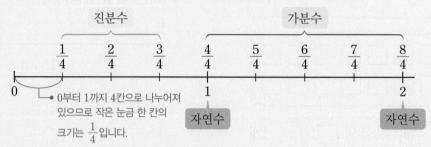

분자가 분모보다 작은 분수	→ 진분수	분자가 분모와 같거나 분모보다 큰 분수 → 가분수		1, 2, 3과 같은 수 → 자연수		

眞分數(참 진, 나눌 분, 셀 수)

假分數(거짓 가, 나눌 분, 셀 수)

0은 자연수라고 할 수 없습니다.

예 $\dfrac{1}{4}$, $\dfrac{2}{4}$, $\dfrac{3}{4}$

예 $\dfrac{4}{4}$, $\dfrac{5}{4}$, $\dfrac{6}{4}$

진분수

가분수

$\dfrac{1}{4}$ $\dfrac{2}{4}$ $\dfrac{3}{4}$ $\dfrac{4}{4}$ $\dfrac{5}{4}$ $\dfrac{6}{4}$ $\dfrac{7}{4}$ $\dfrac{8}{4}$

0

0부터 1까지 4칸으로 나누어져 있으므로 작은 눈금 한 칸의 크기는 $\dfrac{1}{4}$입니다.

1

자연수

2

자연수

참고 자연수를 분모가 ■인 분수로 나타낼 수 있습니다.

$$1=\dfrac{■}{■}, 2=\dfrac{■\times 2}{■}, 3=\dfrac{■\times 3}{■}\cdots\cdots$$

예제 1 색칠한 부분을 분수로 나타내어 보시오.

$\dfrac{\square}{6}$

$\dfrac{\square}{\square}$

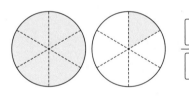

$\dfrac{\square}{\square}$

예제 2 분모가 5인 진분수와 가분수를 알아보시오.

(1) 분모가 5인 분수를 수직선에 나타내어 보시오.

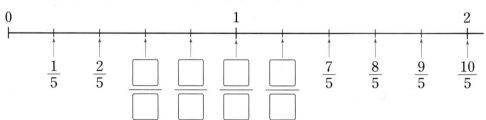

0

1

2

$\dfrac{1}{5}$ $\dfrac{2}{5}$ $\dfrac{\square}{\square}$ $\dfrac{\square}{\square}$ $\dfrac{\square}{\square}$ $\dfrac{\square}{\square}$ $\dfrac{7}{5}$ $\dfrac{8}{5}$ $\dfrac{9}{5}$ $\dfrac{10}{5}$

(2) 위 (1)의 수직선에서 진분수와 가분수를 각각 모두 찾아 써 보시오.

진분수	가분수

1 그림을 분수로 나타내고, 진분수에는 '진', 가분수에는 '가'를 써 보시오.

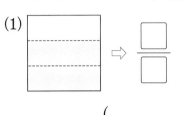

(1) ⇨ $\dfrac{\Box}{\Box}$ (   )

(2) ⇨ $\dfrac{\Box}{\Box}$ (   )

2 진분수는 ○표, 가분수는 △표 하시오.

$$\dfrac{3}{11} \qquad \dfrac{8}{7} \qquad \dfrac{17}{10} \qquad \dfrac{5}{8} \qquad \dfrac{7}{7} \qquad \dfrac{6}{9}$$

3 자연수 1을 분수로 나타내려고 합니다. 그림을 보고 ☐ 안에 알맞은 수를 써넣으시오.

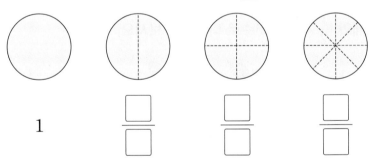

1      $\dfrac{\Box}{\Box}$ $\dfrac{\Box}{\Box}$ $\dfrac{\Box}{\Box}$

4 분모가 3인 진분수를 모두 써 보시오.

(   )

◆ 대분수 → 帶分數(띠 대, 나눌 분, 셀 수)

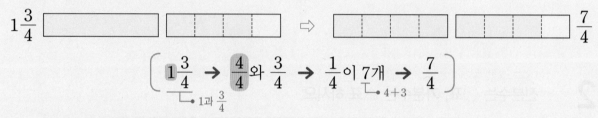

자연수와 진분수로 이루어진 분수 → 대분수

예 1과 $\frac{3}{4}$ → 쓰기 $1\frac{3}{4}$ 읽기 1과 4분의 3

◆ 대분수 $1\frac{3}{4}$을 가분수로 나타내기

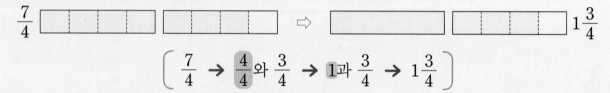

$$\left[1\frac{3}{4} \rightarrow \frac{4}{4}와 \frac{3}{4} \rightarrow \frac{1}{4}이 7개 \rightarrow \frac{7}{4} \right]$$

◆ 가분수 $\frac{7}{4}$을 대분수로 나타내기

$$\left[\frac{7}{4} \rightarrow \frac{4}{4}와 \frac{3}{4} \rightarrow 1과 \frac{3}{4} \rightarrow 1\frac{3}{4} \right]$$

예제 **1** 사과 1개와 $\frac{1}{2}$개를 대분수로 나타내어 보시오.

예제 **2** 그림을 보고 대분수는 가분수로, 가분수는 대분수로 나타내어 보시오.

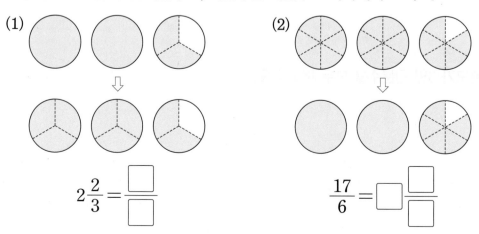

(1) $2\frac{2}{3} = \dfrac{\square}{\square}$

(2) $\dfrac{17}{6} = \square\dfrac{\square}{\square}$

1 〈보기〉를 보고 오른쪽 그림을 대분수로 나타내어 보시오.

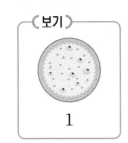

2 대분수를 모두 찾아 ◯표 하시오.

$$1\frac{4}{9} \qquad \frac{1}{5} \qquad 2\frac{3}{7} \qquad \frac{6}{6} \qquad \frac{9}{8} \qquad 4\frac{7}{10}$$

3 대분수는 가분수로, 가분수는 대분수로 나타내어 보시오.

(1) $1\dfrac{5}{9} = \dfrac{\Box}{\Box}$

(2) $\dfrac{13}{6} = \Box\dfrac{\Box}{\Box}$

(3) $2\dfrac{7}{8} = \dfrac{\Box}{\Box}$

(4) $\dfrac{31}{10} = \Box\dfrac{\Box}{\Box}$

4 같은 것끼리 선으로 이어 보시오.

$$1\frac{5}{7} \qquad\qquad 2\frac{5}{7} \qquad\qquad 3\frac{4}{7}$$

·   ·   ·

·   ·   ·

$$\frac{19}{7} \qquad\qquad \frac{25}{7} \qquad\qquad \frac{12}{7}$$

분모가 같은 분수의 크기 비교

◆ **분모가 같은 가분수의 크기 비교**

> 분자가 클수록 더 큰 분수입니다.

$$\overset{\overset{\displaystyle 4<5}{}}{\frac{4}{3}} < \frac{5}{3}$$

◆ **분모가 같은 대분수의 크기 비교**

> 먼저 자연수의 크기를 비교하고, **자연수가 같으면 진분수의 분자가 클수록 더 큰 분수입니다.**

$$\overset{\overset{\displaystyle 2<3}{}}{2\frac{2}{5}} < 3\frac{1}{5} \qquad 3\overset{\overset{\displaystyle 3>1}{}}{\frac{3}{4}} > 3\frac{1}{4}$$

◆ **분모가 같은 가분수 $\frac{16}{7}$과 대분수 $2\frac{3}{7}$의 크기 비교** → 가분수 또는 대분수로 형태를 같게 나타내어 크기를 비교합니다.

방법 1 대분수를 가분수로 나타내어 크기 비교하기

$$2\frac{3}{7} = \frac{17}{7}\text{이므로 } \overset{\overset{\displaystyle 16<17}{}}{\frac{16}{7}} < \frac{17}{7} \Rightarrow \frac{16}{7} < 2\frac{3}{7}$$

방법 2 가분수를 대분수로 나타내어 크기 비교하기

$$\frac{16}{7} = 2\frac{2}{7}\text{이므로 } 2\overset{\overset{\displaystyle 2<3}{}}{\frac{2}{7}} < 2\frac{3}{7} \Rightarrow \frac{16}{7} < 2\frac{3}{7}$$

예제 1

$\frac{8}{5}$과 $\frac{6}{5}$의 크기를 비교해 보시오.

(1) 주어진 분수만큼 ▬▬로 수직선에 나타내어 보시오.

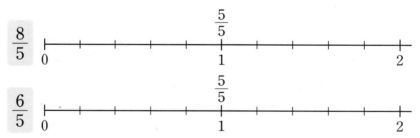

(2) 두 분수의 크기를 비교하여 ◯ 안에 >, =, <를 알맞게 써넣으시오.

$$\frac{8}{5} \bigcirc \frac{6}{5}$$

예제 2

분수만큼 색칠하고, 두 분수의 크기를 비교하여 ◯ 안에 >, =, <를 알맞게 써넣으시오.

$$\Rightarrow \quad 1\frac{3}{4} \bigcirc 1\frac{2}{4}$$

STEP 1 기본유형 익히기

복습책 53쪽 | 정답 22쪽

1 그림을 보고 두 분수의 크기를 비교하여 ◯ 안에 >, =, <를 알맞게 써넣으시오.

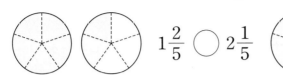 $1\frac{2}{5}$ ◯ $2\frac{1}{5}$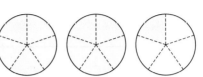

2 $\frac{22}{7}$와 $2\frac{4}{7}$의 크기를 2가지 방법으로 비교해 보시오.

(1) 대분수를 가분수로 나타내고 ◯ 안에 >, =, <를 알맞게 써넣으시오.

$$2\frac{4}{7} = \frac{\boxed{}}{\boxed{}}\text{이므로} \quad \frac{22}{7} \bigcirc \frac{\boxed{}}{\boxed{}} \Rightarrow \frac{22}{7} \bigcirc 2\frac{4}{7}$$

(2) 가분수를 대분수로 나타내고 ◯ 안에 >, =, <를 알맞게 써넣으시오.

$$\frac{22}{7} = \boxed{}\frac{\boxed{}}{\boxed{}}\text{이므로} \quad \boxed{}\frac{\boxed{}}{\boxed{}} \bigcirc 2\frac{4}{7} \Rightarrow \frac{22}{7} \bigcirc 2\frac{4}{7}$$

3 두 분수의 크기를 비교하여 ◯ 안에 >, =, <를 알맞게 써넣으시오.

(1) $\frac{17}{8}$ ◯ $\frac{13}{8}$

(2) $1\frac{5}{13}$ ◯ $1\frac{12}{13}$

(3) $6\frac{1}{9}$ ◯ $5\frac{8}{9}$

(4) $3\frac{4}{15}$ ◯ $\frac{49}{15}$

STEP 2 실전유형 다지기

1 주어진 분수가 어떤 분수인지 알맞게 선으로 이어 보시오.

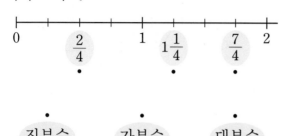

진분수   가분수   대분수

2 그림을 보고 가분수와 대분수로 각각 나타내어 보시오.

가분수 (   )
대분수 (   )

3 $\dfrac{12}{7}$와 $\dfrac{9}{7}$의 크기를 비교하려고 합니다. ☐ 안에 알맞은 수를 써넣고, 알맞은 말에 ◯표 하시오.

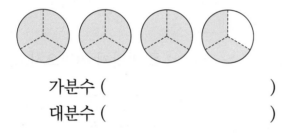

$\dfrac{12}{7}$는 $\dfrac{1}{7}$이 ☐개이고,

$\dfrac{9}{7}$는 $\dfrac{1}{7}$이 ☐개이므로

$\dfrac{12}{7}$가 $\dfrac{9}{7}$보다 더 (큽니다 , 작습니다).

4 대분수는 가분수로, 가분수는 대분수로 바르게 나타낸 것에 ◯표 하시오.

$$2\dfrac{3}{5}=\dfrac{13}{5}$$ $$\dfrac{11}{9}=1\dfrac{1}{9}$$

(   )   (   )

5 두 분수의 크기를 비교하여 ◯ 안에 >, =, <를 알맞게 써넣으시오.

$$4\dfrac{5}{7}\ \bigcirc\ 4\dfrac{6}{7}$$

6 $\dfrac{4}{☐}$는 가분수입니다. ☐ 안에 들어갈 수 있는 수를 모두 찾아 ◯표 하시오.

| 2 | 3 | 4 | 5 | 6 | 7 |

7 ☐ 안에 알맞은 수를 써넣으시오.

(1) $\dfrac{5}{☐}=1$ (2) $\dfrac{☐}{8}=2$

8 □ 안에 알맞은 수를 써넣으시오.

$$3\frac{\square}{6} = \frac{23}{6}$$

교과서 pick

9 크기가 작은 수부터 차례대로 써 보시오.

$$1\frac{3}{11} \qquad \frac{19}{11} \qquad 1$$

( )

서술형

10 나무 막대의 길이는 $3\frac{2}{9}$ m이고, 철사의 길이는 $\frac{22}{9}$ m입니다. 나무 막대와 철사 중에서 길이가 더 짧은 것은 무엇인지 풀이 과정을 쓰고 답을 구해 보시오.

❶ 철사의 길이를 대분수로 나타내기

풀이 |

❷ 두 분수의 크기를 비교하여 더 짧은 것 찾기

풀이 |

답 |

교과 역량 추론, 정보 처리

11 (조건)에 맞는 분수를 찾아 ○표 하시오.

(조건)
• 분모와 분자의 합이 14입니다.
• 진분수입니다.

$$\left(\quad \frac{7}{7} \quad , \quad \frac{3}{5} \quad , \quad \frac{5}{9} \quad \right)$$

교과 역량 추론

12 수 카드 3장을 보고 물음에 답하시오.

$$\boxed{3} \quad \boxed{5} \quad \boxed{8}$$

(1) 수 카드 2장을 뽑아 한 번씩만 사용하여 만들 수 있는 진분수를 모두 써 보시오.

( )

(2) 수 카드 3장을 모두 한 번씩만 사용하여 만들 수 있는 대분수를 모두 써 보시오.

(-)

13 $1\frac{3}{8}$보다 크고 $\frac{25}{8}$보다 작은 분수를 찾아 ○표 하시오.

$$\frac{15}{8} \qquad \frac{10}{8} \qquad 3\frac{3}{8}$$

예제 1

사과 32개를 4개씩 바구니에 나누어 담았습니다. 사과 28개는 전체의 얼마인지 분수로 나타내어 보시오.

❶ 사과 32개를 4개씩 묶었을 때

　전체 묶음 수 → ☐ 묶음

　28개의 묶음 수 → ☐ 묶음

❷ 사과 28개는 전체의 얼마인지 분수로

　나타내기　　　　　→ ☐

유제 1

감자 54개를 6개씩 봉지에 나누어 담았습니다. 감자 42개는 전체의 얼마인지 분수로 나타내어 보시오.

(　　　　　　　　　)

교과서 pick

예제 2

㉠에 알맞은 자연수를 구해 보시오.

$$\frac{20}{9} > 2\frac{㉠}{9}$$

❶ $\frac{20}{9}$ 을 대분수로 나타내기

　→ ☐

❷ ㉠에 알맞은 수 　→ ☐

유제 2

㉠에 들어갈 수 있는 자연수를 모두 구해 보시오.

$$\frac{13}{8} < 1\frac{㉠}{8}$$

(　　　　　　　　　)

복습책 56쪽 | 정답 24쪽

예제 3 정우는 다음과 같은 색 테이프의 $\frac{3}{4}$을 사용했습니다. 정우가 사용한 색 테이프가 9 cm일 때, 처음에 있던 색 테이프는 몇 cm인지 구해 보시오.

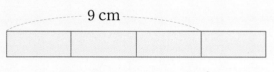

❶ 처음에 있던 색 테이프의 $\frac{1}{4}$의 길이

➡ ☐ cm

❷ 처음에 있던 색 테이프의 길이

➡ ☐ cm

유제 3 민희는 접시 위에 놓인 딸기의 $\frac{2}{5}$를 먹었습니다. 민희가 먹은 딸기가 10개일 때, 처음에 놓여 있던 딸기는 몇 개인지 구해 보시오.

(   )

교과서 pick

예제 4 수 카드 3장을 모두 한 번씩만 사용하여 만들 수 있는 가장 큰 대분수를 가분수로 나타내어 보시오.

❶ 만들 수 있는 가장 큰 대분수

➡ ☐

❷ 위 ❶에서 만든 대분수를 가분수로 나타내기 ➡ ☐

유제 4 수 카드 3장을 모두 한 번씩만 사용하여 만들 수 있는 가장 작은 대분수를 가분수로 나타내어 보시오.

(   )

단원 마무리

1 그림을 3개씩 묶어 보고, □ 안에 알맞은 수를 써넣으시오.

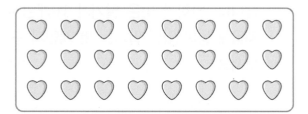

24를 3씩 묶으면 15는 24의 $\dfrac{\Box}{\Box}$입니다.

2 그림을 보고 □ 안에 알맞은 수를 써넣으시오.

18의 $\dfrac{1}{3}$은 □입니다.

3 종이띠를 보고 □ 안에 알맞은 수를 써넣으시오.

0 5 10 15 20 25 30 35 40(cm)

40 cm의 $\dfrac{3}{8}$은 □ cm입니다.

(4~5) 분수를 보고 물음에 답하시오.

$$\dfrac{4}{4} \qquad \dfrac{5}{7} \qquad \dfrac{16}{9} \qquad \dfrac{34}{7} \qquad \dfrac{5}{6}$$

4 진분수를 모두 찾아 써 보시오.

( )

5 가분수를 모두 찾아 써 보시오.

( )

6 가분수를 대분수로 나타내어 보시오.

$$\dfrac{20}{7}$$

( )

교과서에 **꼭** 나오는 문제

7 두 분수의 크기를 비교하여 ◯ 안에 >, =, <를 알맞게 써넣으시오.

$$1\dfrac{11}{23} \ \bigcirc \ 1\dfrac{18}{23}$$

8 분모가 4인 진분수를 모두 써 보시오.

(　　　　　　　　　　)

9 같은 것끼리 선으로 이어 보시오.

$4\dfrac{5}{8}$　　　$3\dfrac{1}{8}$　　　$3\dfrac{7}{8}$

・　　　　・　　　　・

・　　　　・　　　　・

$\dfrac{25}{8}$　　　$\dfrac{31}{8}$　　　$\dfrac{37}{8}$

10 진분수와 가분수에 대해 바르게 말한 사람은 누구입니까?

・지훈: $\dfrac{5}{5}$ 는 진분수입니다.

・효민: 가분수는 1과 같거나 1보다 큽니다.

(　　　　　　　　　　)

교과서에 꼭 나오는 문제

11 진호는 연필 12자루 중에서 $\dfrac{1}{6}$ 을 동생에게 주었습니다. 동생에게 준 연필은 몇 자루입니까?

(　　　　　　　　　　)

12 크기가 가장 작은 분수를 찾아 써 보시오.

$5\dfrac{8}{9}$　　　$\dfrac{46}{9}$　　　$5\dfrac{4}{9}$

(　　　　　　　　　　)

잘 틀리는 문제

13 나타내는 수가 가장 큰 것을 찾아 기호를 써 보시오.

㉠ 20의 $\dfrac{4}{5}$　　　㉡ 45의 $\dfrac{2}{9}$

㉢ 80의 $\dfrac{3}{10}$　　　㉣ 24의 $\dfrac{1}{2}$

(　　　　　　　　　　)

14 수지는 리본 27 m 중에서 $\dfrac{7}{9}$ 을 사용했습니다. 남은 리본은 몇 m입니까?

(　　　　　　　　　　)

15 ☐ 안에 알맞은 수를 써넣으시오.

> • 45를 3씩 묶으면 12는 45의 $\dfrac{☐}{15}$ 입니다.
>
> • 45를 5씩 묶으면 20은 45의 $\dfrac{☐}{9}$ 입니다.

잘 틀리는 문제

16 수 카드 3장을 모두 한 번씩만 사용하여 만들 수 있는 대분수를 모두 써 보시오.

6 7 5

(   )

17 ☐ 안에 들어갈 수 있는 자연수를 모두 구해 보시오.

$$\dfrac{21}{6} > 3\dfrac{☐}{6}$$

(   )

서술형 **문제**

18 수직선을 보고 $\dfrac{4}{5}$ m는 몇 cm인지 풀이 과정을 쓰고 답을 구해 보시오.

0   1(m)
├─┼─┼─┼─┼─┼─┼─┼─┼─┼─┤
0 10 20 30 40 50 60 70 80 90 100(cm)

풀이 |

답 |

19 분모와 분자의 합이 21인 가분수를 찾으려고 합니다. 풀이 과정을 쓰고 답을 구해 보시오.

$$\dfrac{10}{11} \qquad \dfrac{16}{5} \qquad \dfrac{13}{7}$$

풀이 |

답 |

20 영도는 색종이의 $\dfrac{3}{10}$ 을 사용했습니다. 영도가 사용한 색종이가 18장일 때, 처음에 있던 색종이는 몇 장인지 풀이 과정을 쓰고 답을 구해 보시오.

풀이 |

답 |

길을 찾아라!

○ 민호는 할아버지와 할머니를 만나러 가려고 합니다.
  모퉁이가 둥근 곳에서만 돌 수 있다고 합니다.
  민호가 할아버지와 할머니께 갈 수 있는 가장 가까운 길을 찾아보세요.

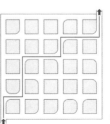

5

들이와 무게

이전에 배운 내용	이번에 배울 내용	이후에 배울 내용
1-1 비교하기 구체물의 들이, 무게 비교 **2-1 길이 재기** 자로 길이 재기, 길이 어림하기 **2-2 길이 재기** • 1 m가 100 cm임을 알고 나타내기 • 길이의 덧셈과 뺄셈 **3-1 길이와 시간** 1 mm, 1 km를 알고 나타내기	1 들이의 비교 2 들이의 단위 3 들이를 어림하고 재어 보기 4 들이의 덧셈과 뺄셈 5 무게의 비교 6 무게의 단위 7 무게를 어림하고 재어 보기 8 무게의 덧셈과 뺄셈	**5-2 수의 범위와 어림하기** • 이상, 이하, 초과, 미만 • 올림, 버림, 반올림

준비학습

1 주스가 가장 많이 담긴 병에 ◯표 하시오.

(   ) (   ) (   )

2 가장 무거운 것에 ◯표, 가장 가벼운 것에 △표 하시오.

(   ) (   ) (   )

들이의 비교

◆ **여러 가지 방법으로 들이 비교하기**

방법1 ㉮에 물을 가득 채운 후 ㉯에 직접 옮겨 담기

⇨ (㉮의 들이) > (㉯의 들이)
└● ㉮의 물이 ㉯에 다 들어가지 않습니다.

방법1 ㉮에 물을 가득 채운 후 ㉯에 직접 옮겨 담아 들이 비교하기
• 물이 가득 차지 않을 때
  (㉮의 들이) < (㉯의 들이)
• 물이 넘칠 때
  (㉮의 들이) > (㉯의 들이)

방법2 ㉮와 ㉯에 물을 가득 채운 후 모양과 크기가 같은 큰 그릇에 옮겨 담기

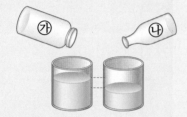

⇨ (㉮의 들이) > (㉯의 들이)
└● ㉮에서 옮겨 담은 물의 높이가
   ㉯에서 옮겨 담은 물의 높이보다 더 높습니다.

방법3 다른 단위를 사용하여 들이를 비교하면 불편한 점
   ㉮ ⇨ 종이컵 5개
   ㉯ ⇨ 요구르트병 6개
위와 같이 들이를 비교할 때 사용하는 단위가 다르면 어느 것의 들이가 더 많은지 비교하기 어렵습니다.

방법3 ㉮와 ㉯에 물을 가득 채운 후 모양과 크기가 같은 작은 컵에 옮겨 담기

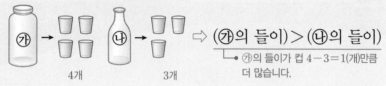

4개   3개

⇨ (㉮의 들이) > (㉯의 들이)
└● ㉮의 들이가 컵 4-3=1(개)만큼 더 많습니다.

예제 1

주전자와 물통에 물을 가득 채운 후 모양과 크기가 같은 그릇에 각각 옮겨 담았습니다. 그림과 같이 물이 채워졌을 때 들이가 더 많은 쪽에 ○표 하시오.

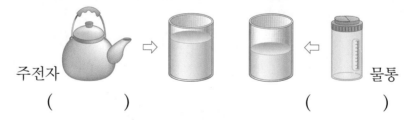

주전자   물통

(   )   (   )

예제 2

㉮ 그릇과 ㉯ 그릇에 물을 가득 채운 후 모양과 크기가 같은 컵에 각각 옮겨 담았습니다. 들이가 더 적은 쪽에 ○표 하시오.

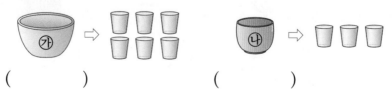

(   )   (   )

STEP 1 기본유형 익히기

1 컵에 물을 가득 채운 후 물병에 옮겨 담았습니다. 오른쪽 그림과 같이 물병에 물이 가득 차지 않을 때 들이가 더 많은 것은 어느 것입니까?

( )

컵

물병

2 요구르트병, 주스병, 우유병에 물을 가득 채운 후 모양과 크기가 같은 그릇에 각각 옮겨 담았습니다. 그림과 같이 물이 채워졌을 때 들이가 가장 적은 것은 어느 것입니까?

요구르트병   주스병   우유병

( )

3 ㉮ 그릇과 ㉯ 그릇에 물을 가득 채운 후 모양과 크기가 같은 컵에 각각 옮겨 담았습니다. ☐ 안에 알맞게 써넣으시오.

☐ 그릇이 ☐ 그릇보다 컵 ☐개만큼 들이가 더 많습니다.

4 어항에 물을 가득 채우려면 바가지와 그릇으로 각각 다음과 같은 횟수만큼 물을 부어야 합니다. 들이가 더 많은 물건은 어느 것입니까?

물건	바가지	그릇
물을 부은 횟수	6번	8번

( )

들이의 단위

◆ 1 L, 1 mL

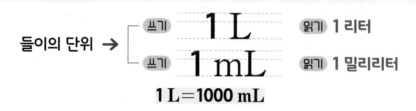

들이의 단위 → 쓰기 **1 L**   읽기 **1 리터**
         쓰기 **1 mL**   읽기 **1 밀리리터**

1 L=1000 mL

◆ 몇 L 몇 mL

1 L보다 400 mL 더 많은 들이 → 쓰기 **1 L 400 mL**
                    읽기 **1 리터 400 밀리리터**

1 L 400 mL=1400 mL

◆ 1 L의 양

1 L는 다음과 같은 그릇에 담을 수 있는 양입니다.

10 cm
10 cm
10 cm

1 L

예제 1

들이의 단위에 대한 설명입니다. ☐ 안에 알맞게 써넣으시오.

- 비커에 들어 있는 물의 양은 1 L이고,
  1 ☐ (이)라고 읽습니다.
- 1 L는 ☐ mL와 같습니다.

예제 2

포도주스 1 L와 350 mL를 유리병에 넣었더니 유리병이 가득 찼습니다. 유리병의 들이는 얼마인지 ☐ 안에 알맞게 써넣으시오.

1 L   350 mL

1 L보다 350 mL 더 많은 들이 ⇨ 쓰기 ☐ L ☐ mL
                                    읽기 ☐

1 주어진 들이를 쓰고 읽어 보시오.

(1)

4 L

쓰기 4 L

읽기 (   )

(2)

2 L 700 mL

쓰기 2 L 700 mL

읽기 (   )

2 물의 양이 얼마인지 눈금을 읽고 ☐ 안에 알맞은 수를 써넣으시오.

(1)

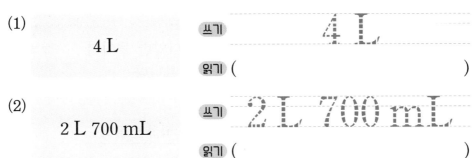

☐ L

(2)

☐ mL

3 ☐ 안에 알맞은 수를 써넣으시오.

(1) 5 L = ☐ mL

(2) 1 L 250 mL = ☐ mL

(3) 8000 mL = ☐ L

(4) 6400 mL = ☐ L ☐ mL

4 5 L의 물이 들어 있는 냄비에 800 mL의 물을 더 부었습니다. 냄비에 들어 있는 물은 모두 몇 mL입니까?

(   )

들이를 어림하고 재어 보기

들이를 어림하여 말할 때는 **약 ▢ L** 또는 **약 ▢ mL**라고 합니다.

들이를 쉽게 알 수 있는 200 mL, 500 mL, 1 L의 다양한 들이의 <u>기준 단위</u> 물건을 이용하여 들이를 어림해 보고 직접 재어 확인해 봅니다.

⊕ 들이를 재는 방법

들이를 구하려는 물건에 물을 가득 채운 다음 비커, 계량컵 등 눈금이 있는 측정 도구를 사용하여 들이를 잽니다.

예 여러 가지 물건의 들이를 어림하고 재어 보기

물건	어림한 들이	직접 잰 들이
	200 mL로 5번쯤 들어갈 것 같습니다. ⇨ 약 1000 mL	1 L 200 mL
	1 L보다 더 적게 들어갈 것 같습니다. ⇨ 약 900 mL	850 mL
	1 L와 남는 것이 500 mL쯤 될 것 같습니다. ⇨ 약 1 L 500 mL	2 L

참고 어림한 들이와 직접 잰 들이의 차이가 작을수록 더 잘 어림한 것입니다.

예제 1 들이가 200 mL인 우유갑을 기준으로 들이를 알맞게 어림한 것에 ◯표 하시오.

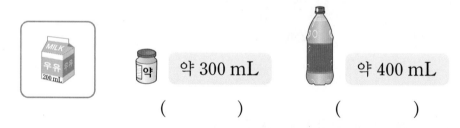

약 300 mL ( ) 약 400 mL ( )

예제 2 들이에 알맞은 물건을 찾아 ◯표 하시오.

(1) 2 L

( ) ( ) ( )

(2) 500 mL

( ) ( ) ( )

STEP 1 기본유형 익히기

1 들이가 1 L인 우유갑을 기준으로 주스 통의 들이를 어림해 보시오.

주스 통

(   )

2 ☐ 안에 L와 mL 중 알맞은 단위를 써넣으시오.

(1)
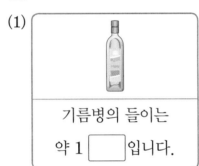

기름병의 들이는
약 1 ☐ 입니다.

(2)

케첩 통의 들이는
약 300 ☐ 입니다.

3 들이가 5 mL에 가장 가까운 물건을 찾아 기호를 써 보시오.

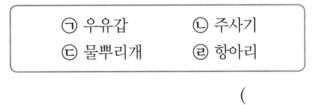

ㄱ 우유갑   ㄴ 주사기
ㄷ 물뿌리개   ㄹ 항아리

(   )

4 양동이에 물을 가득 채운 후 들이가 1000 mL인 컵 3개에 모두 옮겨 담았더니 2컵은 가득 찼고, 남은 한 컵은 절반 정도 찼습니다. 양동이의 들이를 어림해 보시오.

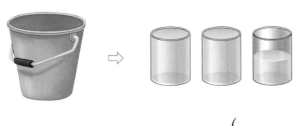

(   )

들이의 덧셈과 뺄셈

◆ 들이의 덧셈

> mL 단위의 수끼리,
> L 단위의 수끼리 더합니다.

$$
\begin{array}{r}
2\,\text{L} \quad 100\,\text{mL} \\
+\ 1\,\text{L} \quad 600\,\text{mL} \\
\hline
3\,\text{L} \quad 700\,\text{mL}
\end{array}
$$

참고 받아올림이 있는 들이의 덧셈

$$
\begin{array}{r}
1\,\text{L} \qquad 700\,\text{mL} \\
+\ 1\,\text{L} \qquad 400\,\text{mL} \\
\hline
2\,\text{L} \qquad 1100\,\text{mL} \\
1\,\text{L} \leftarrow 1000\,\text{mL} \\
\hline
3\,\text{L} \qquad 100\,\text{mL}
\end{array}
$$

mL 단위의 수끼리의 합이 1000이거나 1000보다 크면 1000 mL를 1 L로 받아올림합니다.

◆ 들이의 뺄셈

> mL 단위의 수끼리,
> L 단위의 수끼리 뺍니다.

$$
\begin{array}{r}
2\,\text{L} \quad 900\,\text{mL} \\
-\ 1\,\text{L} \quad 500\,\text{mL} \\
\hline
1\,\text{L} \quad 400\,\text{mL}
\end{array}
$$

참고 받아내림이 있는 들이의 뺄셈

$$
\begin{array}{r}
\overset{2}{\cancel{3}}\,\text{L} \quad \overset{1000}{200}\,\text{mL} \\
-\ 1\,\text{L} \quad 300\,\text{mL} \\
\hline
1\,\text{L} \quad 900\,\text{mL}
\end{array}
$$

mL 단위의 수끼리 뺄 수 없을 때에는 1 L를 1000 mL로 받아내림합니다.

예제 1 그림을 보고 ☐ 안에 알맞은 수를 써넣으시오.

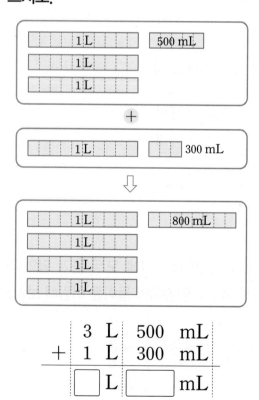

$$
\begin{array}{r}
3\,\text{L} \quad 500\,\text{mL} \\
+\ 1\,\text{L} \quad 300\,\text{mL} \\
\hline
\boxed{}\,\text{L} \quad \boxed{}\,\text{mL}
\end{array}
$$

예제 2 그림을 보고 ☐ 안에 알맞은 수를 써넣으시오.

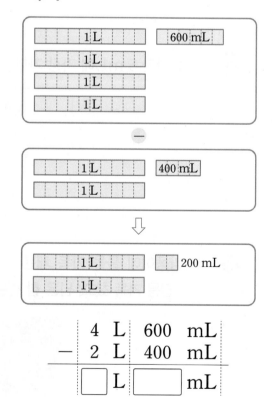

$$
\begin{array}{r}
4\,\text{L} \quad 600\,\text{mL} \\
-\ 2\,\text{L} \quad 400\,\text{mL} \\
\hline
\boxed{}\,\text{L} \quad \boxed{}\,\text{mL}
\end{array}
$$

STEP 1 기본유형 익히기

1 들이가 1 L인 비커에 다음과 같이 물이 들어 있습니다. 비커에 있는 물을 모두 수조에 부으면 물의 양은 모두 얼마인지 ☐ 안에 알맞은 수를 써넣으시오.

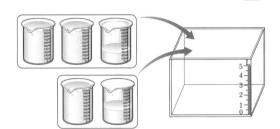

$$
\begin{array}{r}
2\ \text{L} \quad 300\ \text{mL} \\
+\ 1\ \text{L} \quad 400\ \text{mL} \\
\hline
\boxed{}\ \text{L} \quad \boxed{}\ \text{mL}
\end{array}
$$

2 들이가 3 L 500 mL인 수조에 1 L 300 mL만큼 물이 들어 있습니다. 물을 얼마나 더 부으면 수조를 가득 채울 수 있는지 ☐ 안에 알맞은 수를 써넣으시오.

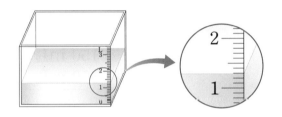

$$
\begin{array}{r}
3\ \text{L} \quad 500\ \text{mL} \\
-\ 1\ \text{L} \quad 300\ \text{mL} \\
\hline
\boxed{}\ \text{L} \quad \boxed{}\ \text{mL}
\end{array}
$$

3 ☐ 안에 알맞은 수를 써넣으시오.

(1) $1\ \text{L}\ 400\ \text{mL} + 2\ \text{L}\ 500\ \text{mL} = \boxed{}\ \text{L}\ \boxed{}\ \text{mL}$

(2) $3\ \text{L}\ 900\ \text{mL} - 1\ \text{L}\ 600\ \text{mL} = \boxed{}\ \text{L}\ \boxed{}\ \text{mL}$

(3)
$$
\begin{array}{r}
3\ \text{L} \quad 500\ \text{mL} \\
+\ 2\ \text{L} \quad 700\ \text{mL} \\
\hline
\boxed{}\ \text{L} \quad \boxed{}\ \text{mL}
\end{array}
$$

(4)
$$
\begin{array}{r}
4\ \text{L} \quad 300\ \text{mL} \\
-\quad\quad 800\ \text{mL} \\
\hline
\boxed{}\ \text{L} \quad \boxed{}\ \text{mL}
\end{array}
$$

④ 들이의 덧셈과 뺄셈

1
$$
\begin{array}{r}
1\ \text{L} \quad 200\ \text{mL} \\
+\ 1\ \text{L} \quad 500\ \text{mL} \\
\hline
\end{array}
$$

2
$$
\begin{array}{r}
3\ \text{L} \quad 700\ \text{mL} \\
+\ 1\ \text{L} \quad 100\ \text{mL} \\
\hline
\end{array}
$$

3
$$
\begin{array}{r}
1\ \text{L} \quad 300\ \text{mL} \\
+\ 5\ \text{L} \quad 300\ \text{mL} \\
\hline
\end{array}
$$

4
$$
\begin{array}{r}
4\ \text{L} \quad 600\ \text{mL} \\
+\ 2\ \text{L} \quad 300\ \text{mL} \\
\hline
\end{array}
$$

5
$$
\begin{array}{r}
8\ \text{L} \quad 750\ \text{mL} \\
+\ 3\ \text{L} \quad 200\ \text{mL} \\
\hline
\end{array}
$$

6
$$
\begin{array}{r}
9\ \text{L} \quad 150\ \text{mL} \\
+\ 4\ \text{L} \quad 650\ \text{mL} \\
\hline
\end{array}
$$

7
$$
\begin{array}{r}
3\ \text{L} \quad 600\ \text{mL} \\
+\ 2\ \text{L} \quad 500\ \text{mL} \\
\hline
\end{array}
$$

8
$$
\begin{array}{r}
7\ \text{L} \quad 400\ \text{mL} \\
+\ 1\ \text{L} \quad 900\ \text{mL} \\
\hline
\end{array}
$$

9
$$
\begin{array}{r}
6\ \text{L} \quad 400\ \text{mL} \\
+\ 2\ \text{L} \quad 650\ \text{mL} \\
\hline
\end{array}
$$

10
$$
\begin{array}{r}
4\ \text{L} \quad 730\ \text{mL} \\
+\ 5\ \text{L} \quad 400\ \text{mL} \\
\hline
\end{array}
$$

11
```
    2 L   400 mL
 −  1 L   100 mL
```

12
```
    4 L   900 mL
 −  2 L   200 mL
```

13
```
    6 L   800 mL
 −  4 L   700 mL
```

14
```
    8 L   700 mL
 −  5 L   100 mL
```

15
```
    7 L   650 mL
 −  3 L   100 mL
```

16
```
    5 L   800 mL
 −  4 L   250 mL
```

17
```
    8 L   500 mL
 −  6 L   900 mL
```

18
```
    6 L   100 mL
 −  3 L   700 mL
```

19
```
    5 L   250 mL
 −  1 L   620 mL
```

20
```
    9 L   300 mL
 −  7 L   450 mL
```

1 ㉮ 그릇에 물을 가득 채운 후 ㉯ 그릇에 옮겨 담았더니 그림과 같이 물이 채워졌습니다. 들이가 더 많은 그릇은 어느 것입니까?

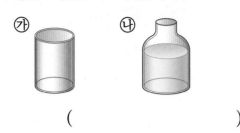

(   )

2 ☐ 안에 알맞은 수를 써넣으시오.

(1) 8010 mL = ☐ L ☐ mL

(2) 6 L 5 mL = ☐ mL

3 들이를 비교하여 ○ 안에 >, =, <를 알맞게 써넣으시오.

(1) 6500 mL ○ 7 L

(2) 4800 mL ○ 4 L 80 mL

4 〈보기〉에서 알맞은 물건을 선택하여 문장을 완성해 보시오.

┌─〈보기〉──────────┐
   욕조   종이컵   양동이
└──────────────┘

(1) ☐ 의 들이는 약 180 mL입니다.

(2) ☐ 의 들이는 약 400 L입니다.

5 물병의 들이를 더 적절히 어림한 사람은 누구입니까?

물병에
500 mL 우유갑으로 1번,
200 mL 우유갑으로 1번
들어갈 것 같아.
들이는 약 700 mL야.

민서

물병은 1 L 우유갑과
들이가 비슷할 것 같아.
들이는 약 100 mL야.

시우

(   )

6 ☐ 안에 알맞은 수를 써넣으시오.

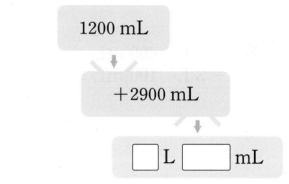

1200 mL
↓
+2900 mL
↓
☐ L ☐ mL

개념 확인 〔서술형〕

7 문장에서 사용된 단위가 어색하거나 **틀린** 문장을 찾아 바르게 고쳐 쓰고 그 이유를 써 보시오.

┌──────────────────────┐
│ • 윤희가 어제 마신 물은 약 1 L입니다.
│ • 참치 캔의 들이는 약 150 mL입니다.
│ • 혁주는 목욕할 때 물을 약 14 mL 사
│   용했습니다.
└──────────────────────┘

답|_____

_____

8 항아리와 물통에 물을 가득 채운 후 모양과 크기가 같은 컵에 각각 옮겨 담았습니다. 항아리의 들이는 물통의 들이의 몇 배입니까?

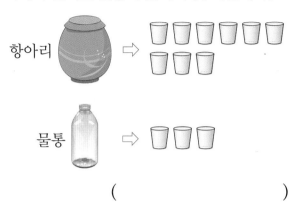

항아리

물통

( )

교과 역량 추론

9 들이가 가장 많은 물건은 어느 것입니까?

간장병	식초병	기름병
2100 mL	2000 mL	2 L 50 mL

( )

10 다음과 같이 물이 채워져 있는 수조에서 1 L 700 mL의 물을 덜어 내면 몇 L 몇 mL가 남습니까?

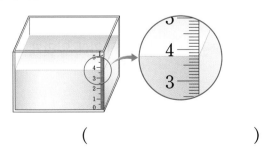

( )

교과 역량 추론, 정보 처리

11 냄비와 주전자에 물을 가득 채우려면 ㉮ 컵과 ㉯ 컵으로 각각 다음과 같은 횟수만큼 물을 부어야 합니다. 바르게 이야기한 사람은 누구입니까?

	㉮ 컵	㉯ 컵
냄비	3번	5번
주전자	6번	10번

㉮ 컵과 ㉯ 컵 중에 들이가 더 적은 컵은 ㉮ 컵이야.

수호

주전자의 들이는 냄비 들이의 2배야.

윤아

( )

교과서 pick

12 실제 들이가 2850 mL인 물통의 들이를 각각 다음과 같이 어림하였습니다. 물통의 들이와 가장 가깝게 어림한 사람은 누구입니까?

• 상민: 약 2 L 700 mL
• 유주: 약 2600 mL
• 소희: 약 2 L 800 mL

( )

13 현우가 우유를 어제는 1 L 300 mL 마셨고 오늘은 1800 mL 마셨습니다. 현우가 어제와 오늘 마신 우유는 모두 몇 L 몇 mL입니까?

( )

무게의 비교

◆ **여러 가지 방법으로 무게 비교하기**

 방법 1 양손에 물건을 하나씩 들어서 무게 비교하기

⇨ (지우개의 무게) > (연필의 무게)

└▶ 지우개를 든 쪽 손에 힘이 더 많이 들어갑니다.

 **방법 2** 윗접시저울에 물건을 올려놓아서 무게 비교하기

지우개   연필

⇨ (지우개의 무게) > (연필의 무게)

└▶ 지우개를 올려놓은 쪽의 접시가 내려갔습니다.

방법 3 단위 물건을 이용하여 무게 비교하기

지우개   바둑돌   연필   바둑돌
          4개   2개

⇨ (지우개의 무게) > (연필의 무게)

└▶ 지우개가 연필보다 바둑돌 4−2=2(개)만큼 더 무겁습니다.

> ♦ **방법 3** 다른 단위를 사용하여 무게를 비교하면 불편한 점
>
> 지우개 ⇨ 바둑돌 4개
> 연필 ⇨ 클립 6개
> 위와 같이 무게를 비교할 때 사용하는 단위가 다르면 어느 것의 무게가 더 무거운지 비교하기 어렵습니다.

예제 1 저울로 자와 가위의 무게를 비교한 것입니다. 더 무거운 물건에 ○표 하시오.

자   가위

(   )   (   )

예제 2 저울과 바둑돌을 사용하여 자와 가위의 무게를 비교한 것입니다. ☐ 안에 알맞게 써넣으시오.

자   바둑돌
       3개

가위   바둑돌
        5개

> [   ]가 [   ]보다 바둑돌
>
> [ ]개만큼 더 무겁습니다.

1 클립과 필통을 양손에 하나씩 들고 무게를 비교하였습니다. 어느 것이 더 무거운지 써 보시오.

(   )

2 무게가 가벼운 물건부터 차례대로 1, 2, 3을 써 보시오.

(   ) (   ) (   )

3 저울로 귤, 바나나, 사과의 무게를 비교한 것입니다. 귤, 바나나, 사과 중에서 가장 무거운 과일을 써 보시오.

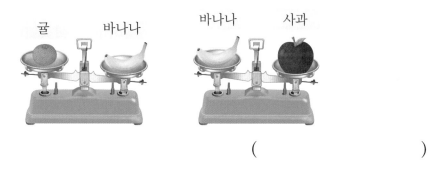

(   )

4 저울과 동전을 사용하여 감자와 양파의 무게를 비교한 것입니다. 감자와 양파 중에서 어느 것이 100원짜리 동전 몇 개만큼 더 무겁습니까?

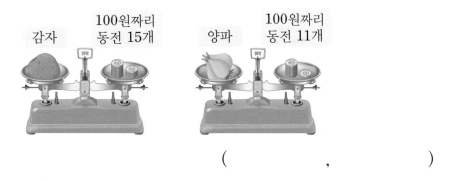

(,   )

개념 6 무게의 단위

◆ **1 kg, 1 g, 1 t**

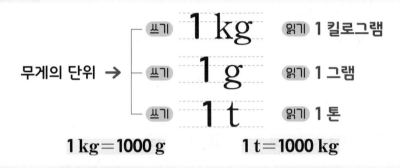

무게의 단위 →

쓰기	**1 kg**	읽기	1 킬로그램
쓰기	**1 g**	읽기	1 그램
쓰기	**1 t**	읽기	1 톤

1 kg=1000 g　　　　**1 t=1000 kg**

◆ **몇 kg 몇 g**

1 kg보다 500 g 더 무거운 무게 →

| 쓰기 | 1 kg 500 g |
| 읽기 | 1 킬로그램 500 그램 |

1 kg 500 g=1500 g

예제 1

무게의 단위에 대한 설명입니다. ▢ 안에 알맞게 써넣으시오.

- 1 kg은 1 [　　　　](이)라고 읽습니다.
- 1000 kg은 1 ▢ 와/과 같고 1 ▢ (이)라고 읽습니다.

예제 2

저울 위에 1 kg인 사전을 올려놓은 후 600 g인 동화책을 올려놓았습니다. 저울 위에 있는 사전과 동화책의 무게는 얼마인지 ▢ 안에 알맞게 써넣으시오.

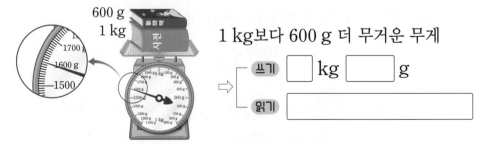

1 kg보다 600 g 더 무거운 무게

⇨
| 쓰기 | ▢ kg ▢ g |
| 읽기 | [　　　　　　　　] |

1 주어진 무게를 쓰고 읽어 보시오.

(1)

2 kg 350 g

쓰기 2 kg 350 g

읽기 (   )

(2)

9 t

쓰기 9 t

읽기 (   )

2 저울을 보고 ☐ 안에 알맞은 수를 써넣으시오.

(1)

(2)

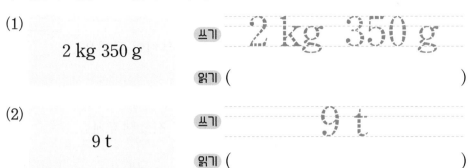

☐ kg

☐ g

3 ☐ 안에 알맞은 수를 써넣으시오.

(1) 7 kg = ☐ g

(2) 1 kg 450 g = ☐ g

(3) 6000 g = ☐ kg

(4) 3000 kg = ☐ t

4 트럭의 무게는 약 8 t입니다. 트럭의 무게는 약 몇 kg입니까?

(   )

개념 7 무게를 어림하고 재어 보기

무게를 어림하여 말할 때는 **약 ☐ kg** 또는 **약 ☐ g**이라고 합니다.

무게를 재는 방법

전자저울, 용수철저울 등 측정 도구를 사용하여 무게를 잽니다.

무게를 쉽게 알 수 있는 100 g, 500 g, 1 kg의 다양한 무게의 물건을 ─● 기준 단위
이용하여 무게를 어림해 보고 직접 재어 확인해 봅니다.

예 여러 가지 물건의 무게를 어림하고 재어 보기

물건	어림한 무게	직접 잰 무게
	200 g이 3개 정도 있는 무게와 비슷할 것 같습니다. ⇨ 약 600 g	500 g
	1 kg보다 더 무거울 것 같습니다. ⇨ 약 1100 g	1 kg 200 g
	1 kg과 400 g을 함께 들어 본 무게쯤 될 것 같습니다. ⇨ 약 1 kg 400 g	1 kg 600 g

참고 어림한 무게와 직접 잰 무게의 차이가 작을수록 더 잘 어림한 것입니다.

예제
1 무게가 300 g인 사과를 기준으로 무게를 알맞게 어림한 것에 ○표 하시오.

약 500 g

약 400 g

(   )　　　　　(   )

예제
2 무게에 알맞은 물건을 찾아 ○표 하시오.

(1)   3 kg

(   )　　　　(   )　　　　(   )

(2)   150 g

(   )　　　　(   )　　　　(   )

1 무게가 1 kg인 위인전을 기준으로 동화책의 무게를 어림해 보시오.

(   )

2 ☐ 안에 kg과 g 중 알맞은 단위를 써넣으시오.

(1)

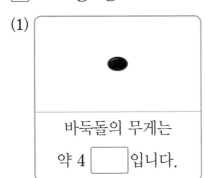

바둑돌의 무게는
약 4 ☐ 입니다.

(2)

자전거의 무게는
약 8 ☐ 입니다.

3 무게가 1 t보다 무거운 것을 찾아 기호를 써 보시오.

> ㉠ 휴대 전화 1대   ㉡ 선풍기 2대
> ㉢ 가습기 5대   ㉣ 버스 1대

(   )

4 무게에 알맞은 물건을 예상하여 2가지씩 써 보시오.

무게	예상한 물건
2 kg	
200 g	

◆ 무게의 덧셈

> g 단위의 수끼리,
> kg 단위의 수끼리 더합니다.

$$
\begin{array}{r|r}
 & 2\ \text{kg} \quad 500\ \text{g} \\
+ & 1\ \text{kg} \quad 200\ \text{g} \\
\hline
 & 3\ \text{kg} \quad 700\ \text{g}
\end{array}
$$

참고 받아올림이 있는 무게의 덧셈

$$
\begin{array}{r l}
 & 2\ \text{kg} \qquad 600\ \text{g} \\
+ & 1\ \text{kg} \qquad 600\ \text{g} \\
\hline
 & 3\ \text{kg} \qquad 1200\ \text{g} \\
 & 1\ \text{kg} \leftarrow 1000\ \text{g} \\
\hline
 & 4\ \text{kg} \qquad 200\ \text{g}
\end{array}
$$

g 단위의 수끼리의 합이 1000이거나 1000보다 크면 1000 g을 1 kg으로 받아올림합니다.

◆ 무게의 뺄셈

> g 단위의 수끼리,
> kg 단위의 수끼리 뺍니다.

$$
\begin{array}{r|r}
 & 3\ \text{kg} \quad 900\ \text{g} \\
- & 1\ \text{kg} \quad 300\ \text{g} \\
\hline
 & 2\ \text{kg} \quad 600\ \text{g}
\end{array}
$$

참고 받아내림이 있는 무게의 뺄셈

$$
\begin{array}{r l}
 & \overset{4}{\cancel{5}}\ \text{kg} \quad \overset{1000}{300}\ \text{g} \\
- & 1\ \text{kg} \quad 800\ \text{g} \\
\hline
 & 3\ \text{kg} \quad 500\ \text{g}
\end{array}
$$

g 단위의 수끼리 뺄 수 없을 때에는 1 kg을 1000 g으로 받아내림합니다.

예제
1 그림을 보고 ☐ 안에 알맞은 수를 써넣으시오.

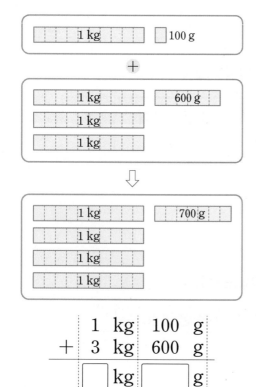

$$
\begin{array}{r|r|r}
 & 1 & \text{kg} & 100 & \text{g} \\
+ & 3 & \text{kg} & 600 & \text{g} \\
\hline
 & \boxed{} & \text{kg} & \boxed{} & \text{g}
\end{array}
$$

예제
2 그림을 보고 ☐ 안에 알맞은 수를 써넣으시오.

$$
\begin{array}{r|r|r}
 & 4 & \text{kg} & 600 & \text{g} \\
- & 2 & \text{kg} & 300 & \text{g} \\
\hline
 & \boxed{} & \text{kg} & \boxed{} & \text{g}
\end{array}
$$

STEP 1 기본유형 익히기

복습책 69쪽 | 정답 29쪽

1 저울에 밀가루를 올려놓았더니 저울의 바늘이 2 kg 400 g을 가리키고 있습니다. 밀가루 1 kg 200 g을 더 올려놓으면 밀가루의 무게는 모두 얼마인지 ☐ 안에 알맞은 수를 써넣으시오.

```
      2  kg    400  g
  +   1  kg    200  g
  ┌──┐ kg  ┌──────┐ g
  └──┘     └──────┘
```

2 서윤이가 가방을 메고 저울에 올라가면 무게가 34 kg 500 g이고, 서윤이만 저울에 올라가면 무게가 33 kg 400 g입니다. 가방의 무게는 얼마인지 ☐ 안에 알맞은 수를 써넣으시오.

서윤

34 kg 500 g   33 kg 400 g

```
      34  kg    500  g
  −   33  kg    400  g
  ┌──┐ kg  ┌──────┐ g
  └──┘     └──────┘
```

3 ☐ 안에 알맞은 수를 써넣으시오.

(1) 2 kg 300 g＋1 kg 400 g＝☐ kg ☐ g

(2) 5 kg 700 g－2 kg 500 g＝☐ kg ☐ g

(3)
```
      4  kg    600  g
  +   3  kg    800  g
  ┌──┐ kg  ┌──────┐ g
  └──┘     └──────┘
```

(4)
```
      7  kg    200  g
  −            600  g
  ┌──┐ kg  ┌──────┐ g
  └──┘     └──────┘
```

1
$$\begin{array}{r} 2\ \text{kg}\quad 400\ \text{g} \\ +\ 2\ \text{kg}\quad 100\ \text{g} \\ \hline \end{array}$$

2
$$\begin{array}{r} 1\ \text{kg}\quad 600\ \text{g} \\ +\ 3\ \text{kg}\quad 200\ \text{g} \\ \hline \end{array}$$

3
$$\begin{array}{r} 5\ \text{kg}\quad 500\ \text{g} \\ +\ 4\ \text{kg}\quad 300\ \text{g} \\ \hline \end{array}$$

4
$$\begin{array}{r} 4\ \text{kg}\quad 100\ \text{g} \\ +\ 4\ \text{kg}\quad 800\ \text{g} \\ \hline \end{array}$$

5
$$\begin{array}{r} 9\ \text{kg}\quad 330\ \text{g} \\ +\ 1\ \text{kg}\quad 600\ \text{g} \\ \hline \end{array}$$

6
$$\begin{array}{r} 7\ \text{kg}\quad 250\ \text{g} \\ +\ 4\ \text{kg}\quad 550\ \text{g} \\ \hline \end{array}$$

7
$$\begin{array}{r} 4\ \text{kg}\quad 700\ \text{g} \\ +\ 3\ \text{kg}\quad 500\ \text{g} \\ \hline \end{array}$$

8
$$\begin{array}{r} 6\ \text{kg}\quad 900\ \text{g} \\ +\ 2\ \text{kg}\quad 300\ \text{g} \\ \hline \end{array}$$

9
$$\begin{array}{r} 3\ \text{kg}\quad 850\ \text{g} \\ +\ 5\ \text{kg}\quad 400\ \text{g} \\ \hline \end{array}$$

10
$$\begin{array}{r} 2\ \text{kg}\quad 540\ \text{g} \\ +\ 9\ \text{kg}\quad 600\ \text{g} \\ \hline \end{array}$$

정답 29쪽

5
단원

11
$$\begin{array}{rr} 4 \text{ kg} & 500 \text{ g} \\ - \ 1 \text{ kg} & 300 \text{ g} \\ \hline \end{array}$$

12
$$\begin{array}{rr} 3 \text{ kg} & 600 \text{ g} \\ - \ 2 \text{ kg} & 100 \text{ g} \\ \hline \end{array}$$

13
$$\begin{array}{rr} 6 \text{ kg} & 400 \text{ g} \\ - \ 3 \text{ kg} & 200 \text{ g} \\ \hline \end{array}$$

14
$$\begin{array}{rr} 5 \text{ kg} & 700 \text{ g} \\ - \ 4 \text{ kg} & 500 \text{ g} \\ \hline \end{array}$$

15
$$\begin{array}{rr} 8 \text{ kg} & 650 \text{ g} \\ - \ 7 \text{ kg} & 400 \text{ g} \\ \hline \end{array}$$

16
$$\begin{array}{rr} 10 \text{ kg} & 900 \text{ g} \\ - \ 6 \text{ kg} & 850 \text{ g} \\ \hline \end{array}$$

17
$$\begin{array}{rr} 5 \text{ kg} & 200 \text{ g} \\ - \ 1 \text{ kg} & 800 \text{ g} \\ \hline \end{array}$$

18
$$\begin{array}{rr} 9 \text{ kg} & 300 \text{ g} \\ - \ 4 \text{ kg} & 600 \text{ g} \\ \hline \end{array}$$

19
$$\begin{array}{rr} 7 \text{ kg} & 450 \text{ g} \\ - \ 2 \text{ kg} & 950 \text{ g} \\ \hline \end{array}$$

20
$$\begin{array}{rr} 8 \text{ kg} & 100 \text{ g} \\ - \ 3 \text{ kg} & 750 \text{ g} \\ \hline \end{array}$$

1 저울의 눈금을 읽어 ☐ 안에 알맞은 수를 써 넣으시오.

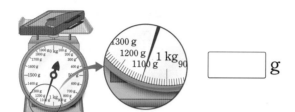

☐ g

2 무게가 같은 것끼리 선으로 이어 보시오.

6 kg 400 g ·   · 6040 g

6 kg 4 g ·   · 6400 g

6 kg 40 g ·   · 6004 g

3 무게를 비교하여 ◯ 안에 >, =, <를 알맞게 써넣으시오.

(1) 4300 g ◯ 4 kg 200 g

(2) 5950 g ◯ 6 kg 50 g

4 (보기)에서 알맞은 물건을 선택하여 문장을 완성해 보시오.

┌─ 보기 ───────────────┐
  자동차   색연필   책가방
└─────────────────────┘

(1) ☐ 의 무게는 약 2 kg입니다.

(2) ☐ 의 무게는 약 5 g입니다.

5 무게가 1 kg보다 가벼운 것을 찾아 기호를 써 보시오.

┌─────────────────────┐
  ㉠ 비행기   ㉡ 농구공
  ㉢ 책상   ㉣ 텔레비전
└─────────────────────┘

(   )

6 ☐ 안에 알맞은 수를 써넣으시오.

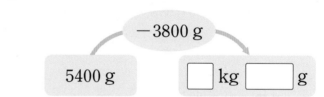

－3800 g

5400 g   ☐ kg ☐ g

교과 역량) 문제 해결, 추론, 의사소통   개념 확인 서술형

7 예준이가 달걀과 토마토의 무게를 잘못 비교했습니다. 그 이유를 써 보시오.

100원짜리
동전 10개

달걀

500원짜리
동전 10개

토마토

달걀 1개의 무게와 토마토 1개의 무게는 같아.
왜냐하면 달걀과 토마토의 무게가
각각 동전 10개의 무게와 같기 때문이야.

예준

이유 | _____

_____

8 무게의 단위를 <u>잘못</u> 사용한 사람은 누구입니까?

> • 미소: 의자의 무게는 약 3 kg이야.
>
> • 영민: 고래의 무게는 약 4 t일 것 같아.
>
> • 순우: 야구공의 무게는 약 150 kg일 거야.

( )

교과 역량 문제 해결, 추론

9 실제 무게가 3 kg인 상자의 무게와 더 가깝게 어림한 사람은 누구입니까?

상자의 무게는 약 2 kg 800 g일 거야.

상자의 무게는 약 3 kg 400 g일 것 같아.

연지   승환

( )

10 무게가 가장 무거운 것을 찾아 기호를 써 보시오.

> ㉠ 4 t   ㉡ 8500 g   ㉢ 500 kg

( )

11 10 kg까지 담을 수 있는 가방이 있습니다. 이 가방에 4 kg 50 g의 물건이 담겨 있다면 몇 kg 몇 g을 더 담을 수 있습니까?

( )

교과서 pick

12 색연필, 풀, 필통의 무게를 비교한 것입니다. 한 개의 무게가 무거운 것부터 차례대로 써 보시오. (단, 같은 종류의 물건끼리는 한 개의 무게가 같습니다.)

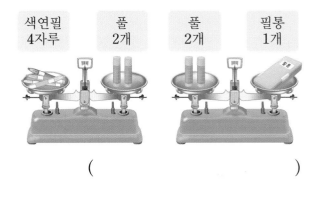

색연필 4자루   풀 2개   풀 2개   필통 1개

( )

13 수아가 밀가루 2 kg 900 g과 설탕 1600 g을 섞어 쿠키를 만들었습니다. 수아가 사용한 밀가루와 설탕의 무게는 모두 몇 kg 몇 g입니까?

( )

교과서 pick

예제 1

양동이에 물이 8 L 들어 있었습니다. 하루에 750 mL씩 3일 동안 사용했다면 양동이에 남아 있는 물의 양은 몇 L 몇 mL인지 구해 보시오.

❶ 3일 동안 사용한 물의 양

→ ☐ mL

❷ 양동이에 남아 있는 물의 양

→ ☐ L ☐ mL

유제 1

수조에 물이 9 L 들어 있었습니다. 물통에 850 mL씩 담아 4번 덜어 냈다면 수조에 남아 있는 물의 양은 몇 L 몇 mL인지 구해 보시오.

( )

예제 2

연우네 가족은 귤을 어제 12 kg 700 g 땄고, 오늘은 어제보다 2 kg 500 g 더 많이 땄습니다. 연우네 가족이 어제와 오늘 딴 귤의 무게는 모두 몇 kg 몇 g인지 구해 보시오.

❶ 연우네 가족이 오늘 딴 귤의 무게

→ ☐ kg ☐ g

❷ 연우네 가족이 어제와 오늘 딴 귤의

무게 → ☐ kg ☐ g

유제 2

지혜는 종이를 15 kg 800 g 모았고, 상호는 지혜보다 5 kg 600 g 더 많이 모았습니다. 지혜와 상호가 모은 종이의 무게는 모두 몇 kg 몇 g인지 구해 보시오.

( )

예제 3

다음과 같은 물통과 주전자에 각각 물을 가득 채운 후 대야에 모두 부었더니 대야가 가득 찼습니다. 들이가 2 L 700 mL인 어항과 대야 중에서 어느 것의 들이가 몇 mL 더 많은지 구해 보시오.

물통
1100 mL

주전자
1 L 500 mL

❶ 대야의 들이 → ☐ L ☐ mL

❷ 어항과 대야 중에서 어느 것의 들이가 얼마나 더 많은지 구하기

→ ☐ , ☐ mL

유제 3

다음과 같은 양동이와 바가지에 각각 물을 가득 채운 후 수조에 모두 부었더니 수조가 가득 찼습니다. 들이가 3 L 800 mL인 항아리와 수조 중에서 어느 것의 들이가 몇 mL 더 많은지 구해 보시오.

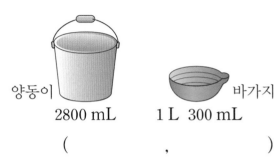
양동이
2800 mL

바가지
1 L 300 mL

(,)

예제 4

무게가 똑같은 음료수 2개를 담은 상자의 무게가 1 kg 750 g입니다. 상자만의 무게가 350 g이라면 음료수 한 개의 무게는 몇 g인지 구해 보시오.

❶ 음료수 2개의 무게 → ☐ g

❷ 음료수 한 개의 무게 → ☐ g

유제 4

무게가 똑같은 동화책 3권을 담은 가방의 무게가 3 kg 600 g입니다. 가방만의 무게가 1 kg 200 g이라면 동화책 한 권의 무게는 몇 g인지 구해 보시오.

( )

단원 마무리

1 음료수병과 우유병에 물을 가득 채운 후 모양과 크기가 같은 그릇에 각각 옮겨 담았습니다. 그림과 같이 물이 채워졌을 때 들이가 더 많은 것은 어느 것입니까?

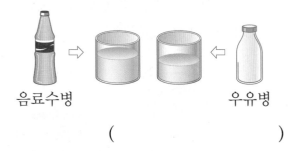

음료수병   우유병

(   )

2 ☐ 안에 알맞은 수를 써넣으시오.

$$6\ t = \boxed{}\ kg$$

3 그림을 보고 가위와 컴퍼스 중에서 어느 것이 얼마나 더 무거운지 ☐ 안에 알맞게 써넣으시오.

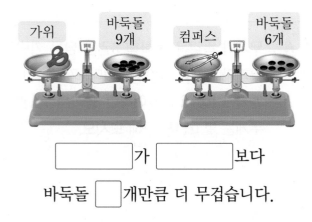

가위   바둑돌 9개   컴퍼스   바둑돌 6개

☐가 ☐보다

바둑돌 ☐개만큼 더 무겁습니다.

4 들이의 단위 L를 사용하기에 알맞은 것은 무엇입니까? (   )

① 주사기 ② 종이컵 ③ 젖병
④ 약병 ⑤ 욕조

5 양동이에 물이 3 L보다 400 mL 더 많이 들어 있습니다. 양동이에 들어 있는 물은 모두 몇 L 몇 mL입니까?

(   )

6 멜론의 무게는 몇 kg 몇 g입니까?

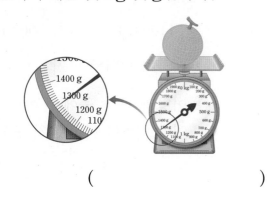

(   )

(7~8) ☐ 안에 알맞은 수를 써넣으시오.

7

$$\begin{array}{r} 4\ \text{kg}\quad 500\ \text{g} \\ +\ 4\ \text{kg}\quad 900\ \text{g} \\ \hline \boxed{}\ \text{kg}\quad \boxed{}\ \text{g} \end{array}$$

8

$$\begin{array}{r} 9\ \text{L}\quad 700\ \text{mL} \\ -\ 6\ \text{L}\quad 800\ \text{mL} \\ \hline \boxed{}\ \text{L}\quad \boxed{}\ \text{mL} \end{array}$$

9 들이를 비교하여 ◯ 안에 >, =, <를 알맞게 써넣으시오.

8 L 450 mL ◯ 8045 mL

10 주전자와 냄비에 다음과 같이 물이 들어 있습니다. 물의 양은 모두 몇 L 몇 mL입니까?

주전자　　　　　냄비

5 L 250 mL　　　4300 mL

(　　　　　　　)

11 물통의 들이를 더 적절히 어림한 사람은 누구입니까?

- 수진: 500 mL 우유갑으로 3번쯤 들어갈 것 같아. 들이는 약 530 mL야.
- 영제: 500 mL 우유갑으로 2번, 200 mL 우유갑으로 1번 들어갈 것 같아. 들이는 약 1200 mL야.

(　　　　　　　)

12 무게가 무거운 것부터 차례대로 기호를 써 보시오.

⊙ 7 kg 400 g
ⓒ 7540 g
ⓒ 7 kg 50 g

(　　　　　　　)

13 다음과 같이 물이 채워져 있는 수조에서 2350 mL의 물을 덜어 내면 몇 L 몇 mL가 남습니까?

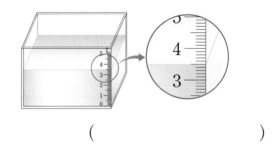

(　　　　　　　)

14 계산한 무게가 5 kg보다 가벼운 것을 찾아 기호를 써 보시오.

⊙ 8 kg 400 g − 3 kg 200 g
ⓒ 7600 g − 2600 g
ⓒ 9 kg 550 g − 5 kg 100 g

(　　　　　　　)

15 실제 무게가 1250 g인 멜론의 무게를 각각 다음과 같이 어림하였습니다. 멜론의 무게와 가장 가깝게 어림한 사람은 누구입니까?

> • 다현: 약 1 kg 350 g
> • 민호: 약 1100 g
> • 의리: 약 1 kg 200 g
> • 승연: 약 1 kg 150 g

( )

잘 틀리는 문제

16 지오네 가족은 물을 어제 7 L 900 mL 마셨고, 오늘은 어제보다 1 L 300 mL 더 적게 마셨습니다. 지오네 가족이 어제와 오늘 마신 물의 양은 모두 몇 L 몇 mL입니까?

( )

17 무게가 똑같은 쇠구슬 4개를 담은 바구니의 무게가 4 kg 950 g입니다. 바구니만의 무게가 2 kg 550 g이라면 쇠구슬 한 개의 무게는 몇 g입니까?

( )

서술형 문제

18 종이컵과 유리컵의 들이를 비교하려고 합니다. 두 컵의 들이를 비교하는 방법을 써 보시오.

종이컵   유리컵

답 |

19 문장에서 사용된 단위가 어색하거나 틀린 문장을 찾아 바르게 고쳐 쓰고 그 이유를 써 보시오.

> • 영채의 몸무게는 약 31 kg입니다.
> • 수박 한 통의 무게는 약 5 t입니다.
> • 형우는 재활용 종이를 약 2 kg 300 g 모았습니다.

답 |

20 들이가 1300 mL인 물통과 들이가 1 L 500 mL인 주스병에 각각 물을 가득 채운 후 수조에 모두 부었더니 수조가 가득 찼습니다. 들이가 2 L 500 mL인 대야와 수조 중에서 어느 것의 들이가 몇 mL 더 많은지 풀이 과정을 쓰고 답을 구해 보시오.

풀이 |

답 | ,

퍼즐 속 단어를 맞혀라!

○ 가로 힌트와 세로 힌트를 보고 퍼즐 속 단어를 맞혀 보세요.

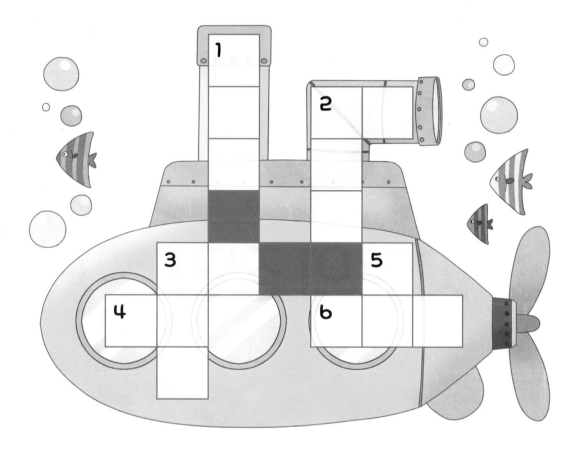

→ 가로 힌트

2. 손을 보호하거나 추위를 막기 위하여 손에 끼는 물건
3. 두 눈두덩 위에 가로로 모여 난 짧은 털
4. 끼니로 음식을 먹음
6. 요리를 전문적으로 하는 사람

↓ 세로 힌트

1. 소와 말을 기르는 곳
2. 아이들이 가지고 노는 여러 가지 물건
3. 눈을 뭉쳐서 사람 모양으로 만든 것
5. 사람이나 동물의 목 위의 부분

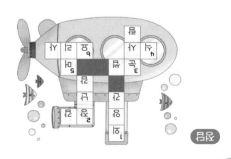

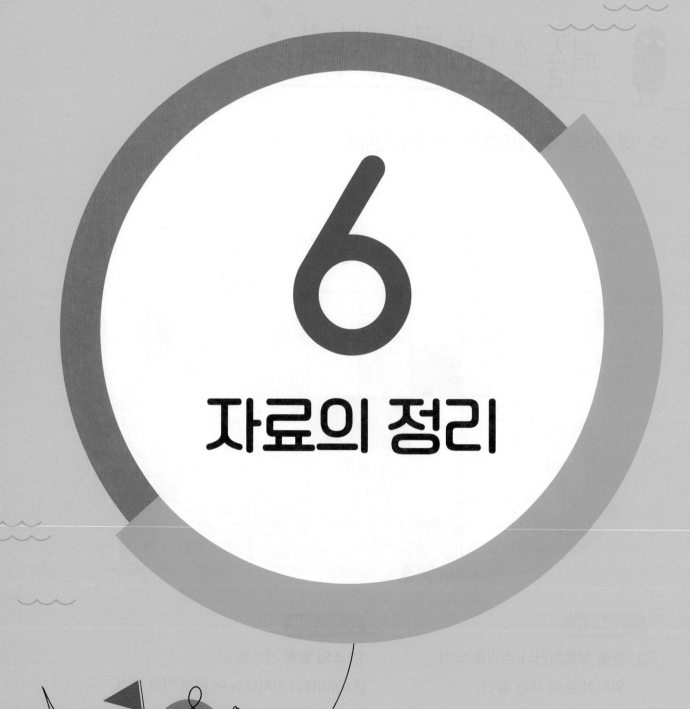

6

자료의 정리

이전에 배운 내용	이번에 배울 내용	이후에 배울 내용

이전에 배운 내용

2-1 분류하기
분류하기

2-2 표와 그래프
· 표로 나타내기
· 그래프로 나타내기

이번에 배울 내용

① **표에서 알 수 있는 내용**
② **자료를 수집하여 표로 나타내기**
③ **그림그래프**
④ **그림그래프로 나타내기**

이후에 배울 내용

4-1 막대그래프
· 막대그래프
· 막대그래프의 내용
· 막대그래프로 나타내기
· 자료를 조사하여 막대그래프로 나타내기

준비학습

(1~2) 다현이네 모둠 학생들이 좋아하는 동물을 조사하여 표로 나타내었습니다. 물음에 답하시오.

좋아하는 동물별 학생 수

동물	햄스터	다람쥐	고양이	강아지	합계
학생 수(명)	2	2	1	3	8

1 가장 많은 학생이 좋아하는 동물은 무엇입니까? ( )

2 ○를 사용하여 그래프로 나타내어 보시오.

좋아하는 동물별 학생 수

학생 수(명)＼동물	햄스터	다람쥐	고양이	강아지
3				
2				
1				

표에서 알 수 있는 내용

좋아하는 민속놀이별 학생 수

민속놀이	연날리기	제기차기	팽이치기	윷놀이	합계
학생 수(명)	2	6	7	5	20

2＋6＋7＋5＝20(명)

＋ 표로 나타냈을 때 편리한 점

• 각 항목별 조사한 수를 한눈에 알기 쉽습니다.
• 조사한 수의 합계를 알기 쉽습니다.

• 연날리기를 좋아하는 학생 수: 2명

• 가장 많은 학생이 좋아하는 민속놀이: 팽이치기

• 많은 학생이 좋아하는 민속놀이부터 차례대로 쓰기:
  팽이치기, 제기차기, 윷놀이, 연날리기

참고 **표를 다른 방법으로 나타내고 해석하기**

좋아하는 민속놀이별 남녀 학생 수

민속놀이	연날리기	제기차기	팽이치기	윷놀이	합계
여학생 수(명)	1	2	4	3	10
남학생 수(명)	1	4	3	2	10

• 가장 많은 여학생이 좋아하는 민속놀이는 팽이치기이지만,
  가장 많은 남학생이 좋아하는 민속놀이는 제기차기입니다.

• 팽이치기를 좋아하는 여학생은 팽이치기를 좋아하는 남학생보다 1명 더 많습니다.

4－3＝1(명)

예제 1

시우네 반 학생들이 좋아하는 계절을 조사하여 표로 나타내었습니다. 물음에 답하시오.

좋아하는 계절별 학생 수

계절	봄	여름	가을	겨울	합계
학생 수(명)	8	10	5	7	30

(1) 겨울을 좋아하는 학생은 몇 명입니까?

(   )

(2) 좋아하는 학생 수가 5명인 계절은 무엇입니까?

(   )

(3) 가장 많은 학생이 좋아하는 계절은 무엇입니까?

(   )

(4) 시우네 반 학생은 모두 몇 명입니까?

(   )

(1~3) 윤아는 상자 안에 있는 구슬을 색깔별로 분류하여 표로 나타내었습니다. 물음에 답하시오.

색깔별 구슬 수

색깔	초록색	파란색	빨간색	노란색	합계
구슬 수(개)		15	34	21	100

1 초록색 구슬은 몇 개입니까?

( )

2 노란색 구슬은 파란색 구슬보다 몇 개 더 많습니까?

( )

3 구슬 수가 많은 색깔부터 차례대로 써 보시오.

( )

(4~5) 체육 대회에서 학생들이 하고 싶어 하는 종목을 조사하여 표로 나타내었습니다. 물음에 답하시오.

하고 싶어 하는 종목별 학생 수

종목	달리기	공 굴리기	박 터뜨리기	줄다리기	합계
여학생 수(명)	25	17	22	16	80
남학생 수(명)	28	22	20	25	95

4 가장 적은 여학생이 하고 싶어 하는 종목은 무엇입니까?

( )

5 공 굴리기를 하고 싶어 하는 남학생은 박 터뜨리기를 하고 싶어 하는 남학생보다 몇 명 더 많습니까?

( )

자료를 수집하여 표로 나타내기

◆ **자료를 수집하여 표로 나타내는 방법**

❶ 조사할 내용 정하기 ········· 지효네 모둠 학생들이 좋아하는 간식

❷ 자료 수집 방법 정하기 ······· 붙임딱지를 하나씩 붙여 자료 조사하기

❸ 자료 수집하기 ···············

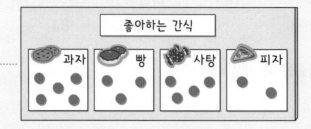

❹ 자료를 표로 나타내기 ·······

좋아하는 간식별 학생 수

간식	과자	빵	사탕	피자	합계
학생 수(명)	5	3	4	2	14

자료를 정리할 때,
같은 자료를 두 번 세거나
빠뜨리지 않도록 주의해요.

예제 1

나연이네 반 학생들이 가고 싶어 하는 나라를 조사하였습니다. 물음에 답하시오.

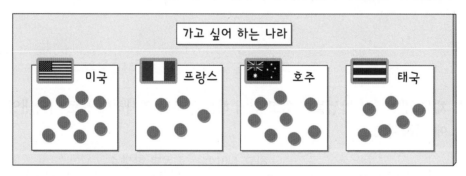

(1) 조사한 것은 무엇입니까?

( )

(2) 누구를 대상으로 조사하였습니까?

( )

(3) 조사한 자료를 보고 표를 완성해 보시오.

가고 싶어 하는 나라별 학생 수

나라	미국	프랑스	호주	태국	합계
학생 수(명)	9	5			

STEP 1 기본유형 익히기

(1~3) 해민이네 반 학생들이 좋아하는 운동을 조사하였습니다. 물음에 답하시오.

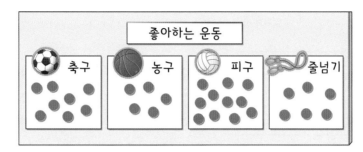

1 조사한 자료를 보고 표로 나타내어 보시오.

좋아하는 운동별 학생 수

운동	축구	농구	피구	줄넘기	합계
학생 수(명)					

2 가장 많은 학생이 좋아하는 운동은 무엇입니까?

( )

3 좋아하는 운동별 학생 수를 알아보려고 할 때 조사한 자료와 표 중에서 어느 것이 더 편리합니까?

( )

4 현우네 반 학생들이 좋아하는 동물을 조사하였습니다. 자료를 보고 표를 완성해 보시오.

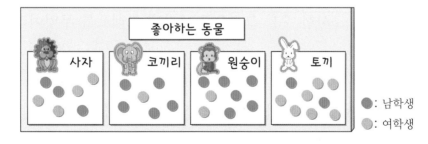

좋아하는 동물별 학생 수

동물	사자	코끼리	원숭이	토끼	합계
남학생 수(명)	3				
여학생 수(명)	4				

그림그래프

조사한 수를 그림으로 나타낸 그래프 → 그림그래프

└─ 알려고 하는 수

장래 희망별 학생 수

장래 희망	학생 수
선생님	😊 😊 😊 😊
가수	😊 😊 😊 😊😊
경찰	😊 😊 😊
요리사	😊 😊 😊😊😊😊😊

😊 10명 😊 1명

- 😊은 10명, 😊은 1명을 나타냅니다.
- 장래 희망이 선생님인 학생 수:
  😊이 3개, 😊이 1개 ⇨ 31명
- 가장 많은 학생의 장래 희망: 가수
- 가장 적은 학생의 장래 희망: 경찰

큰 그림의 수부터 비교하고, 큰 그림의 수가 같으면 작은 그림의 수를 비교해요.

참고 **그림그래프의 특징**

- 그림만 보고 무엇을 조사한 것인지 한눈에 알 수 있는 경우도 있습니다.
- 각 항목별 조사한 수의 크기를 한눈에 쉽게 비교할 수 있습니다.

예제 **1**

과일 가게에서 팔린 월별 사과의 수를 조사하여 그래프로 나타내었습니다. 물음에 답하시오.

과일 가게에서 팔린 월별 사과의 수

월	사과의 수
9월	🍎 🍎 🍎 🍎 🍎🍎🍎🍎🍎
10월	🍎 🍎 🍎 🍎 🍎🍎
11월	🍎 🍎 🍎 🍎 🍎 🍎 🍎🍎🍎

10상자
🍎1상자

(1) 위와 같이 조사한 수를 그림으로 나타낸 그래프를 무엇이라고 합니까?

(   )

(2) 그래프에서 그림 🍎과 🍎은 각각 몇 상자를 나타냅니까?

🍎 (   ), 🍎 (   )

(3) 9월, 10월, 11월에 팔린 사과의 수는 각각 몇 상자입니까?

9월 (   ), 10월 (   ), 11월 (   )

STEP 1 기본유형 익히기

복습책 78쪽 | 정답 32쪽

(1~2) 마을별 초등학생 수를 조사하여 그림그래프로 나타내었습니다. 물음에 답하시오.

마을별 초등학생 수

마을	초등학생 수
초롱	😊 😊 😊😊
하늘	😊 😊 😊 😊
샘터	😊 😊 😊 😊 😊
은빛	😊 😊😊😊😊😊😊😊😊

😊 10명
😊 1명

1 은빛 마을의 초등학생은 몇 명입니까?

(   )

2 초등학생이 가장 많은 마을은 어느 마을입니까?

(   )

(3~4) 지난 한 달 동안 예준이네 반 학생들이 도서관에서 빌린 책 수를 조사하여 그림그래프로 나타내었습니다. 물음에 답하시오.

도서관에서 빌린 종류별 책 수

종류	책 수
동화책	📕 📕 📖📖📖📖📖📖📖
위인전	📕 📕 📕 📖📖
과학책	📕 📖📖📖📖📖
백과사전	📖📖📖📖

📕 100권
📖 10권

3 가장 적게 빌린 책은 무엇이고, 몇 권입니까?

(,   )

4 동화책과 과학책 중에서 더 많이 빌린 책은 무엇입니까?

(   )

그림그래프로 나타내기

가게별 휴대 전화 판매량

가게	판매량(대)
가	32
나	25
다	16
합계	73

→

표를 그림그래프로 나타내는 방법
❶ 그림을 몇 가지로 나타낼 것인지 정하기
❷ 어떤 그림으로 나타낼 것인지 정하기
❸ 조사한 수에 맞게 그림 그리기
❹ 알맞은 제목 붙이기

→

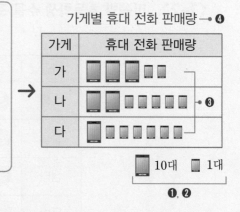

가게별 휴대 전화 판매량 → ❹

가게	휴대 전화 판매량
가	
나	→ ❸
다	

📱 10대 ▢ 1대

❶, ❷

참고 표와 그림그래프의 비교

• 표: 각 항목별 수와 합계를 바로 알 수 있습니다.
• 그림그래프: 자료 수의 많고 적음을 그림으로 한눈에 비교하기 쉽습니다.

예제 **1**

양계장별 달걀 생산량을 조사하여 표로 나타내었습니다. 물음에 답하시오.

양계장별 달걀 생산량

양계장	가	나	다	합계
생산량(kg)	42	24	33	99

(1) 표를 보고 그림그래프로 나타내려고 합니다. 그림을 🥚과 🥚으로 나타낸다면 각각 몇 kg으로 나타내야 적당한지 ○표 하시오.

> 🥚은 (10 kg , 1 kg)으로, 🥚은 (10 kg , 1 kg)으로 나타내는 것이 좋습니다.

(2) 표를 보고 그림그래프를 완성해 보시오. ◁ 조사한 수에 맞게 큰 그림을 먼저 그린 후 작은 그림을 그려!

양계장별 달걀 생산량

양계장	달걀 생산량
가	🥚🥚🥚🥚🥚🥚
나	
다	

🥚 10 kg
🥚 1 kg

(1~2) 민서네 학교 3학년 학생들이 일 년 동안 가장 기억에 남는 학교 행사를 조사하여 표로 나타내었습니다. 물음에 답하시오.

일 년 동안 가장 기억에 남는 학교 행사별 학생 수

학교 행사	체육 대회	독서왕	알뜰 장터	합계
학생 수(명)	37	46	54	137

1 표를 보고 그림그래프로 나타낼 때 그림을 몇 가지로 나타내는 것이 좋겠습니까?

(   )

2 표를 보고 그림그래프로 나타내어 보시오.

일 년 동안 가장 기억에 남는 학교 행사별 학생 수

학교 행사	학생 수
체육 대회	
독서왕	
알뜰 장터	

◎ 10명
○ 1명

(3~4) 과수원별 귤 생산량을 조사하여 표로 나타내었습니다. 물음에 답하시오.

과수원별 귤 생산량

과수원	으뜸	행복	청량	합계
생산량(상자)	280	550	470	1300

3 표를 보고 그림그래프로 나타내어 보시오.

과수원	귤 생산량
으뜸	
행복	
청량	

🍊 100상자
🍊 10상자

4 귤을 가장 많이 생산한 과수원은 어느 과수원입니까?

(   )

(1~3) 승재네 반 학생들이 좋아하는 과일을 조사하였습니다. 물음에 답하시오.

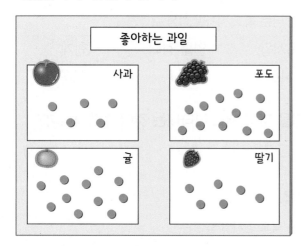

1 조사한 자료를 보고 표로 나타내어 보시오.

좋아하는 과일별 학생 수

과일	사과	포도	귤	딸기	합계
학생 수(명)					

2 위 **1**의 표를 보고 그림그래프로 나타내어 보시오.

과일	학생 수
사과	
포도	
귤	
딸기	

☺10명 ☺1명

⌐교과서 *pick*

3 좋아하는 과일별 학생 수를 비교하려고 할 때 표와 그림그래프 중에서 어느 것이 더 편리합니까?

(   )

(4~6) 어느 음식점에서 일주일 동안 팔린 음식의 수를 조사하여 그림그래프로 나타내었습니다. 물음에 답하시오.

일주일 동안 팔린 종류별 음식의 수

종류	음식의 수
비빔밥	
볶음밥	
칼국수	
냉면	

🥣100그릇 🥣10그릇

4 일주일 동안 많이 팔린 음식부터 차례대로 써 보시오.

(   )

5 일주일 동안 팔린 음식은 모두 몇 그릇입니까?

(   )

⌐교과서 *pick*   서술형

6 이 음식점에서 다음 주에는 어떤 음식의 재료를 가장 많이 준비하면 좋을지 고르고, 그 이유를 써 보시오.

답 |

_____

_____

_____

(7~8) 공장별 자동차 생산량을 조사하여 표로 나타내었습니다. 물음에 답하시오.

공장별 자동차 생산량

공장	가	나	다	라	합계
생산량 (대)	270	280	460	190	1200

7 표를 보고 ◎은 100대, ○은 10대로 하여 그림그래프로 나타내어 보시오.

공장	자동차 생산량
가	
나	
다	
라	

◎ 100대   ○ 10대

교과 역량 문제 해결, 추론, 정보 처리

8 표를 보고 ◎은 100대, △은 50대, ○은 10대로 하여 그림그래프로 나타내어 보시오.

공장	자동차 생산량
가	
나	
다	
라	

◎ 100대   △ 50대   ○ 10대

9 마을별 심은 나무 수를 조사하여 그림그래프로 나타내었습니다. <u>잘못된</u> 점을 찾아 써 보시오.

마을별 심은 나무 수

마을	나무 수
초록	○○○ ○○
햇살	☆☆ ☆☆☆☆☆
기쁨	◇◇◇ ◇◇◇◇

○ 100그루   ○ 10그루

(   )

교과 역량 정보 처리

10 훌라후프 대회에서 1반과 2반이 얻은 점수를 표로 나타내었습니다. 표를 보고 바르게 설명한 사람은 누구입니까?

훌라후프 대회에서 얻은 횟수별 점수

횟수	1회	2회	3회	4회
1반 점수(점)	100	150	50	200
2반 점수(점)	150	150	100	50

- 하윤: 더 높은 점수를 얻은 횟수가 많은 반은 1반이야.
- 진서: 1반과 2반의 4회 점수 차는 150 점이야.
- 건우: 반별 점수의 합계는 2반이 더 높아.

(   )

교과서 pick

예제 1

꽃집에 있는 꽃의 수를 조사하여 그림그래프로 나타내었습니다. 가장 많은 꽃과 가장 적은 꽃의 차는 몇 송이인지 구해 보시오.

종류별 꽃의 수

종류	꽃의 수
장미	🌸🌸🌸✿✿
국화	🌸✿✿✿✿✿✿
수국	🌸🌸✿✿✿
카네이션	🌸🌸🌸✿✿✿✿

🌸 10송이
✿ 1송이

❶ 가장 많은 꽃의 수 → ☐ 송이

❷ 가장 적은 꽃의 수 → ☐ 송이

❸ 가장 많은 꽃과 가장 적은 꽃의 차
→ ☐ 송이

유제 1

빵집에서 일주일 동안 팔린 빵의 수를 조사하여 그림그래프로 나타내었습니다. 가장 많이 팔린 빵과 가장 적게 팔린 빵의 차는 몇 개인지 구해 보시오.

일주일 동안 팔린 종류별 빵의 수

종류	빵의 수
팥빵	🍞🍞🥖🥖🥖🥖🥖🥖
크림빵	🍞🍞🍞🍞🥖🥖🥖
도넛	🍞🍞🥖🥖🥖🥖
식빵	🍞🍞🍞🥖🥖🥖

🍞 100개 🥖 10개

(   )

예제 2

병호네 반 학생 31명이 존경하는 위인을 조사하여 그림그래프로 나타내었습니다. 그림그래프를 완성해 보시오.

존경하는 위인별 학생 수

위인	학생 수
장영실	😊
신사임당	😊😊😊😊😊
유관순	😊😊😊😊😊😊
이순신	

😊 10명
😊 1명

❶ 이순신을 존경하는 학생 수 → ☐ 명

❷ 그림그래프 완성하기

유제 2

윤아네 학교 학생 580명이 태어난 계절을 조사하여 그림그래프로 나타내었습니다. 그림그래프를 완성해 보시오.

태어난 계절별 학생 수

계절	학생 수
봄	😊😊😊😊😊
여름	😊😊😊😊😊
가을	
겨울	😊😊😊😊😊

😊 100명
😊 10명

교과서 pick

예제 3

성우네 학교 3학년 학생들이 체험 학습으로 가고 싶어 하는 장소를 조사하였습니다. 가장 많은 학생이 가고 싶어 하는 장소는 어디인지 구해 보시오.

체험 학습으로 가고 싶어 하는 장소별 학생 수

장소	바다	농장	목장	고궁	합계
남학생 수(명)	9		2	5	26
여학생 수(명)	9	5	8	3	25

❶ 농장에 가고 싶어 하는 남학생 수

→ ☐ 명

❷ 가장 많은 학생이 가고 싶어 하는 장소

→ ☐

유제 3

재희네 학교 3학년 학생들이 학예회에서 하고 싶어 하는 공연을 조사하였습니다. 가장 많은 학생이 하고 싶어 하는 공연은 무엇인지 구해 보시오.

학예회에서 하고 싶어 하는 공연별 학생 수

공연	연극	무용	합창	합주	합계
남학생 수(명)	8		3	6	27
여학생 수(명)	7	4	6		28

(   )

6단원

예제 4

문구점에서 하루 동안 팔린 구슬의 수를 그림그래프로 나타내었습니다. 구슬 한 개의 값이 70원일 때, 하루 동안 팔린 구슬의 값은 모두 얼마인지 구해 보시오.

하루 동안 팔린 색깔별 구슬의 수

색깔	구슬의 수
노란색	⬤⬤⬤⬤⬤⬤
초록색	⬤⬤⬤⬤⬤●
빨간색	⬤⬤⬤⬤●

⬤ 10개
● 1개

❶ 팔린 전체 구슬의 수 → ☐ 개

❷ 하루 동안 팔린 구슬의 값

→ ☐ 원

유제 4

마트에서 하루 동안 팔린 젤리의 수를 그림그래프로 나타내었습니다. 젤리 한 개의 값이 90원일 때, 하루 동안 팔린 젤리의 값은 모두 얼마인지 구해 보시오.

하루 동안 팔린 맛별 젤리의 수

맛	젤리의 수
딸기 맛	🐻🐻🐻🐻🐻🐻🐻
포도 맛	🐻🐻🐻🐻
사과 맛	🐻🐻🐻🐻🐻

🐻 10개
🐻 1개

(   )

단원 마무리

(1~4) 수연이네 반 학생들이 좋아하는 과목을 조사하여 표로 나타내었습니다. 물음에 답하시오.

좋아하는 과목별 학생 수

과목	국어	수학	사회	과학	합계
학생 수(명)	5	6	4	8	23

1 국어를 좋아하는 학생은 몇 명입니까?

( )

2 수연이네 반 학생은 모두 몇 명입니까?

( )

시험에 꼭 나오는 문제

3 가장 많은 학생이 좋아하는 과목은 무엇입니까?

( )

4 수학을 좋아하는 학생은 사회를 좋아하는 학생보다 몇 명 더 많습니까?

( )

(5~8) 준하네 반 학생들이 좋아하는 운동을 조사하였습니다. 물음에 답하시오.

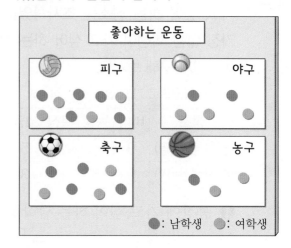

5 조사한 자료를 보고 표로 나타내어 보시오.

좋아하는 운동별 학생 수

운동	피구	야구	축구	농구	합계
남학생 수(명)					
여학생 수(명)					

6 좋아하는 학생 수가 적은 운동부터 차례대로 써 보시오.

( )

7 피구를 좋아하는 학생 수는 농구를 좋아하는 학생 수의 몇 배입니까?

( )

8 준하네 반 학생들이 체육 시간에 운동을 하려고 합니다. 어떤 운동을 하는 것이 좋겠습니까?

( )

(9~12) 강희네 모둠 학생들이 1년 동안 읽은 책 수를 조사하여 그림그래프로 나타내었습니다. 물음에 답하시오.

학생별 읽은 책 수

이름	책 수
강희	📖📖📖📖📖📖📖📖 📖📖📖📖
효정	📖📖📖📖📖📖 📖
준수	📖📖📖📖📖📖📖
찬희	📖📖📖 📖📖📖📖

📖 10권　📖 1권

9 그림 📖과 📖은 각각 몇 권을 나타냅니까?

📖 (　　　　　　　)

📖 (　　　　　　　)

10 강희가 읽은 책은 몇 권입니까?

(　　　　　　　)

시험에 꼭 나오는 문제

11 책을 많이 읽은 학생부터 차례대로 써 보시오.

(　　　　　　　)

12 강희네 모둠 학생들이 1년 동안 읽은 책은 모두 몇 권입니까?

(　　　　　　　)

(13~15) 대호네 마을 과수원의 작년 포도 생산량을 조사하여 표로 나타내었습니다. 물음에 답하시오.

과수원별 포도 생산량

과수원	가	나	다	라	합계
생산량 (상자)	150	240	170	310	870

13 표를 보고 그림그래프로 나타낼 때 그림의 단위로 알맞은 2가지를 골라 ◯표 하시오.

1000상자　100상자　10상자　1상자

14 표를 보고 그림그래프로 나타내어 보시오.

과수원별 포도 생산량

과수원	포도 생산량
가	
나	
다	
라	

◯ 100상자　○ 10상자

잘 틀리는 문제

15 포도 생산량이 다 과수원보다 많고 라 과수원보다 적은 과수원은 어느 과수원입니까?

(　　　　　　　)

16 어느 어린이 연극의 회차별 관람객 수를 조사하여 표와 그림그래프로 나타내었습니다. 표와 그림그래프를 완성해 보시오.

회차별 관람객 수

회차	1회	2회	3회	4회	합계
관람객 수(명)		120		131	450

회차별 관람객 수

회차	관람객 수
1회	◎ △ ○○○○○○
2회	
3회	△△△△△△△ ○○○
4회	

◎ 100명 △ 10명 ○ 1명

17 진주네 학교 학생들이 배우고 싶어 하는 악기를 조사하여 그림그래프로 나타내었습니다. 가장 많은 학생이 배우고 싶어 하는 악기와 가장 적은 학생이 배우고 싶어 하는 악기의 학생 수의 차는 몇 명입니까?

배우고 싶어 하는 악기별 학생 수

악기	학생 수
피아노	☺☺☺ ☺☺
기타	☺ ☺☺☺☺☺
첼로	☺☺ ☺☺☺☺☺
바이올린	☺☺☺ ☺☺☺

☺ 10명 ☺ 1명

(   )

서술형 **문제**

18 표와 비교하여 그림그래프로 나타내었을 때의 편리한 점을 써 보시오.

답 |

(19~20) 마트에서 하루 동안 팔린 색깔별 머리핀의 수를 조사하여 그림그래프로 나타내었습니다. 물음에 답하시오.

하루 동안 팔린 색깔별 머리핀의 수

색깔	머리핀의 수
검은색	🌸 🌸
분홍색	🌸🌸🌸🌸🌸 🌸
노란색	🌸🌸🌸 🌸 🌸
하늘색	🌸🌸 🌸🌸

🌸 10개 🌸 1개

19 팔린 노란색 머리핀과 하늘색 머리핀의 차는 몇 개인지 풀이 과정을 쓰고 답을 구해 보시오.

풀이 |

답 |

20 머리핀 한 개의 값이 80원일 때, 하루 동안 팔린 머리핀의 값은 모두 얼마인지 풀이 과정을 쓰고 답을 구해 보시오.

풀이 |

답 |

엉킨 선을 풀어라!

○ 밧줄이 서로 엉켜 있습니다. 각 밧줄의 끝을 찾아보세요.

가　　　　나　　　　다

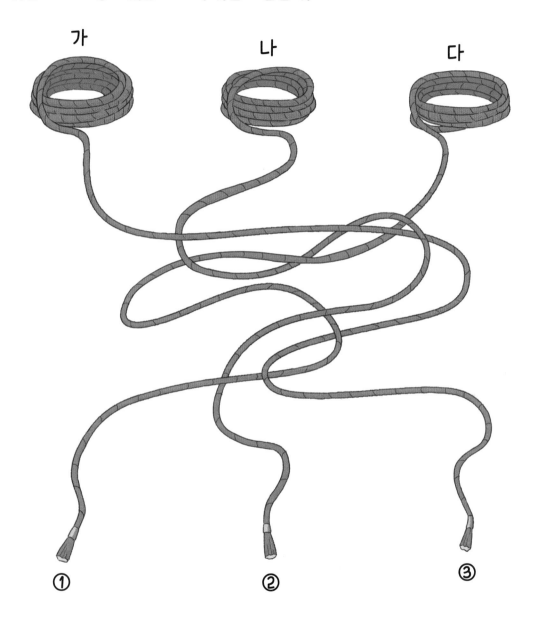

①　　　　②　　　　③

개념┿유형

라이트 정답과
풀이

초등 수학

3·2

 책 속의 가접 별책 (특허 제 0557442호)

'정답과 풀이'는 개념책에서 쉽게 분리할 수 있도록 제작되었으므로
유통 과정에서 분리될 수 있으나 파본이 아닌 정상 제품입니다.

visang

ABOVE IMAGINATION

우리는 남다른 상상과 혁신으로
교육 문화의 새로운 전형을 만들어
모든 이의 행복한 경험과 성장에 기여한다

개념+유형

라이트

정답과 풀이

초등 수학 ——

3·2

1. 곱셈

개념책 8쪽 개념 ❶

예제 1 (위에서부터) 6, 20, 400 /
(위에서부터) 6 / 2, 0 / 4, 0, 0 / 4, 2, 6

예제 2 4 / 8, 4 / 8, 8, 4

개념책 9쪽 기본유형 익히기

1 284

2 (1) 969 (2) 826 (3) 248 (4) 636

3 (1) 963 (2) 844

4 214×2=428 / 428개

1 백 모형이 나타내는 수: 100×2=200,
십 모형이 나타내는 수: 40×2=80,
일 모형이 나타내는 수: 2×2=4
⇨ 142×2=200+80+4=284

2 (3)
```
    1 2 4
  ×     2
  ───────
    2 4 8
```
(4)
```
    2 1 2
  ×     3
  ───────
    6 3 6
```

3 (1)
```
    3 2 1
  ×     3
  ───────
    9 6 3
```
(2)
```
    2 1 1
  ×     4
  ───────
    8 4 4
```

4 (한 바구니에 담은 방울토마토의 수)×(바구니의 수)
=214×2=428(개)

개념책 10쪽 개념 ❷

예제 1 (위에서부터) 6, 100, 200 /
(위에서부터) 6 / 1, 0, 0 / 2, 0, 0 / 3, 0, 6

예제 2 (위에서부터) 1, 6 / 1, 5, 6 / 1, 8, 5, 6

개념책 11쪽 기본유형 익히기

1 681

2 (1) 492 (2) 846 (3) 836 (4) 855

3 (1) 836 (2) 788

4 115×6=690 / 690번

1 백 모형이 나타내는 수: 200×3=600,
십 모형이 나타내는 수: 20×3=60,
일 모형이 나타내는 수: 7×3=21
⇨ 227×3=600+60+21=681

2 (1)
```
      1
    1 2 3
  ×     4
  ───────
    4 9 2
```
(2)
```
      2
    2 8 2
  ×     3
  ───────
    8 4 6
```
(3)
```
      1
    4 1 8
  ×     2
  ───────
    8 3 6
```
(4)
```
      3
    1 7 1
  ×     5
  ───────
    8 5 5
```

3 (1)
```
      3
    2 0 9
  ×     4
  ───────
    8 3 6
```
(2)
```
      1
    3 9 4
  ×     2
  ───────
    7 8 8
```

4 (하루에 줄넘기를 한 횟수)×(날수)
=115×6=690(번)

개념책 12쪽 개념 ❸

예제 1 (1) (위에서부터) 1 / 2, 4, 0, 60 / 2, 0, 0,
0, 500 / 2, 2, 4, 4
(2) (위에서부터) 8 / 1, 0, 0, 50 / 1, 4, 0,
0, 700 / 1, 5, 1, 6

예제 2 (1) (위에서부터) 2, 3 / 6, 7, 2
(2) (위에서부터) 2, 3 / 1, 6, 4, 5

개념책 13쪽 기본유형 익히기

1 (1) 1200, 40, 16, 1256
(2) 1800, 210, 15, 2025

2 (1) 1568 (2) 1972 (3) 771 (4) 2710

3 (1) 2045 (2) 1752

4 950×6=5700 / 5700원

1 (1) 314=300+10+4이므로 314×4는 300×4,
10×4, 4×4의 합으로 구할 수 있습니다.
⇨ 314×4=1200+40+16=1256
(2) 675=600+70+5이므로 675×3은 600×3,
70×3, 5×3의 합으로 구할 수 있습니다.
⇨ 675×3=1800+210+15=2025

2 (1)
$$\begin{array}{r} {}^{1} \\ 7\ 8\ 4 \\ \times2 \\ \hline 1\ 5\ 6\ 8 \end{array}$$
(2)
$$\begin{array}{r} {}^{3\ 1} \\ 4\ 9\ 3 \\ \times4 \\ \hline 1\ 9\ 7\ 2 \end{array}$$
(3)
$$\begin{array}{r} {}^{1\ 2} \\ 2\ 5\ 7 \\ \times3 \\ \hline 7\ 7\ 1 \end{array}$$
(4)
$$\begin{array}{r} {}^{2\ 1} \\ 5\ 4\ 2 \\ \times5 \\ \hline 2\ 7\ 1\ 0 \end{array}$$

3 (1)
$$\begin{array}{r} {}^{4} \\ 4\ 0\ 9 \\ \times5 \\ \hline 2\ 0\ 4\ 5 \end{array}$$
(2)
$$\begin{array}{r} {}^{1\ 1} \\ 8\ 7\ 6 \\ \times2 \\ \hline 1\ 7\ 5\ 2 \end{array}$$

4 (공책 한 권의 금액)×(공책의 수)
＝950×6＝5700(원)

개념책 14~15쪽 **연산 PLUS**

1 620	**2** 420	**3** 783
4 1929	**5** 872	**6** 1208
7 806	**8** 987	**9** 2350
10 651	**11** 912	**12** 2115
13 2718	**14** 1641	**15** 1328
16 1044	**17** 590	**18** 1142
19 906	**20** 448	**21** 1506
22 892	**23** 1694	**24** 3300
25 728	**26** 1692	**27** 693
28 1932	**29** 1116	**30** 3036

개념책 16~17쪽 **실전유형 다지기**

✎ 서술형 문제는 풀이를 꼭 확인하세요.

1 (1) 393 (2) 896 (3) 1054 (4) 1104
2 361, 5, 1805 **3** 560
4 ╳ (선 잇기)
5 ＞
6 1184
✎**7** 풀이 참조 **8** 550권
9 730일 **10** 824 cm
11 2568 **12** 1220원
13 348자루 **14** 은지, 100원

1 (2)
$$\begin{array}{r} {}^{1} \\ 4\ 4\ 8 \\ \times2 \\ \hline 8\ 9\ 6 \end{array}$$
(3)
$$\begin{array}{r} {}^{1} \\ 5\ 2\ 7 \\ \times2 \\ \hline 1\ 0\ 5\ 4 \end{array}$$
(4)
$$\begin{array}{r} {}^{3\ 2} \\ 2\ 7\ 6 \\ \times4 \\ \hline 1\ 1\ 0\ 4 \end{array}$$

---

2 361을 5번 더했으므로 361×5＝1805입니다.

3
$$\begin{array}{r} {}^{1} \\ 1\ 4\ 0 \\ \times4 \\ \hline 5\ 6\ 0 \end{array}$$

4 ·232×4＝928 ·328×2＝656 ·173×3＝519

5 ·308×3＝924   ·432×2＝864
⇨ 924＞864

6 2＜3＜567＜592이므로 가장 큰 수는 592이고, 가장 작은 수는 2입니다. ⇨ 592×2＝1184

✎**7** 예 백의 자리의 계산 8×2는 실제로 800×2＝1600을 나타내므로 16을 왼쪽으로 한 칸 옮겨 쓰거나 1600이라고 써야 합니다.」❶

$$\begin{array}{r} 8\ 6\ 5 \\ \times2 \\ \hline 1\ 0 \\ 1\ 2 \\ 1\ 6 \\ \hline 1\ 7\ 3\ 0 \end{array}$$」❷

채점 기준

❶ 잘못 계산한 곳을 찾아 이유 쓰기
❷ 바르게 계산하기

참고 계산의 편리함을 위해 십의 자리 계산에서는 일의 자리에 0을, 백의 자리 계산에서는 십의 자리, 일의 자리에 0을 쓰지 않아도 됩니다.

8 (지우네 학교 도서관에 있는 전체 책의 수)
＝110×5＝550(권)

9 (2년의 날수)＝365×2＝730(일)

10 정사각형은 네 변의 길이가 모두 같습니다.
⇨ (정사각형의 네 변의 길이의 합)
＝206＋206＋206＋206
＝206×4＝824(cm)

11 100이 4개이면 400, 10이 2개이면 20, 1이 8개이면 8이므로 나타내는 수는 428입니다.
⇨ 428×6＝2568

12 (일호가 산 사탕 7개의 값)＝540×7＝3780(원)
⇨ (일호가 받아야 하는 거스름돈)
＝5000－3780＝1220(원)

13 (인영이네 학교 3학년 전체 학생 수)
$=33+28+24+31=116$(명)
⇨ (필요한 연필의 수)$=116×3=348$(자루)

14 • (은지가 모은 돈)$=850×7=5950$(원)
• (성진이가 모은 돈)$=650×9=5850$(원)
⇨ $5950>5850$이므로 은지가
$5950-5850=100$(원)을 더 많이 모았습니다.

개념책 18쪽 | 개념 ❹

예제1 28 / 280
예제2 (1) 100 / 2100 (2) 10 / 780

개념책 19쪽 | 기본유형 익히기

1 (1) 150 / 1500 (2) 224 / 2240
2 (1) 2400 (2) 2940 (3) 4800 (4) 720
3 (1) 1200 (2) 600
4 $30×40=1200$ / 1200개

---

2 (3) $80×60=4800$
$8×6=48$

(4) $24×30=720$
$24×3=72$

3 (1) $20×60=1200$
$2×6=12$

(2) $12×50=600$
$12×5=60$

4 (한 판에 들어 있는 달걀의 수)×(판의 수)
$=30×40=1200$(개)

개념책 20쪽 | 개념 ❺

예제1 (왼쪽에서부터) 140 / 35 /
(위에서부터) 3, 5 / 1, 4, 0 / 1, 7, 5
예제2 (위에서부터) 5, 6 / 5, 3, 7, 6

예제1 $7×25$에서 $25=20+5$이므로 7에 20과 5를 각
각 곱한 다음 두 곱을 더합니다.

개념책 21쪽 | 기본유형 익히기

1 216
2 (1) 136 (2) 465 (3) 413 (4) 504
3
```
      3
   ×  3 4
   ─────
     1 2
     9
   ─────
   1 0 2
```
4 $4×44=176$ / 176개

---

1 $9×24$에서 $24=20+4$이므로 9에 20과 4를 각각
곱한 다음 두 곱을 더합니다.
⇨ $9×20=180$, $9×4=36$이므로
$9×24=180+36=216$입니다.

2
(1)
```
       1
       2
   ×  6 8
   ─────
   1 3 6
```
(2)
```
       1
       5
   ×  9 3
   ─────
   4 6 5
```
(3)
```
       6
       7
   ×  5 9
   ─────
   4 1 3
```
(4)
```
       2
       6
   ×  8 4
   ─────
   5 0 4
```

3 $3×30=90$이므로 9를 왼쪽으로 한 칸 옮겨 쓰거나
90이라고 씁니다.

4 (한 봉지에 담은 감의 수)×(봉지의 수)
$=4×44=176$(개)

개념책 22쪽 | 개념 ❻

예제1 (왼쪽에서부터) 230 / 46 /
(위에서부터) 4, 6 / 2, 3, 0 / 2, 7, 6
예제2 (1) (위에서부터) 3, 2, 1 / 6, 4, 0, 20 / 6,
7, 2
(2) (위에서부터) 3, 6, 3 / 4, 8, 0, 40 / 5,
1, 6

예제1 $23×12$에서 $12=10+2$이므로 23에 10과 2를
각각 곱한 다음 두 곱을 더합니다.

개념책 23쪽 | 기본유형 익히기

1 168
2 (1) 385 (2) 882 (3) 286 (4) 713
3 (1) 396 (2) 165
4 $12×13=156$ / 156자루

---

1 $14×12$에서 $12=10+2$이므로 14에 10과 2를 각각
곱한 다음 두 곱을 더합니다.
⇨ $14×10=140$, $14×2=28$이므로
$14×12=140+28=168$입니다.

2
(1)
```
      3 5
   ×  1 1
   ─────
      3 5
    3 5
   ─────
    3 8 5
```
(2)
```
      2 1
   ×  4 2
   ─────
      4 2
    8 4
   ─────
    8 8 2
```

(3)
```
    2 2
  × 1 3
  ─────
    6 6
  2 2
  ─────
  2 8 6
```

(4)
```
    3 1
  × 2 3
  ─────
    9 3
  6 2
  ─────
  7 1 3
```

3 (1)
```
    3 3
  × 1 2
  ─────
    6 6
  3 3
  ─────
  3 9 6
```

(2)
```
    1 1
  × 1 5
  ─────
    5 5
  1 1
  ─────
  1 6 5
```

4 (한 상자에 들어 있는 색연필의 수)×(상자의 수)
 $=12×13=156$(자루)

---

3 (1)
```
    6 2
  × 1 4
  ─────
  2 4 8
  6 2
  ─────
  8 6 8
```

(2)
```
    2 9
  × 3 1
  ─────
    2 9
  8 7
  ─────
  8 9 9
```

4 (한 층에 살고 있는 가구의 수)×(층수)
 $=12×25=300$(가구)

개념책 24쪽 개념 ❼

예제1 (왼쪽에서부터) 240 / 72 /
 (위에서부터) 7, 2 / 2, 4, 0 / 3, 1, 2

예제2 **(1)** (위에서부터) 7, 6, 4 / 1, 9, 0, 10 / 2, 6, 6

(2) (위에서부터) 4, 6, 2 / 9, 2, 0, 40 / 9, 6, 6

예제1 24×13에서 13=10+3이므로 24에 10과 3을 각각 곱한 다음 두 곱을 더합니다.

개념책 25쪽 기본유형 **익히기**

1 195

2 (1) 738 (2) 444 (3) 765 (4) 945

3 (1) 868 (2) 899

4 $12×25=300$ / 300가구

1 13×15에서 15=10+5이므로 13에 10과 5를 각각 곱한 다음 두 곱을 더합니다.
 ⇨ 13×10=130, 13×5=65이므로
 13×15=130+65=195입니다.

2 (1)
```
    4 1
  × 1 8
  ─────
  3 2 8
  4 1
  ─────
  7 3 8
```

(2)
```
    1 2
  × 3 7
  ─────
    8 4
  3 6
  ─────
  4 4 4
```

(3)
```
    5 1
  × 1 5
  ─────
  2 5 5
  5 1
  ─────
  7 6 5
```

(4)
```
    4 5
  × 2 1
  ─────
    4 5
  9 0
  ─────
  9 4 5
```

개념책 26쪽 개념 ❽

예제1 (왼쪽에서부터) 340 / 85 /
 (위에서부터) 8, 5 / 3, 4, 0 / 4, 2, 5

예제2 **(1)** (위에서부터) 2, 1, 6, 9 / 7, 2, 0, 30 / 9, 3, 6

(2) (위에서부터) 1, 4, 1, 3 / 2, 8, 2, 0, 60 / 2, 9, 6, 1

예제1 17×25에서 25=20+5이므로 17에 20과 5를 각각 곱한 다음 두 곱을 더합니다.

개념책 27쪽 기본유형 **익히기**

1 667

2 (1) 1825 (2) 2352 (3) 2135 (4) 2068

3
```
    3 8
  × 5 4
  ─────
  1 5 2
  1 9 0
  ─────
  2 0 5 2
```

4 $36×27=972$ / 972 cm

1 29×23에서 23=20+3이므로 29에 20과 3을 각각 곱한 다음 두 곱을 더합니다.
 ⇨ 29×20=580, 29×3=87이므로
 29×23=580+87=667입니다.

2 (1)
```
    7 3
  × 2 5
  ─────
  3 6 5
  1 4 6
  ─────
  1 8 2 5
```

(2)
```
    5 6
  × 4 2
  ─────
  1 1 2
  2 2 4
  ─────
  2 3 5 2
```

(3)
```
    3 5
  × 6 1
  ─────
    3 5
  2 1 0
  ─────
  2 1 3 5
```

(4)
```
    9 4
  × 2 2
  ─────
  1 8 8
  1 8 8
  ─────
  2 0 6 8
```

3 38×50=1900이므로 190을 왼쪽으로 한 칸 옮겨 쓰거나 1900이라고 씁니다.

4 (선물 상자 한 개를 포장하는 데 사용한 리본의 길이)
×(선물 상자의 수)
=36×27=972(cm)

 개념책 28~29쪽 | **연산 PLUS**

1 2000	**2** 640	**3** 441
4 325	**5** 476	**6** 1860
7 276	**8** 1152	**9** 1015
10 1710	**11** 676	**12** 5695

13 704	**14** 2128	**15** 976
16 2478	**17** 837	**18** 594
19 1344	**20** 918	**21** 2176
22 403	**23** 4606	**24** 6314

개념책 30~31쪽 | **실전유형 다지기**

✎ 서술형 문제는 풀이를 꼭 확인하세요.

1 (1) 612 (2) 336 (3) 3120 (4) 1504

2 432

3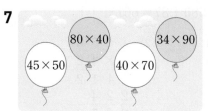

4 50

5 <

6 ⓒ, ⓒ, ㉠

7

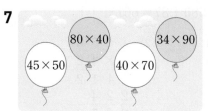
80×40   34×90
45×50   40×70

8 417

9 1368개

✎**10** 1008쪽

11 585분

12 1586원

13 (위에서부터) 9, 7 / 5, 1, 3

---

1 (1)
```
      7
      9
  ×  6 8
  6 1 2
```
(2)
```
      2 8
  ×   1 2
      5 6
    2 8
    3 3 6
```
(3)
```
      5 2
  ×   6 0
  3 1 2 0
```
(4)
```
      4 7
  ×   3 2
      9 4
    1 4 1
    1 5 0 4
```

2
```
      1
      6
  ×   7 2
    4 3 2
```

3
· 40×30=1200   · 18×20=360
· 12×30=360   · 90×40=3600
· 60×60=3600   · 60×20=1200

4 □ 안의 수 5는 5를, 1은 10을 나타냅니다.
⇨ □ 안의 수끼리의 곱이 실제로 나타내는 값은
5×10=50입니다.

5 · 52×74=3848   · 63×68=4284
⇨ 3848<4284

6 ㉠ 8×24=192 ⓒ 5×49=245 ⓒ 7×31=217
⇨ ⓒ 245>ⓒ 217>㉠ 192

7 · 45×50=2250   · 80×40=3200
· 40×70=2800   · 34×90=3060
따라서 계산 결과가 3000보다 큰 곱셈식은 80×40,
34×90입니다.

8 13×32=416이므로 416보다 큰 수를 찾습니다.

9 (57상자에 들어 있는 파프리카의 수)
=24×57=1368(개)

✎**10** 예 1주일은 7일이므로 3주는
7×3=21(일)입니다.❶
하진이가 3주 동안 읽을 수 있는 위인전은 모두
48×21=1008(쪽)입니다.❷

11 영도가 한 달 동안 걷기 운동을 한 날은 모두 13일입니다.
⇨ (영도가 한 달 동안 걷기 운동을 한 시간)
=45×13=585(분)

12 · (일반 문자 요금)=18×22=396(원)
· (그림 문자 요금)=85×14=1190(원)
⇨ (사용한 문자 요금의 합)
=396+1190=1586(원)

13  곱이 가장 큰(작은) (몇)×(몇십몇) 만들기

세 수의 크기가 0<①<②<③일 때
• 곱이 가장 큰 곱셈식
③ ← 큰 수부터
×②① ← 의 순서로
수를 씁니다.

• 곱이 가장 작은 곱셈식
① ← 작은 수부터
×②③ ← 의 순서로
수를 씁니다.

```
    ㉠
×  5 ㉡
□ □ □
```

곱이 가장 큰 곱셈식을 만들려면 가장 큰 수를 두 번 곱해지는 ㉠에 쓰고, 두 번째로 큰 수를 ㉡에 씁니다.
⇨ ㉠=9, ㉡=7이므로 9×57=513입니다.

개념책 32~33쪽 응용유형 다잡기

예제1	❶ 3, 12 / 8, 32	❷ 3
유제1	7	
예제2	❶ 43, 70 ❷ 27	❸ 1161
유제2	1734	
예제3	❶ 300, 600, 900, 1200	❷ 3
유제3	5	
예제4	❶ 커야	❷ 4, 3, 2, 5, 2160
유제4	3, 4, 5, 2, 690	

예제1 ❶ ㉠×4의 일의 자리 수가 2인 것은
3×4=12, 8×4=32입니다.
❷ 1×4=4에 올림한 수를 더한 값이 5이므로 ㉠×4에서 올림한 수가 1인 ㉠을 찾으면 ㉠=3입니다.

유제1 ㉠×8의 일의 자리 수가 6인 것은
2×8=16, 7×8=56입니다.
⇨ 5×8=40에 올림한 수를 더한 값이 45이므로 ㉠×8에서 올림한 수가 5인 ㉠을 찾으면 ㉠=7입니다.

예제2 ❶ 어떤 수를 ■라 하면 잘못 계산한 식은
■+43=70입니다.
❷ ■+43=70 ⇨ ■=70−43=27
❸ 어떤 수는 27이므로 바르게 계산하면
27×43=1161입니다.

유제2 어떤 수를 □라 하면 잘못 계산한 식은
□−34=17입니다. ⇨ □=17+34=51
따라서 어떤 수는 51이므로 바르게 계산하면
51×34=1734입니다.

예제3 ❷ 30×㉠0<1000에서 ㉠이 될 수 있는 수는 4보다 작은 수이므로 이 중 ㉠에 알맞은 가장 큰 수는 3입니다.
다른풀이 30×㉠0은 3×㉠의 값에 0을 2개 붙인 값이므로 30×㉠0<1000에서 3×㉠<10임을 이용하여 ㉠에 알맞은 가장 큰 수를 구할 수도 있습니다.

유제3 53×10=530, 53×20=1060,
53×30=1590, 53×40=2120,
53×50=2650
⇨ 53×㉠0>2600에서 ㉠이 될 수 있는 수는 4보다 큰 수이므로 이 중 ㉠에 알맞은 가장 작은 수는 5입니다.
다른풀이 53×㉠0은 53×㉠에 0을 1개 붙인 값이므로 53×㉠0>2600에서 53×㉠>260임을 이용하여 ㉠에 알맞은 가장 작은 수를 구할 수도 있습니다.

예제4 비법 곱이 가장 큰 (세 자리 수)×(한 자리 수) 만들기

네 수의 크기가 0<①<②<③<④일 때
곱이 가장 큰 곱셈식:
③②①
× ④ ← 큰 수부터 ← 의 순서로 수를 씁니다.

❶ (한 자리 수)는 각 자리의 수에 모두 곱하므로 가장 큰 수이어야 합니다.
❷ 세 번 곱해지는 (한 자리 수)에 가장 큰 수를 쓰고, (세 자리 수)의 높은 자리부터 큰 수를 차례대로 씁니다.
⇨ 2<3<4<5이므로 곱이 가장 큰 곱셈식은 432×5=2160입니다.

유제4 비법 곱이 가장 작은 (세 자리 수)×(한 자리 수) 만들기

네 수의 크기가 0<①<②<③<④일 때
곱이 가장 작은 곱셈식:
②③④
× ① ← 작은 수부터 ← 의 순서로 수를 씁니다.

(한 자리 수)는 각 자리의 수에 모두 곱하므로 가장 작은 수이어야 합니다.
세 번 곱해지는 (한 자리 수)에 가장 작은 수를 쓰고, (세 자리 수)의 높은 자리부터 작은 수를 차례대로 씁니다.
⇨ 2<3<4<5이므로 곱이 가장 작은 곱셈식은 345×2=690입니다.

| 개념책 34~36쪽 | 단원 마무리 |

🖋 서술형 문제는 풀이를 꼭 확인하세요.

1 628 **2** 3800
3 492 **4** 203
5 60×8 **6** ( ) (○)
7 540 / 4860 **8** $<$
9 1800 **10** 1500개
11 496명 **12** 1560
13 ㉣, ㉡, ㉠, ㉢ **14** 298 m
15 빨간 구슬, 36개 **16** 9
17 7, 8, 9, 6, 4734 🖋 **18** 풀이 참조
🖋 **19** 333개 🖋 **20** 4

4
$$\begin{array}{r} {}^{6} \\ 7 \\ \times\ 2\ 9 \\ \hline 2\ 0\ 3 \end{array}$$

5 □ 안에 들어갈 수는 십의 자리의 곱이므로 60×8입니다.

6 $21 \times 36 = 756$이므로 계산 결과가 756인 곱셈식을 찾습니다.
$28 \times 22 = 616,\ 12 \times 63 = 756$

7 • $27 \times 20 = 540$ • $540 \times 9 = 4860$

8 • $573 \times 4 = 2292$ • $78 \times 30 = 2340$
⇨ $2292 < 2340$

9 $24 < 32 < 69 < 75$이므로 가장 큰 수는 75이고, 가장 작은 수는 24입니다.
⇨ $75 \times 24 = 1800$

10 (30상자에 들어 있는 고구마의 수)
$= 50 \times 30 = 1500$(개)

11 (놀이기구가 31번 운행할 때 탈 수 있는 사람 수)
$= 16 \times 31 = 496$(명)

12 ㉠ 8의 10배: 80 → $30 \times 80 = 2400$
㉡ $14 \times 60 = 840$
⇨ ㉠ − ㉡ $= 2400 - 840 = 1560$

13 ㉠ $342 \times 2 = 684$ ㉡ $20 \times 20 = 400$
㉢ $8 \times 96 = 768$ ㉣ $13 \times 27 = 351$
⇨ ㉣ $351 <$ ㉡ $400 <$ ㉠ $684 <$ ㉢ 768

14 집에서 출발하여 우체통에 편지를 넣고 집으로 돌아왔으므로 재희가 이동한 거리는 149 m의 2배입니다.
⇨ $149 \times 2 = 298$(m)

15 • (빨간 구슬의 수) $= 24 \times 30 = 720$(개)
• (파란 구슬의 수) $= 38 \times 18 = 684$(개)
⇨ $720 > 684$이므로 빨간 구슬이
$720 - 684 = 36$(개) 더 많습니다.

16 □ $\times 2$의 일의 자리 수가 8인 것은 $4 \times 2 = 8$, $9 \times 2 = 18$입니다.
⇨ $5 \times 2 = 10$에 올림한 수를 더한 값이 11이므로
□ $\times 2$에서 올림한 수가 1인 □를 찾으면 □ $= 9$입니다.

17 세 번 곱해지는 (한 자리 수)에 가장 작은 수를 쓰고, (세 자리 수)의 높은 자리부터 작은 수를 차례대로 씁니다.
⇨ $6 < 7 < 8 < 9$이므로 곱이 가장 작은 곱셈식은
$789 \times 6 = 4734$입니다.

🖋 **18** 예 $58 \times 2 = 116,\ 58 \times 60 = 3480$인데 올림한 수를 계산하지 않아 잘못되었습니다.」❶
$$\begin{array}{r} 5\ 8 \\ \times\ 6\ 2 \\ \hline 1\ 1\ 6 \\ 3\ 4\ 8 \\ \hline 3\ 5\ 9\ 6 \end{array}$$」❷

채점 기준	
❶ 잘못 계산한 곳을 찾아 이유 쓰기	3점
❷ 바르게 계산하기	2점

🖋 **19** 예 지혜가 하루에 접은 종이학과 종이배는 모두
$5 + 4 = 9$(개)입니다.」❶
따라서 지혜가 37일 동안 접은 종이학과 종이배는 모두 $9 \times 37 = 333$(개)입니다.」❷

채점 기준	
❶ 지혜가 하루에 접은 종이학과 종이배의 수의 합 구하기	2점
❷ 지혜가 37일 동안 접은 종이학과 종이배의 수의 합 구하기	3점

🖋 **20** 예 $60 \times 10 = 600,\ 60 \times 20 = 1200,$
$60 \times 30 = 1800,\ 60 \times 40 = 2400$이므로
$60 \times$ ㉠ > 2000에서 ㉠이 될 수 있는 수는 3보다 큰 수입니다.」❶
따라서 ㉠에 알맞은 가장 작은 수는 4입니다.」❷

채점 기준	
❶ ㉠에 알맞은 수의 범위 구하기	4점
❷ ㉠에 알맞은 가장 작은 수 구하기	1점

2. 나눗셈

개념책 40쪽 개념 ❶

예제1 (1) 2 (2) 20

예제2 (1) 1, 10 (2) 3, 30

개념책 41쪽 기본유형 익히기

1 20

2 (1) 10 (2) 20 (3) 10 (4) 10

3 (1) 10 (2) 30

4 80÷8=10 / 10명

2 (3)
```
      1 0
   6) 6 0
      6
      ─────
        0
```
(4)
```
      1 0
   7) 7 0
      7
      ─────
        0
```

3 (1) 50÷5=10 (2) 90÷3=30

4 (전체 연필의 수)
÷(한 사람에게 나누어 주는 연필의 수)
=80÷8=10(명)

개념책 42쪽 개념 ❷

예제1 (1) 2, 5 (2) 25

예제2 (위에서부터)
1, 5, 10, 4, 0 / 1, 8, 5, 4, 0, 4, 0, 8, 0

개념책 43쪽 기본유형 익히기

1 35

2 (1) 14 (2) 25 (3) 15 (4) 16

3 (1) 15 (2) 45

4 90÷6=15 / 15개

---

2 (3)
```
      1 5
   2) 3 0
      2
      ─────
      1 0
      1 0
      ─────
        0
```
(4)
```
      1 6
   5) 8 0
      5
      ─────
      3 0
      3 0
      ─────
        0
```

3 (1) 60÷4=15 (2) 90÷2=45

4 (전체 감의 수)÷(한 상자에 담는 감의 수)
=90÷6=15(개)

개념책 44쪽 개념 ❸

예제1 (1) 2, 1 (2) 21

예제2 (위에서부터) 2, 6, 20, 9 / 2, 3, 6, 9, 9, 3, 0

개념책 45쪽 기본유형 익히기

1 31

2 (1) 14 (2) 11 (3) 12 (4) 43

3 (1) 12 (2) 31

4 64÷2=32 / 32명

---

2 (3)
```
      1 2
   3) 3 6
      3
      ─────
        6
        6
      ─────
        0
```
(4)
```
      4 3
   2) 8 6
      8
      ─────
        6
        6
      ─────
        0
```

3 (1) 48÷4=12 (2) 93÷3=31

4 (전체 학생 수)÷(모둠 수)=64÷2=32(명)

개념책 46쪽 개념 ❹

예제1 몫, 나머지

예제2 (위에서부터) 2, 6, 20, 7 / 2, 2, 6, 7, 6, 2, 1

개념책 47쪽	기본유형 익히기

1 11, 3

2 (1) 11···2 (2) 11···2 (3) 31···1 (4) 32···2

3 ㉢

4 79÷7=11···2 / 11명, 2개

---

1 십 모형 5개와 일 모형 8개를 똑같이 5묶음으로 나누면 한 묶음에 십 모형이 1개, 일 모형이 1개씩 있고, 일 모형 3개가 남습니다.

⇨ 58÷5의 몫은 11이고 나머지는 3입니다.

2 (3)
$$\begin{array}{r} 31 \\ 2\overline{)63} \\ 6 \\ \hline 3 \\ 2 \\ \hline 1 \end{array}$$
(4)
$$\begin{array}{r} 32 \\ 3\overline{)98} \\ 9 \\ \hline 8 \\ 6 \\ \hline 2 \end{array}$$

3 ㉠
$$\begin{array}{r} 21 \\ 3\overline{)64} \\ 6 \\ \hline 4 \\ 3 \\ \hline 1 \end{array}$$
㉡
$$\begin{array}{r} 11 \\ 6\overline{)68} \\ 6 \\ \hline 8 \\ 6 \\ \hline 2 \end{array}$$
㉢
$$\begin{array}{r} 21 \\ 4\overline{)84} \\ 8 \\ \hline 4 \\ 4 \\ \hline 0 \end{array}$$

⇨ ㉢의 나머지가 0이므로 나누어떨어집니다.

4 (전체 사탕의 수)
÷(한 사람에게 나누어 주는 사탕의 수)
=79÷7=11···2
따라서 사탕을 11명에게 줄 수 있고 2개가 남습니다.

개념책 48~49쪽	연산 PLUS

1 10	**2** 15	**3** 11
4 11···1	**5** 45	**6** 20
7 15	**8** 31···2	**9** 12
10 23	**11** 10	**12** 11···4
13 21	**14** 40	**15** 10···4
16 11···3	**17** 35	**18** 41
19 16	**20** 12···2	**21** 30
22 21···1	**23** 33	**24** 20···3

개념책 50~51쪽	실전유형 다지기

✎ 서술형 문제는 풀이를 꼭 확인하세요.

1 (1) 40 (2) 11 (3) 12 (4) 21···2

2 11 / 4   **3** ⑤

4 20

5 21···1 / 14 / (　　　) (○)

6 ·

7 12명

8 <

9 ㉡

✎**10** 11개, 1 cm   **11** 13

12 15줄   **13** 민호, 8개

---

3 나머지는 나누는 수보다 항상 작아야 하므로 어떤 수를 4로 나누면 나머지는 0, 1, 2, 3이 될 수 있습니다.

4 80>4이므로 80÷4=20입니다.

5 ·64÷3=21···1
 ·70÷5=14
 ⇨ 나머지가 0이므로 나누어떨어집니다.

6 ·40÷2=20   ·30÷3=10
 ·60÷2=30   ·60÷3=20
        ·90÷3=30

7 (나누어 줄 수 있는 사람 수)=48÷4=12(명)

8 30÷2=15, 80÷5=16 ⇨ 15<16

9 ㉠ 45÷4=11···1   ㉡ 59÷5=11···4
 ㉢ 78÷7=11···1   ㉣ 68÷6=11···2
 따라서 나머지가 가장 큰 것은 ㉡입니다.

✎**10** ❶ 예 전체 끈의 길이를 리본 한 개를 만드는 데 필요한 끈의 길이로 나누면 되므로 89÷8을 계산합니다.
 ❷ 예 89÷8=11···1이므로 만들 수 있는 리본은 11개이고 남는 끈은 1 cm입니다.

11 (삼각형의 한 변)=39÷3=13(cm)

12 (전체 학생 수)=42+48=90(명)
 ⇨ (줄 수)=90÷6=15(줄)

13 성은이가 상자 한 개에 담은 호두과자는
 66÷3=22(개), 민호가 상자 한 개에 담은 호두과자는 60÷2=30(개)입니다.
 따라서 상자 한 개에 호두과자를 더 많이 담은 사람은 민호이고, 30-22=8(개) 더 많이 담았습니다.

개념책 52쪽 | 개념 ❺

예제 1 (1) 1, 3 (2) 13

예제 2 (위에서부터)
1, 3, 10, 1, 2 / 1, 4, 3, 1, 2, 1, 2, 4, 0

개념책 53쪽 | 기본유형 익히기

1 25

2 (1) 17 (2) 24 (3) 19 (4) 18

3 28, 16

4 65÷5=13 / 13권

2 (3)
$$\begin{array}{r} 1\,9 \\ 2\,)\overline{3\,8} \\ \underline{2} \\ 1\,8 \\ \underline{1\,8} \\ 0 \end{array}$$
(4)
$$\begin{array}{r} 1\,8 \\ 3\,)\overline{5\,4} \\ \underline{3} \\ 2\,4 \\ \underline{2\,4} \\ 0 \end{array}$$

3 56÷2=28, 32÷2=16

4 (전체 동화책의 수)÷(책꽂이 칸 수)
=65÷5=13(권)

개념책 54쪽 | 개념 ❻

예제 1 (1) 1, 6, 1 (2) 16, 1

예제 2 (위에서부터)
1, 3, 10, 2, 6 / 1, 8, 3, 2, 6, 2, 4, 8, 2

개념책 55쪽 | 기본유형 익히기

1 13, 2

2 (1) 14···2 (2) 22···3 (3) 11···6 (4) 38···1

3 12, 2

4 73÷6=12···1 / 12상자, 1개

2 (3)
$$\begin{array}{r} 1\,1 \\ 7\,)\overline{8\,3} \\ \underline{7} \\ 1\,3 \\ \underline{7} \\ 6 \end{array}$$
(4)
$$\begin{array}{r} 3\,8 \\ 2\,)\overline{7\,7} \\ \underline{6} \\ 1\,7 \\ \underline{1\,6} \\ 1 \end{array}$$

3 62÷5=12···2
└ 몫 ┘ └ 나머지

4 (전체 배의 수)÷(한 상자에 나누어 담는 배의 수)
=73÷6=12···1
따라서 배를 12상자에 담을 수 있고 1개가 남습니다.

개념책 56쪽 | 개념 ❼

예제 1 (위에서부터)
(1) 2, 4, 1 / 2, 7, 4, 1, 1, 4, 0
/ 2, 7, 0, 4, 1, 1, 4, 0
(2) 6, 3, 0, 2 / 6, 5, 3, 0, 2, 5, 2, 5, 0

개념책 57쪽 | 기본유형 익히기

1 (위에서부터)
(1) 1, 7, 0, 4, 2, 2, 8, 0
(2) 8, 2, 5, 6, 1, 1, 4, 0

2 (1) 103 (2) 70 (3) 78 (4) 132

3 (1) 146 (2) 36

4 210÷5=42 / 42명

2 (3)
$$\begin{array}{r} 7\,8 \\ 8\,)\overline{6\,2\,4} \\ \underline{5\,6} \\ 6\,4 \\ \underline{6\,4} \\ 0 \end{array}$$
(4)
$$\begin{array}{r} 1\,3\,2 \\ 6\,)\overline{7\,9\,2} \\ \underline{6} \\ 1\,9 \\ \underline{1\,8} \\ 1\,2 \\ \underline{1\,2} \\ 0 \end{array}$$

3 (1) 584÷4=146 (2) 327÷9=36

4 (전체 색종이의 수)
÷(한 사람에게 나누어 주는 색종이의 수)
=210÷5=42(명)

개념책 58쪽 | 개념 ❽

예제 1 (위에서부터)
(1) 2, 6, 0 / 2, 0, 6, 0 / 2, 0, 1, 6, 3, 2
(2) 8, 1, 6, 0 / 8, 1, 1, 6, 3, 2, 1

개념책 59쪽 | 기본유형 익히기

1 (위에서부터) (1) 1, 2, 0, 5, 1, 1, 0, 4
   (2) 9, 3, 3, 6, 1, 1, 2, 1
2 (1) 113···1   (2) 102···2
   (3) 180···1   (4) 97···6
3 (위에서부터) 129, 5 / 72, 8
4 523÷4=130···3 / 130개, 3개

2 (3)
```
    1 8 0
2 ) 3 6 1
    2
  ─────
    1 6
    1 6
  ─────
      1
```
(4)
```
      9 7
9 ) 8 7 9
    8 1
  ─────
      6 9
      6 3
  ─────
        6
```

3 908÷7=129···5, 656÷9=72···8

4 (전체 밤의 수)÷(상자의 수)=523÷4=130···3
  따라서 밤을 한 상자에 130개씩 담을 수 있고 3개가
  남습니다.

개념책 60쪽 | 개념 ❾

예제 1 (1) 2, 5 / 2, 5   (2) 2, 5, 19
예제 2 (1) 3, 18, 18, 5, 23 / ○
       (2) 14, 70, 70, 3, 73 / ×

개념책 61쪽 | 기본유형 익히기

1 3, 2 / 2
2 5×7=35, 35+1=36
3 (1) 4, 6 / 4, 6, 42   (2) 13, 3 / 13, 3, 55
4 (1) 15···1 / 2×15=30, 30+1=31
  (2) 27···2 / 3×27=81, 81+2=83

개념책 62~63쪽 | 연산 PLUS

1 17	2 210	3 62
4 163	5 29	6 73
7 109	8 43	9 16
10 12	11 84	12 197

13 13···4 / 5×13=65, 65+4=69
14 65···5 / 9×65=585, 585+5=590
15 25···1 / 2×25=50, 50+1=51
16 143···3 / 4×143=572, 572+3=575
17 12···6 / 7×12=84, 84+6=90
18 208···2 / 3×208=624, 624+2=626

개념책 64~65쪽 | 실전유형 다지기

✎ 서술형 문제는 풀이를 꼭 확인하세요.

1 (1) 23   (2) 13···2   (3) 367   (4) 38···8
2 140
3
```
      1 3
5 ) 6 8
    5
  ─────
    1 8
    1 5
  ─────
      3
```
4 (선 잇기 그림)
5 ⑤   6 13개
✎7 풀이 참조   8 ㉣, ㉢, ㉡, ㉠
9 85÷3=28···1 / 28 / 1
10 55개, 2개   11 수진
12 16봉지   13 27

3 나머지는 나누는 수보다 항상 작아야 합니다.
  18에는 5가 3번 들어갈 수 있으므로 몫은 13입니다.

4 ·23÷5=4···3 / 확인: 5×4=20, 20+3=23
  ·56÷3=18···2 / 확인: 3×18=54, 54+2=56
  ·73÷4=18···1 / 확인: 4×18=72, 72+1=73

5 84÷7=12
  ① 52÷4=13   ② 78÷6=13   ③ 34÷2=17
  ④ 72÷4=18   ⑤ 96÷8=12

6 (필요한 봉지의 수)=65÷5=13(개)

7 선호 **❶**

예 계산 결과가 맞는지 확인하는 방법을 이용하면
선호는 $5 \times 15 = 75$, $75 + 3 = 78$이고
민아는 $5 \times 14 = 70$, $70 + 4 = 74$이므로 선호가 바르게 계산했습니다. **❷**

채점 기준
❶ 바르게 계산한 사람 쓰기
❷ 이유 쓰기

8 ㉠ $348 \div 4 = 87$ ㉡ $646 \div 5 = 129 \cdots 1$
ㄷ $308 \div 3 = 102 \cdots 2$ ㄹ $712 \div 7 = 101 \cdots 5$
⇨ 나머지의 크기를 비교하면 $5 > 2 > 1 > 0$입니다.
      ㄹ ㄷ ㄴ ㄱ

9 $3 \times 28 = 84$, $84 + 1 = 85$

⇨ $85 \div 3 = 28 \cdots 1$
따라서 몫은 28이고, 나머지는 1입니다.

10 $167 \div 3 = 55 \cdots 2$
따라서 사과를 한 상자에 55개씩 담을 수 있고 2개가 남습니다.

11 $62 \div 5 = 12 \cdots 2$
• 정연: 몫은 12이므로 10보다 큽니다.
• 새한: 나머지가 2이므로 나누어떨어지지 않습니다.

12 (전체 토마토의 수)$= 45 \times 3 = 135$(개)
⇨ $135 \div 8 = 16 \cdots 7$이므로 토마토는 16봉지까지 팔 수 있습니다.

13 어떤 수를 □라 하면 □$\div 6 = 4 \cdots 3$입니다.
계산 결과가 맞는지 확인하는 방법을 이용하면
$6 \times 4 = 24$, $24 + 3 = 27$이므로 □$= 27$입니다.
따라서 어떤 수는 27입니다.

개념책 66~67쪽	응용유형 **다잡기**

예제1 ❶ 96   ❷ 14
유제1 26개
예제2 ❶ 12   ❷ 19   ❸ 31
유제2 33개
예제3 ❶ 3, 108   ❷ 36   ❸ 12
유제3 12 / 3
예제4 ❶ 크게, 작게   ❷ 54, 2, 27
유제4 96, 3, 32

예제1 ❶ (전체 연필의 수)$= 12 \times 8 = 96$(자루)
❷ $96 \div 7 = 13 \cdots 5$
⇨ 연필을 남는 것 없이 모두 꽂으려면 연필 꽂이는 적어도 $13 + 1 = 14$(개) 필요합니다.

유제1 (전체 장미의 수)$= 8 \times 16 = 128$(송이)
⇨ $128 \div 5 = 25 \cdots 3$
따라서 장미를 남는 것 없이 모두 꽂으려면 꽃병은 적어도 $25 + 1 = 26$(개) 필요합니다.

예제2 ❶ $96 \div 8 = 12$(개)
❷ (8개씩 나누어 담고 남은 사과 수)
$= 210 - 96 = 114$(개)
⇨ $114 \div 6 = 19$(개)
❸ $12 + 19 = 31$(개)

유제2 (7개씩 나누어 담은 봉지 수)$= 112 \div 7 = 16$(개)
(7개씩 나누어 담고 남은 오렌지 수)
$= 197 - 112 = 85$(개)
⇨ (5개씩 나누어 담은 봉지 수)
$= 85 \div 5 = 17$(개)
따라서 오렌지를 담은 봉지는 모두
$16 + 17 = 33$(개)입니다.

예제3 ❷ ■ $= 108 \div 3 = 36$
❸ 바르게 계산하면 $36 \div 3 = 12$이므로 몫은 12입니다.

유제3 어떤 수를 □라 하면 잘못 계산한 식은
□$\div 9 = 7$입니다.
⇨ □$= 9 \times 7 = 63$이므로 어떤 수는 63입니다.
따라서 바르게 계산하면 $63 \div 5 = 12 \cdots 3$이므로
몫은 12, 나머지는 3입니다.

예제4 **비법** 몫이 가장 큰 나눗셈식

몫이 가장 큰 (몇십몇)$\div$(몇)
⇨ (가장 큰 몇십몇)$\div$(가장 작은 몇)

❷ $5 > 4 > 2$이므로 가장 큰 몇십몇은 54, 가장 작은 몇은 2입니다.
⇨ $54 \div 2 = 27$

유제4 몫이 가장 크게 되려면 나누어지는 수는 가장 크게, 나누는 수는 가장 작게 만듭니다.
$9 > 6 > 3$이므로 가장 큰 몇십몇은 96, 가장 작은 몇은 3입니다.
⇨ $96 \div 3 = 32$

| 개념책 68~70쪽 | 단원 마무리 |

🖊 서술형 문제는 풀이를 꼭 확인하세요.

1 30
2 (위에서부터) 1, 0, 3, 7, 2, 4, 2, 1, 3
3 12
4 190
5 13 / 3
6 12…4 / 7×12=84, 84+4=88
7 20
8 >
9 ㉠, ㉣
10 ④
11 101
12 ㉢, ㉡, ㉠, ㉣
13 79봉지, 4개
14 13 cm
15 85개
16 34일
17 15 / 2
🖊**18** 풀이 참조
🖊**19** 12명
🖊**20** 19

7 68÷2=34, 42÷3=14
⇨ 34−14=20

8 60÷4=15, 84÷7=12
⇨ 15>12

9 ㉠ 72÷6=12   ㉡ 68÷6=11…2
㉢ 88÷6=14…4   ㉣ 96÷6=16
따라서 6으로 나누었을 때 나누어떨어지는 수는 ㉠,
㉣입니다.

10 나머지가 5가 되려면 나누는 수가 5보다 커야 합니다.
④ ■÷3은 나누는 수가 3이므로 나머지가 5가 될 수
없습니다.

11 계산 결과가 맞는지 확인하는 방법을 이용하면
8×12=96, 96+5=101이므로 □=101입니다.

12 ㉠ 35÷3=11…2   ㉡ 53÷2=26…1
㉢ 78÷6=13   ㉣ 94÷9=10…4
⇨ 나머지: ㉢ 0<㉡ 1<㉠ 2<㉣ 4

13 478÷6=79…4이므로 사탕을 79봉지에 담을 수 있고
4개가 남습니다.

14 정사각형은 네 변의 길이가 모두 같으므로 정사각형의
한 변은 전체 철사의 길이를 4로 나눈 몫과 같습니다.
⇨ (정사각형의 한 변)=52÷4=13(cm)

15 구슬의 수를 □개라 하고 나눗셈식을 만들면
□÷6=14…1입니다.
계산 결과가 맞는지 확인하는 방법을 이용하면
6×14=84, 84+1=85이므로 구슬은 모두 85개
입니다.

16 (전체 동화책의 쪽수)=9×15=135(쪽)
⇨ 135÷4=33…3이므로 동생이 하루에 4쪽씩 읽
으면 모두 읽는 데 적어도 33+1=34(일)이 걸립
니다.

17 어떤 수를 □라 하면 잘못 계산한 식은
□×5=235입니다.
⇨ □=235÷5=47이므로 어떤 수는 47입니다.
따라서 바르게 계산하면 47÷3=15…2이므로 몫은
15, 나머지는 2입니다.

🖊**18** 예 나머지 10이 나누는 수 6보다 크므로 잘못 계산했
습니다.」❶

```
      1 2 1
  6 ) 7 3 0
      6
      1 3
      1 2
        1 0
         6
         4 」❷
```

채점 기준	
❶ 잘못 계산한 곳을 찾아 이유 쓰기	2점
❷ 바르게 계산하기	3점

🖊**19** 예 전체 색연필의 수를 한 명에게 나누어 주는 색연필
의 수로 나누면 되므로 60÷5를 계산합니다.」❶
따라서 60÷5=12이므로 12명에게 나누어 줄 수 있
습니다.」❷

채점 기준	
❶ 문제에 알맞은 나눗셈식 만들기	2점
❷ 색연필을 몇 명에게 나누어 줄 수 있는지 구하기	3점

🖊**20** 예 몫이 가장 크게 되려면 나누어지는 수는 가장 크
게, 나누는 수는 가장 작게 만듭니다.」❶
7>6>4이므로 가장 큰 몇십몇은 76, 가장 작은 몇
은 4입니다.
따라서 몫이 가장 큰 나눗셈은 76÷4=19이므로 몫
은 19입니다.」❷

채점 기준	
❶ 몫이 가장 큰 나눗셈식 만드는 방법 알기	2점
❷ 몫이 가장 큰 나눗셈의 몫 구하기	3점

3. 원

개념책 74쪽 | 개념 ❶

예제 1 예

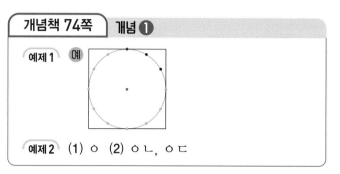

예제 2 (1) ㅇ (2) ㅇㄴ, ㅇㄷ

예제 1 원의 중심에 자의 눈금 0을 맞추고 같은 거리에 있는 점을 여러 개 찍은 다음 점들을 이어 원을 그립니다.

개념책 75쪽 | 기본유형 익히기

1 / 1

2 예 / 같습니다

3 (1) 4 (2) 3   4 가

1 • 원 위의 점까지의 길이가 모두 같도록 원의 가장 안쪽에 있는 점을 찾으면 점 ㄷ입니다.
  • 한 원에는 원의 중심이 1개 있습니다.

2 • 위치나 방향에 관계없이 원의 중심과 원 위의 한 점을 잇는 선분을 3개 긋습니다.
  • 한 원에서 반지름은 길이가 모두 같습니다.

3 (1) 원의 반지름은 원의 중심과 원 위의 한 점을 이은 선분이므로 4 cm입니다.
  (2) 원의 반지름은 원의 중심과 원 위의 한 점을 이은 선분이므로 3 cm입니다.

4 누름 못과 연필을 넣는 구멍 사이의 거리를 가깝게 하면 원을 더 작게 그릴 수 있습니다.

개념책 76쪽 | 개념 ❷

예제 1 (1) ③ (2) 중심 (3) ③
예제 2 (1) ㅇㄱ 또는 ㅇㄴ (2) ㄱㄴ, 6 (3) 2

예제 1 (1) 원 위의 두 점을 이은 선분 중 원의 중심을 지나는 선분의 길이가 가장 깁니다.
  (3) 원 위의 두 점을 이은 선분 중 길이가 가장 긴 선분이 원의 지름입니다.

예제 2 (3) 3×2＝6이므로 원의 지름은 반지름의 2배입니다.

개념책 77쪽 | 기본유형 익히기

1 지름 / 지름   2 (1) ㉡ (2) ㉣
3 3, 3 / 같습니다   4 (1) 8 (2) 5

2 (1) 원 위의 두 점을 이은 선분 중 원의 중심을 지나는 선분은 ㉡입니다.
  (2) 원 위의 두 점을 이은 선분 중 원의 중심을 지나는 선분은 ㉣입니다.

4 (1) (지름)＝(반지름)×2 ⇨ 4×2＝8(cm)
  (2) (반지름)＝(지름)÷2 ⇨ 10÷2＝5(cm)

개념책 78쪽 | 개념 ❸

예제 1 (순서대로) ㅇ, 2, ㅇ /

개념책 79쪽 | 기본유형 익히기

1 점 ㄴ

2 ( )(○)( )( )

3

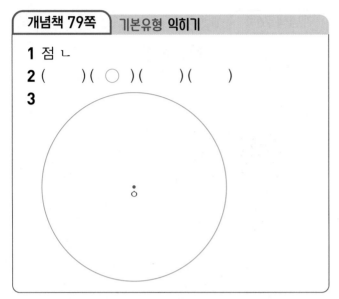

2 컴퍼스의 침과 연필심 사이를 3 cm만큼 벌린 것을 찾습니다.

3 컴퍼스의 침과 연필심 사이를 주어진 선분의 길이만큼 벌린 다음 컴퍼스의 침을 점 ㅇ에 꽂고 원을 그립니다.

참고 주어진 선분의 길이를 자로 재어 원을 그릴 수도 있습니다.

개념책 80쪽 | 개념 ❹

예제 1 (1) 3, 같습니다 (2) 같고, 1 (3) 2, 1

개념책 81쪽 | 기본유형 익히기

1

2 ( )(○)

3

4

---

3 자로 정사각형을 그리고, 정사각형의 네 꼭짓점을 원의 중심으로 하는 원의 일부분을 4개 그리면 주어진 모양과 똑같이 그릴 수 있습니다.

4 왼쪽에서 세 번째 원의 반지름이 모눈 3칸이므로 반지름이 모눈 3+1=4(칸)인 원을 1개 더 그립니다.

개념책 82~83쪽 | 실전유형 다지기

✎ 서술형 문제는 풀이를 꼭 확인하세요.

1 예

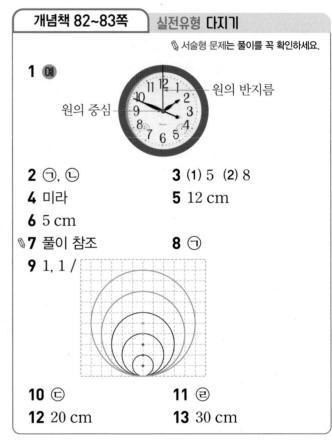

원의 중심 ──── 원의 반지름

2 ㉠, ㉡   **3** (1) 5 (2) 8
4 미라   **5** 12 cm
6 5 cm
✎**7** 풀이 참조   **8** ㉠
9 1, 1 /

10 ㉢   **11** ㉣
12 20 cm   **13** 30 cm

4 미라: 선분 ㄴㅁ을 원의 지름이라고 하고 지름은 무수히 많이 그을 수 있습니다.

5 (지름)=(반지름)×2 ⇨ 6×2=12(cm)

6 컴퍼스를 이용하여 원을 그릴 때, 컴퍼스의 침과 연필심 사이의 거리는 원의 반지름과 같습니다.
따라서 그린 원의 반지름은 5 cm입니다.

✎**7** 예

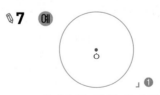

컴퍼스를 원의 반지름인 1 cm만큼 벌린 다음 컴퍼스의 침을 점 ㅇ에 꽂고 원을 그립니다.」❷

채점 기준
❶ 지름이 2 cm인 원 그리기
❷ 원을 그린 방법 설명하기

8 원의 반지름 또는 지름이 길수록 원의 크기가 더 크므로 지름을 비교해 봅니다.
㉠ $5 \times 2 = 10$(cm)　㉡ 9 cm
따라서 ㉠이 더 큽니다.

10 ㉠ 원의 중심은 같게 하고, 원의 반지름만 다르게 하여 그린 것입니다.
㉡ 원의 중심과 반지름을 모두 다르게 하여 그린 것입니다.

11

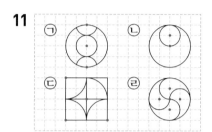

　㉠ 3군데　㉡ 2군데　㉢ 4군데　㉣ 5군데

12 큰 원의 반지름은 8 cm이고, 작은 원의 지름은 $6 \times 2 = 12$(cm)입니다.
➡ (선분 ㄱㄷ) = (큰 원의 반지름) + (작은 원의 지름)
　　　　　 = $8 + 12 = 20$(cm)

13 삼각형의 세 변의 길이의 합은 한 원의 반지름의 6배입니다.
➡ (삼각형의 세 변의 길이의 합) = $5 \times 6 = 30$(cm)

개념책 84~85쪽　　응용유형 다잡기

예제1 ❶ 커집니다　❷ ㉠
유제1 ㉠
예제2 ❶ 10　　❷ 10　　❸ 5
유제2 3 cm
예제3 ❶ 36　　❷ 12　　❸ 96
유제3 80 cm
예제4 ❶ 16　　❷ 같습니다　❸ 8
유제4 13 cm

예제1 ❷ 컴퍼스의 침과 연필심 사이를 가장 많이 벌려야 하는 원은 크기가 가장 큰 원입니다.
지름을 비교하면
㉠ 10 cm　㉡ $4 \times 2 = 8$(cm)　㉢ 6 cm이므로 가장 많이 벌려야 하는 원은 ㉠입니다.

유제1 컴퍼스의 침과 연필심 사이를 가장 적게 벌려야 하는 원은 크기가 가장 작은 원입니다.
지름을 비교하면
㉠ 7 cm　㉡ 15 cm　㉢ $5 \times 2 = 10$(cm)이므로 가장 적게 벌려야 하는 원은 ㉠입니다.

예제2 ❶ 큰 원의 반지름은 큰 원의 지름의 반입니다.
　　　➡ $20 \div 2 = 10$(cm)
❷ (작은 원의 지름) = (큰 원의 반지름) = 10 cm
❸ (선분 ㄱㄴ) = $10 \div 2 = 5$(cm)

유제2 • (중간 원의 지름) = (가장 큰 원의 반지름)
　　　　　　　　　　 = 12 cm
• (중간 원의 반지름) = $12 \div 2 = 6$(cm)
• (가장 작은 원의 지름) = (중간 원의 반지름)
　　　　　　　　　　　 = 6(cm)
➡ (선분 ㄱㄴ) = $6 \div 2 = 3$(cm)

예제3 ❶ 직사각형의 가로는 원의 반지름을 6배 한 것과 같습니다. ➡ $6 \times 6 = 36$(cm)
❷ 직사각형의 세로는 원의 반지름을 2배 한 것과 같습니다. ➡ $6 \times 2 = 12$(cm)
❸ (직사각형의 네 변의 길이의 합)
　 = $36 + 12 + 36 + 12 = 96$(cm)

유제3 • 직사각형의 가로는 원의 반지름을 4배 한 것과 같습니다. ➡ $5 \times 4 = 20$(cm)
• 직사각형의 세로는 원의 반지름을 4배 한 것과 같습니다. ➡ $5 \times 4 = 20$(cm)
따라서 직사각형의 네 변의 길이의 합은
$20 + 20 + 20 + 20 = 80$(cm)입니다.

다른풀이 주어진 직사각형은 한 변이 (원의 반지름)×4인 정사각형이라고 할 수 있습니다.
(정사각형의 한 변) = $5 \times 4 = 20$(cm)
➡ (정사각형의 네 변의 길이의 합) = $20 \times 4 = 80$(cm)

예제4 ❶ $25 - 9 = 16$(cm)
❷ 선분 ㅇㄱ과 선분 ㅇㄴ은 원의 반지름으로 길이가 같습니다.
❸ $16 \div 2 = 8$(cm)

유제4 선분 ㅇㄱ와 선분 ㅇㄴ의 길이의 합은
$38 - 12 = 26$(cm)이고, 선분 ㅇㄱ과 선분 ㅇㄴ은 원의 반지름으로 길이가 같습니다.
따라서 원의 반지름은 $26 \div 2 = 13$(cm)입니다.

개념책 86~88쪽 **단원 마무리**

🖉 서술형 문제는 풀이를 꼭 확인하세요.

1 (왼쪽부터) 중심, 지름, 반지름

2 3 **3** 9 cm

4 ㉠, ㉢, ㉡

5

6 20 cm **7** ㉢

8 ④

9

10 6 cm

11 ⑤

12

13

14 ㉡ **15** 정화

16

17 10 cm 🖉**18** 풀이 참조

🖉**19** 9 cm 🖉**20** 19 cm

6 (반지름)＝(지름)÷2
⇨ 40÷2＝20(cm)

7 ㉠ 원의 중심과 원의 반지름을 모두 다르게 하여 그렸습니다.
㉡ 원의 중심만 다르게 하고, 원의 반지름은 같게 하여 그렸습니다.
㉢ 원의 중심은 같게 하고, 원의 반지름만 다르게 하여 그렸습니다.
㉣ 원의 중심과 원의 반지름을 모두 다르게 하여 그렸습니다.

8 ④ 한 원 위의 두 점을 이은 선분 중에서 길이가 가장 긴 선분은 지름입니다.

9 교통 표지판의 반지름만큼 컴퍼스를 벌려서 크기가 같은 원을 그립니다.

10 컴퍼스의 침과 연필심 사이의 거리는 원의 반지름과 같으므로 3 cm입니다.
⇨ 원의 지름은 반지름의 2배이므로 3×2＝6(cm)입니다.

11 누름 못을 원의 중심으로 하여 가장 큰 원을 그리려면 누름 못에서 거리가 가장 먼 곳에 연필을 넣어야 합니다.

14 원의 반지름 또는 지름이 짧을수록 원의 크기가 더 작으므로 지름을 비교해 봅니다.
㉠ 4×2＝8(cm) ㉡ 5 cm
㉢ 3×2＝6(cm) ㉣ 7 cm
⇨ 5<6<7<8이므로 크기가 가장 작은 원은 ㉡입니다.

17 선분 ㅇㄱ과 선분 ㅇㄴ의 길이의 합은
34−14＝20(cm)이고, 선분 ㅇㄱ과 선분 ㅇㄴ은 원의 반지름으로 길이가 같습니다.
따라서 원의 반지름은 20÷2＝10(cm)입니다.

🖉**18** 예 컴퍼스 침과 연필심 사이를 2 cm만큼 벌리지 않았습니다. ❶

채점 기준	
❶ 잘못된 부분 설명하기	5점

🖉**19** 예 큰 원의 지름은 작은 원의 반지름의 4배입니다. ❶
따라서 작은 원의 반지름은 36÷4＝9(cm)입니다. ❷

채점 기준	
❶ 큰 원의 지름과 작은 원의 반지름 사이의 관계 알기	3점
❷ 작은 원의 반지름 구하기	2점

🖉**20** 예 작은 원의 반지름은 3 cm이고, 큰 원의 지름은 8×2＝16(cm)입니다. ❶
따라서 선분 ㄱㄷ은 작은 원의 반지름과 큰 원의 지름의 합이므로 3＋16＝19(cm)입니다. ❷

채점 기준	
❶ 작은 원의 반지름과 큰 원의 지름 각각 구하기	3점
❷ 선분 ㄱㄷ의 길이 구하기	2점

4. 분수

개념책 92쪽 개념 ❶

예제1 (1) 1 (2) 1, $\frac{1}{4}$

예제2 2, $\frac{2}{3}$

개념책 93쪽 기본유형 익히기

1 5, 3 / $\frac{3}{5}$ **2** (1) $\frac{1}{3}$ (2) $\frac{3}{4}$

3 7 / $\frac{3}{7}$ **4** (1) $\frac{1}{5}$ (2) $\frac{2}{5}$

2 (1) 색칠한 부분은 3묶음 중에서 1묶음이므로 전체의 $\frac{1}{3}$ 입니다.

(2) 색칠한 부분은 4묶음 중에서 3묶음이므로 전체의 $\frac{3}{4}$ 입니다.

3 6은 7묶음 중에서 3묶음이므로 14의 $\frac{3}{7}$ 입니다.

4 15를 3씩 묶으면 5묶음이 됩니다.

(1) 3은 5묶음 중에서 1묶음이므로 15의 $\frac{1}{5}$ 입니다.

(2) 6은 5묶음 중에서 2묶음이므로 15의 $\frac{2}{5}$ 입니다.

개념책 94쪽 개념 ❷

예제1 (1) 예

(2) $\frac{1}{2}$, 4 / 4

예제2 (1) 예

(2) 2, 5 / 10

예제2 (2) 12의 $\frac{1}{6}$ 은 12를 똑같이 6묶음으로 나눈 것 중의 1묶음이므로 2이고, $\frac{5}{6}$ 는 $\frac{1}{6}$ 이 5개입니다.

➡ 12의 $\frac{5}{6}$ 는 2×5＝10입니다.

개념책 95쪽 기본유형 익히기

1 예

(1) 2 (2) 4

2 (1) 4 (2) 12

3 (1) 9 (2) 3 (3) 12 (4) 4

1 별 10개를 똑같이 5묶음으로 나누면 1묶음은 2개입니다.

(1) 10을 똑같이 5묶음으로 나눈 것 중의 1묶음은 2입니다.

(2) 10을 똑같이 5묶음으로 나눈 것 중의 2묶음은 4입니다.

2 (1) 16을 똑같이 4묶음으로 나눈 것 중의 1묶음은 4입니다.

(2) 16을 똑같이 4묶음으로 나눈 것 중의 3묶음은 12입니다.

3 (1) 18을 똑같이 2묶음으로 나눈 것 중의 1묶음은 9입니다.

(2) 18을 똑같이 6묶음으로 나눈 것 중의 1묶음은 3입니다.

(3) 18을 똑같이 3묶음으로 나눈 것 중의 2묶음은 12입니다.

(4) 18을 똑같이 9묶음으로 나눈 것 중의 2묶음은 4입니다.

개념책 96쪽　개념 ❸

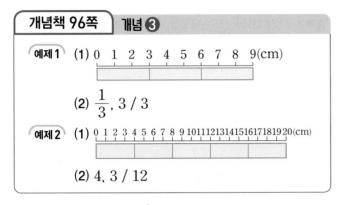

예제 1　(1) 0 1 2 3 4 5 6 7 8 9(cm)

(2) $\frac{1}{3}$, 3 / 3

예제 2　(1) 0 1 2 3 4 5 6 7 8 9 10 11 12 13 14 15 16 17 18 19 20(cm)

(2) 4, 3 / 12

예제 2　(2) 20 cm의 $\frac{1}{5}$은 20 cm를 똑같이 5부분으로

나눈 것 중의 1부분이므로 4 cm이고, $\frac{3}{5}$은 $\frac{1}{5}$

이 3개입니다.

⇨ 20 cm의 $\frac{3}{5}$은 4×3＝12(cm)입니다.

개념책 97쪽　기본유형 익히기

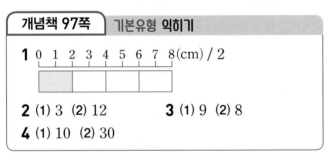

1　0 1 2 3 4 5 6 7 8(cm) / 2

2　(1) 3　(2) 12　　　3　(1) 9　(2) 8

4　(1) 10　(2) 30

1　8 cm를 똑같이 4부분으로 나눈 것 중의 1부분을 색칠합니다.

⇨ 8 cm를 똑같이 4부분으로 나눈 것 중의 1부분은 2 cm입니다.

2　(1) 15 cm를 똑같이 5부분으로 나눈 것 중의 1부분은 3 cm입니다.

(2) 15 cm를 똑같이 5부분으로 나눈 것 중의 4부분은 12 cm입니다.

3　(1) 12 m를 똑같이 4부분으로 나눈 것 중의 3부분은 9 m입니다.

(2) 12 m를 똑같이 6부분으로 나눈 것 중의 4부분은 8 m입니다.

4　1 m＝100 cm입니다.

(1) 100 cm를 똑같이 10부분으로 나눈 것 중의 1부분은 10 cm입니다.

(2) 100 cm를 똑같이 10부분으로 나눈 것 중의 3부분은 30 cm입니다.

개념책 98~99쪽　실전유형 다지기

✎ 서술형 문제는 풀이를 꼭 확인하세요.

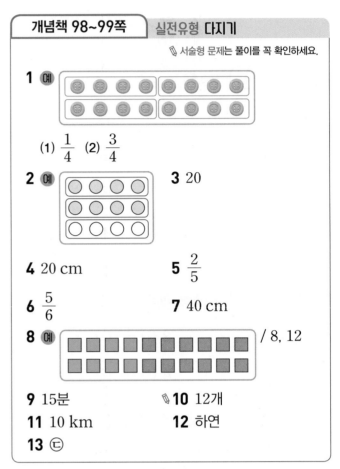

1　예

(1) $\frac{1}{4}$　(2) $\frac{3}{4}$

2　예　　　　　　　　　　3　20

4　20 cm　　　　　　　　5　$\frac{2}{5}$

6　$\frac{5}{6}$　　　　　　　　　7　40 cm

8　예　　　　　　　　　　/ 8, 12

9　15분　　　　✎10　12개

11　10 km　　　　12　하연

13　㉢

1　16을 4씩 묶으면 4묶음이 됩니다.

(1) 4는 4묶음 중에서 1묶음이므로 16의 $\frac{1}{4}$입니다.

(2) 12는 4묶음 중에서 3묶음이므로 16의 $\frac{3}{4}$입니다.

2　12를 똑같이 3묶음으로 나눈 것 중의 2묶음을 색칠합니다.

3　28을 똑같이 7묶음으로 나눈 것 중의 5묶음은 20입니다.

4　1 m＝100 cm입니다.

100 cm를 똑같이 5부분으로 나눈 것 중의 1부분은 20 cm입니다.

5　15를 3씩 묶으면 5묶음이 됩니다.

따라서 6은 5묶음 중에서 2묶음이므로 15의 $\frac{2}{5}$입니다.

6　60 cm를 10 cm씩 나누면 6부분이 됩니다.

따라서 50 cm는 6부분 중에서 5부분이므로 60 cm의 $\frac{5}{6}$입니다.

7　60 cm를 똑같이 6부분으로 나눈 것 중의 4부분은 40 cm입니다.

8 • 초록색: 20을 똑같이 5묶음으로 나눈 것 중의 2묶음
이므로 8개입니다.
• 주황색: 20을 똑같이 5묶음으로 나눈 것 중의 3묶음
이므로 12개입니다.

9 60분을 똑같이 4부분으로 나눈 것 중의 1부분은 15분
입니다.
따라서 은지가 책을 읽은 시간은 15분입니다.

10 ❶ 예 21을 똑같이 7묶음으로 나눈 것 중의 3묶음은
9이므로 친구에게 준 초콜릿은 9개입니다.
❷ 예 남은 초콜릿은 21−9＝12(개)입니다.

11 집에서 학교까지의 거리는 15 km의 $\frac{1}{3}$이므로
15 km를 똑같이 3부분으로 나눈 것 중의 1부분은
5 km입니다.
따라서 학교에서 우체국까지의 거리는
15−5＝10(km)입니다.

다른 풀이 집에서 학교까지의 거리는 15 km의 $\frac{1}{3}$이므로 학

교에서 우체국까지의 거리는 15 km의 $\frac{2}{3}$입니다.

따라서 학교에서 우체국까지의 거리는 15 km를 똑같이 3부
분으로 나눈 것 중의 2부분이므로 10 km입니다.

12 • 하연: 10의 $\frac{4}{5}$는 8 ⇨ 8개

• 은우: 10의 $\frac{7}{10}$은 7 ⇨ 7개

따라서 8＞7이므로 송편을 더 많이 먹은 사람은 하연
입니다.

13 © 18을 6씩 묶으면 3묶음이 되고, 12는 3묶음 중에
서 2묶음이므로 18의 $\frac{2}{3}$입니다.

개념책 100쪽 **개념 ❹**

예제1 4 / $\frac{6}{6}$ / $\frac{7}{6}$

예제2 (1) $\frac{3}{5}$, $\frac{4}{5}$, $\frac{5}{5}$, $\frac{6}{5}$

(2) $\frac{1}{5}$, $\frac{2}{5}$, $\frac{3}{5}$, $\frac{4}{5}$

/ $\frac{5}{5}$, $\frac{6}{5}$, $\frac{7}{5}$, $\frac{8}{5}$, $\frac{9}{5}$, $\frac{10}{5}$

예제1 • $\frac{1}{6}$이 4개이므로 $\frac{4}{6}$입니다.

• $\frac{1}{6}$이 6개이므로 $\frac{6}{6}$입니다.

• $\frac{1}{6}$이 7개이므로 $\frac{7}{6}$입니다.

예제2 (1) 분모는 모두 5이고, 분자는 1씩 커집니다.
(2) • 진분수는 분자가 분모보다 작은 분수이므로
$\frac{1}{5}$, $\frac{2}{5}$, $\frac{3}{5}$, $\frac{4}{5}$입니다.
• 가분수는 분자가 분모와 같거나 분모보다 큰 분
수이므로 $\frac{5}{5}$, $\frac{6}{5}$, $\frac{7}{5}$, $\frac{8}{5}$, $\frac{9}{5}$, $\frac{10}{5}$입니다.

개념책 101쪽 **기본유형 익히기**

1 (1) $\frac{2}{3}$ / 진 (2) $\frac{4}{3}$ / 가

2

$\frac{3}{11}$ $\frac{8}{7}$ $\frac{17}{10}$ $\frac{5}{8}$ $\frac{7}{7}$ $\frac{6}{9}$

3 $\frac{2}{2}$ / $\frac{4}{4}$ / $\frac{8}{8}$ **4** $\frac{1}{3}$, $\frac{2}{3}$

1 (1) $\frac{1}{3}$이 2개이므로 $\frac{2}{3}$이고, $\frac{2}{3}$는 분자가 분모보다
작은 분수이므로 진분수입니다.

(2) $\frac{1}{3}$이 4개이므로 $\frac{4}{3}$이고, $\frac{4}{3}$는 분자가 분모보다
큰 분수이므로 가분수입니다.

2 • 진분수는 분자가 분모보다 작은 분수이므로
$\frac{3}{11}$, $\frac{5}{8}$, $\frac{6}{9}$입니다.

• 가분수는 분자가 분모와 같거나 분모보다 큰 분수이
므로 $\frac{8}{7}$, $\frac{17}{10}$, $\frac{7}{7}$입니다.

3 자연수 1을 분수로 나타내면 분자와 분모가 같습니다.

4 분모가 3이고, 분자가 3보다 작은 분수를 모두 쓰면
$\frac{1}{3}$, $\frac{2}{3}$입니다.

예제1 $1\dfrac{1}{2}$

예제2 (1) $\dfrac{8}{3}$ (2) $2\dfrac{5}{6}$

예제2 (1) $2\dfrac{2}{3}$ ⇨ $\dfrac{6}{3}$과 $\dfrac{2}{3}$ ⇨ $\dfrac{8}{3}$

(2) $\dfrac{17}{6}$ ⇨ $\dfrac{12}{6}$와 $\dfrac{5}{6}$ ⇨ $2\dfrac{5}{6}$

1 $2\dfrac{5}{8}$

2 $1\dfrac{4}{9}$ $\dfrac{1}{5}$ $2\dfrac{3}{7}$ $\dfrac{6}{6}$ $\dfrac{9}{8}$ $4\dfrac{7}{10}$

3 (1) $\dfrac{14}{9}$ (2) $2\dfrac{1}{6}$ (3) $\dfrac{23}{8}$ (4) $3\dfrac{1}{10}$

4

1 파이 2개와 $\dfrac{5}{8}$개를 대분수로 나타내면 $2\dfrac{5}{8}$입니다.

2 대분수는 자연수와 진분수로 이루어진 분수이므로
$1\dfrac{4}{9}$, $2\dfrac{3}{7}$, $4\dfrac{7}{10}$입니다.

3 (1) $1\dfrac{5}{9}$ ⇨ $\dfrac{9}{9}$와 $\dfrac{5}{9}$ ⇨ $\dfrac{14}{9}$

(2) $\dfrac{13}{6}$ ⇨ $\dfrac{12}{6}$와 $\dfrac{1}{6}$ ⇨ $2\dfrac{1}{6}$

(3) $2\dfrac{7}{8}$ ⇨ $\dfrac{16}{8}$과 $\dfrac{7}{8}$ ⇨ $\dfrac{23}{8}$

(4) $\dfrac{31}{10}$ ⇨ $\dfrac{30}{10}$과 $\dfrac{1}{10}$ ⇨ $3\dfrac{1}{10}$

4 • $1\dfrac{5}{7}$ ⇨ $\dfrac{7}{7}$과 $\dfrac{5}{7}$ ⇨ $\dfrac{12}{7}$

• $2\dfrac{5}{7}$ ⇨ $\dfrac{14}{7}$와 $\dfrac{5}{7}$ ⇨ $\dfrac{19}{7}$

• $3\dfrac{4}{7}$ ⇨ $\dfrac{21}{7}$과 $\dfrac{4}{7}$ ⇨ $\dfrac{25}{7}$

예제1 (1)

$\dfrac{8}{5}$

$\dfrac{6}{5}$

(2) $>$

예제2 $1\dfrac{3}{4}$ / $>$

$1\dfrac{2}{4}$

예제1 (1) 0부터 1까지 5칸으로 나누어져 있으므로 작은 눈금 한 칸의 크기는 $\dfrac{1}{5}$입니다.

$\dfrac{8}{5}$은 8칸만큼, $\dfrac{6}{5}$은 6칸만큼 ━로 나타냅니다.

(2) 수직선에 나타낸 길이를 비교하면 $\dfrac{8}{5}$이 $\dfrac{6}{5}$보다 더 길므로 $\dfrac{8}{5}>\dfrac{6}{5}$입니다.

예제2 막대 1개가 똑같이 4칸으로 나누어져 있으므로 한 칸의 크기는 $\dfrac{1}{4}$입니다.

$1\dfrac{3}{4}$은 막대 1개와 3칸만큼, $1\dfrac{2}{4}$는 막대 1개와 2칸만큼 색칠합니다.

⇨ 색칠한 부분의 넓이를 비교하면 $1\dfrac{3}{4}$이 $1\dfrac{2}{4}$보다 더 넓으므로 $1\dfrac{3}{4}>1\dfrac{2}{4}$입니다.

1 $<$

2 (1) $\dfrac{18}{7}$, $>$, $\dfrac{18}{7}$ / $>$ (2) $3\dfrac{1}{7}$, $3\dfrac{1}{7}$, $>$ / $>$

3 (1) $>$ (2) $<$ (3) $>$ (4) $=$

1 색칠한 부분의 넓이를 비교하면 $2\dfrac{1}{5}$이 $1\dfrac{2}{5}$보다 더 넓으므로 $1\dfrac{2}{5}<2\dfrac{1}{5}$입니다.

3
(1) $\overset{\lceil 17 > 13 \rceil}{\dfrac{17}{8} > \dfrac{13}{8}}$ (2) $\overset{\lceil 5 < 12 \rceil}{1\dfrac{5}{13} < 1\dfrac{12}{13}}$

(3) $\overset{\lceil 6 > 5 \rceil}{6\dfrac{1}{9} > 5\dfrac{8}{9}}$ (4) $3\dfrac{4}{15} = \dfrac{49}{15}$

---

6 가분수는 분자가 분모와 같거나 분모보다 큰 분수이므로 $\dfrac{4}{2}$, $\dfrac{4}{3}$, $\dfrac{4}{4}$입니다.

7 (1) 자연수 1을 분자가 5인 분수로 나타내면 $\dfrac{5}{5}$입니다.

(2) 자연수 1을 분모가 8인 분수로 나타내면 $\dfrac{8}{8}$이므로 자연수 2는 $\dfrac{16}{8}$입니다.

8 $3\dfrac{\square}{6} \Rightarrow \dfrac{18}{6}$과 $\dfrac{\square}{6} \Rightarrow \dfrac{23}{6}$이므로 $18 + \square = 23$입니다.
$\Rightarrow \square = 23 - 18 = 5$

다른 풀이 $\dfrac{23}{6} \Rightarrow \dfrac{18}{6}$과 $\dfrac{5}{6} \Rightarrow 3\dfrac{5}{6}$이므로 $\square = 5$입니다.

9 $\dfrac{19}{11} = 1\dfrac{8}{11}$이므로 $1\dfrac{3}{11} < 1\dfrac{8}{11} \Rightarrow 1, 1\dfrac{3}{11}, \dfrac{19}{11}$

✎**10 ❶** 예 $\dfrac{22}{9} \Rightarrow \dfrac{18}{9}$과 $\dfrac{4}{9} \Rightarrow 2\dfrac{4}{9}$

❷ 예 $3\dfrac{2}{9} > 2\dfrac{4}{9}$이므로 나무 막대와 철사 중에서 길이가 더 짧은 것은 철사입니다.

11 · $\dfrac{7}{7}$의 분모와 분자의 합: $14 \Rightarrow$ 가분수

· $\dfrac{3}{5}$의 분모와 분자의 합: $8 \Rightarrow$ 진분수

· $\dfrac{5}{9}$의 분모와 분자의 합: $14 \Rightarrow$ 진분수

따라서 조건에 맞는 분수는 $\dfrac{5}{9}$입니다.

12 (1) 분자가 분모보다 작은 분수를 모두 만듭니다.

· 분모가 5인 경우 $\Rightarrow \dfrac{3}{5}$

· 분모가 8인 경우 $\Rightarrow \dfrac{3}{8}$, $\dfrac{5}{8}$

(2) 자연수와 진분수로 이루어진 분수를 모두 만듭니다.

· 자연수가 3인 경우 $\Rightarrow 3\dfrac{5}{8}$

· 자연수가 5인 경우 $\Rightarrow 5\dfrac{3}{8}$

· 자연수가 8인 경우 $\Rightarrow 8\dfrac{3}{5}$

13 대분수를 모두 가분수로 나타내면 $1\dfrac{3}{8} = \dfrac{11}{8}$이고 $3\dfrac{3}{8} = \dfrac{27}{8}$입니다.

$\dfrac{10}{8} < \dfrac{11}{8} < \dfrac{15}{8} < \dfrac{25}{8} < \dfrac{27}{8}$이므로

$1\dfrac{3}{8}$보다 크고 $\dfrac{25}{8}$보다 작은 분수는 $\dfrac{15}{8}$입니다.

개념책 106~107쪽 실전유형 **다지기**

✎ 서술형 문제는 풀이를 꼭 확인하세요.

1
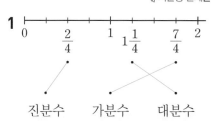

진분수   가분수   대분수

2 $\dfrac{11}{3}$ / $3\dfrac{2}{3}$ **3** 12, 9, 큽니다

4 (◯) ( )   **5** $<$

6 2, 3, 4   **7** (1) 5 (2) 16

8 5   **9** $1, 1\dfrac{3}{11}, \dfrac{19}{11}$

✎**10** 철사   **11** $\dfrac{5}{9}$

12 (1) $\dfrac{3}{5}, \dfrac{3}{8}, \dfrac{5}{8}$ (2) $3\dfrac{5}{8}, 5\dfrac{3}{8}, 8\dfrac{3}{5}$

13 $\dfrac{15}{8}$

---

1 · $\dfrac{2}{4}$: 분자가 분모보다 작은 분수 $\Rightarrow$ 진분수

· $1\dfrac{1}{4}$: 자연수와 진분수로 이루어진 분수 $\Rightarrow$ 대분수

· $\dfrac{7}{4}$: 분자가 분모보다 큰 분수 $\Rightarrow$ 가분수

2 · $\dfrac{1}{3}$이 11개이므로 가분수로 나타내면 $\dfrac{11}{3}$입니다.

· 3과 $\dfrac{2}{3}$이므로 대분수로 나타내면 $3\dfrac{2}{3}$입니다.

4 · $2\dfrac{3}{5} \Rightarrow \dfrac{10}{5}$과 $\dfrac{3}{5} \Rightarrow \dfrac{13}{5}$

· $\dfrac{11}{9} \Rightarrow \dfrac{9}{9}$와 $\dfrac{2}{9} \Rightarrow 1\dfrac{2}{9}$

5 $\overset{\lceil 5 < 6 \rceil}{4\dfrac{5}{7} < 4\dfrac{6}{7}}$

개념책 108~109쪽 응용유형 **다잡기**

예제1 ❶ 8 / 7 ❷ $\dfrac{7}{8}$ 유제1 $\dfrac{7}{9}$

예제2 ❶ $2\dfrac{2}{9}$ ❷ 1 유제2 6, 7

예제3 ❶ 3 ❷ 12 유제3 25개

예제4 ❶ $5\dfrac{2}{3}$ ❷ $\dfrac{17}{3}$ 유제4 $\dfrac{37}{8}$

예제1 ❶ 32는 4씩 묶으면 8묶음이 되고, 28은 8묶음 중에서 7묶음입니다.

❷ 사과 28개는 전체의 $\dfrac{7}{8}$입니다.

유제1 54를 6씩 묶으면 9묶음이 되고, 42는 9묶음 중에서 7묶음입니다.

따라서 감자 42개는 전체의 $\dfrac{7}{9}$입니다.

예제2 **비법**

$\bullet\dfrac{\blacktriangle}{\blacksquare} > \bullet\dfrac{\text{㉠}}{\blacksquare} \Rightarrow 0 < \text{㉠} < \blacktriangle$

❶ $\dfrac{20}{9} \Rightarrow \dfrac{18}{9}$과 $\dfrac{2}{9} \Rightarrow 2\dfrac{2}{9}$

❷ $2\dfrac{2}{9} > 2\dfrac{\text{㉠}}{9}$에서 ㉠<2인 자연수이므로 ㉠=1입니다.

유제2 **비법**

$\bullet\dfrac{\blacktriangle}{\blacksquare} < \bullet\dfrac{\text{㉠}}{\blacksquare} \Rightarrow \blacktriangle < \text{㉠} < \blacksquare$

$\dfrac{13}{8} \Rightarrow \dfrac{8}{8}$과 $\dfrac{5}{8} \Rightarrow 1\dfrac{5}{8}$

따라서 $1\dfrac{5}{8} < 1\dfrac{\text{㉠}}{8}$에서 ㉠은 5보다 크고 8보다 작은 자연수이므로 ㉠=6, 7입니다.

예제3 ❶ 처음에 있던 색 테이프를 똑같이 4부분으로 나눈 것 중의 3부분이 9 cm이므로 1부분은 9÷3=3(cm)입니다.

❷ 처음에 있던 색 테이프는 3 cm씩 4부분이므로 3×4=12(cm)입니다.

유제3 처음에 놓여 있던 딸기를 똑같이 5묶음으로 나눈 것 중의 2묶음이 10개이므로 1묶음은 10÷2=5(개)입니다.

따라서 처음에 놓여 있던 딸기는 5개씩 5묶음이므로 5×5=25(개)입니다.

예제4 **비법** 세 수로 가장 큰 대분수 만들기

세 수 ①, ②, ③이 0<①<②<③일 때,

가장 큰 대분수 $\Rightarrow$ ③$\dfrac{①}{②}$

❶ 만들 수 있는 가장 큰 대분수는 가장 큰 수인 5를 자연수 부분에 놓고, 남은 두 수로 진분수를 만들면 되므로 $5\dfrac{2}{3}$입니다.

❷ $5\dfrac{2}{3} \Rightarrow \dfrac{15}{3}$와 $\dfrac{2}{3} \Rightarrow \dfrac{17}{3}$

유제4 **비법** 세 수로 가장 작은 대분수 만들기

세 수 ①, ②, ③이 0<①<②<③일 때,

가장 작은 대분수 $\Rightarrow$ ①$\dfrac{②}{③}$

만들 수 있는 가장 작은 대분수는 가장 작은 수인 4를 자연수 부분에 놓고, 남은 두 수로 진분수를 만들면 되므로 $4\dfrac{5}{8}$입니다.

따라서 $4\dfrac{5}{8} \Rightarrow \dfrac{32}{8}$와 $\dfrac{5}{8} \Rightarrow \dfrac{37}{8}$입니다.

개념책 110~112쪽 단원 **마무리**

🖉 서술형 문제는 풀이를 꼭 확인하세요.

1 예  / $\dfrac{5}{8}$

2 6 3 15

4 $\dfrac{5}{7}$, $\dfrac{5}{6}$ 5 $\dfrac{4}{4}$, $\dfrac{16}{9}$, $\dfrac{34}{7}$

6 $2\dfrac{6}{7}$ 7 <

8 $\dfrac{1}{4}$, $\dfrac{2}{4}$, $\dfrac{3}{4}$ 9 ·

10 효민 11 2자루

12 $\dfrac{46}{9}$ 13 ㉢

14 6 m 15 4 / 4

16 $5\dfrac{6}{7}$, $6\dfrac{5}{7}$, $7\dfrac{5}{6}$ 17 1, 2

🖉18 80 cm 🖉19 $\dfrac{16}{5}$

🖉20 60장

1 24를 3씩 묶으면 8묶음이 됩니다.

15는 8묶음 중에서 5묶음이므로 24의 $\frac{5}{8}$입니다.

2 18을 똑같이 3묶음으로 나눈 것 중의 1묶음은 6입니다.

3 40 cm를 똑같이 8부분으로 나눈 것 중의 3부분은 15 cm입니다.

4 분자가 분모보다 작은 분수를 모두 찾으면

$\frac{5}{7}$, $\frac{5}{6}$입니다.

5 분자가 분모와 같거나 분모보다 큰 분수를 모두 찾으면

$\frac{4}{4}$, $\frac{16}{9}$, $\frac{34}{7}$입니다.

6 $\frac{20}{7}$ ⇨ $\frac{14}{7}$와 $\frac{6}{7}$ ⇨ $2\frac{6}{7}$

7
$\overbrace{11<18}$

$1\frac{11}{23}<1\frac{18}{23}$

8 분모가 4이고, 분자가 4보다 작은 분수를 모두 씁니다.

⇨ $\frac{1}{4}$, $\frac{2}{4}$, $\frac{3}{4}$

9 • $4\frac{5}{8}$ ⇨ $\frac{32}{8}$와 $\frac{5}{8}$ ⇨ $\frac{37}{8}$

• $3\frac{1}{8}$ ⇨ $\frac{24}{8}$와 $\frac{1}{8}$ ⇨ $\frac{25}{8}$

• $3\frac{7}{8}$ ⇨ $\frac{24}{8}$와 $\frac{7}{8}$ ⇨ $\frac{31}{8}$

10 • 지훈: $\frac{5}{5}$는 가분수입니다.

11 12의 $\frac{1}{6}$은 2이므로 동생에게 준 연필은 2자루입니다.

12 $\frac{46}{9}=5\frac{1}{9}$입니다.

따라서 $5\frac{1}{9}<5\frac{4}{9}<5\frac{8}{9}$이므로 가장 작은 분수는

$\frac{46}{9}$입니다.

13 ㉠ 16 ㉡ 10 ㉢ 24 ㉣ 12

⇨ ㉢ 24 > ㉠ 16 > ㉣ 12 > ㉡ 10

14 27의 $\frac{7}{9}$은 21이므로 수지가 사용한 리본은 21 m입니다.

따라서 남은 리본은 27 − 21 = 6(m)입니다.

15 • 45를 3씩 묶으면 15묶음이 되고, 12는 15묶음 중에서 4묶음이므로 45의 $\frac{4}{15}$입니다.

• 45를 5씩 묶으면 9묶음이 되고, 20은 9묶음 중에서 4묶음이므로 45의 $\frac{4}{9}$입니다.

16 자연수와 진분수로 이루어진 분수를 모두 만듭니다.

• 자연수가 5인 경우 ⇨ $5\frac{6}{7}$

• 자연수가 6인 경우 ⇨ $6\frac{5}{7}$

• 자연수가 7인 경우 ⇨ $7\frac{5}{6}$

17 $\frac{21}{6}=3\frac{3}{6}$입니다.

따라서 $3\frac{3}{6}>3\frac{\square}{6}$에서 $0<\square<3$이므로 $\square=1$, 2 입니다.

18 예 1 m = 100 cm입니다.」**❶**

따라서 100 cm를 똑같이 5부분으로 나눈 것 중의 4부분은 80 cm이므로 $\frac{4}{5}$ m는 80 cm입니다.」**❷**

채점 기준	
❶ 1 m = 100 cm임을 알기	2점
❷ $\frac{4}{5}$ m는 몇 cm인지 구하기	3점

19 예 분모와 분자의 합이 21인 분수는 $\frac{10}{11}$, $\frac{16}{5}$입니다.」**❶**

$\frac{10}{11}$, $\frac{16}{5}$ 중에서 가분수는 $\frac{16}{5}$이므로 분모와 분자의 합이 21인 가분수는 $\frac{16}{5}$입니다.」**❷**

채점 기준	
❶ 분모와 분자의 합이 21인 분수 구하기	3점
❷ 분모와 분자의 합이 21인 가분수 구하기	2점

20 예 처음에 있던 색종이를 똑같이 10묶음으로 나눈 것 중의 3묶음이 18장이므로 1묶음은 18 ÷ 3 = 6(장)입니다.」**❶**

따라서 처음에 있던 색종이는 6장씩 10묶음이므로 6 × 10 = 60(장)입니다.」**❷**

채점 기준	
❶ 처음에 있던 색종이를 똑같이 10묶음으로 나눈 것 중의 1묶음은 몇 장인지 구하기	3점
❷ 처음에 있던 색종이 수 구하기	2점

5. 들이와 무게

개념책 116쪽 개념 ❶

예제 1 (○)( )
예제 2 ( )(○)

예제 1 모양과 크기가 같은 그릇에 옮겨 담았을 때 물의 높이가 높을수록 들이가 더 많습니다.
따라서 주전자의 물의 높이가 더 높으므로 주전자의 들이가 더 많습니다.

예제 2 모양과 크기가 같은 컵에 옮겨 담았을 때 컵의 수가 적을수록 들이가 더 적습니다.
따라서 ㉮ 그릇은 컵 6개만큼, ㉯ 그릇은 컵 3개만큼 물이 들어가므로 ㉯ 그릇의 들이가 더 적습니다.

개념책 117쪽 기본유형 익히기

1 물병
2 요구르트병
3 ㉮, ㉯, 3
4 바가지

1 컵에 가득 채운 물을 물병에 옮겨 담았을 때 물병에 물이 가득 차지 않으므로 물병의 들이가 더 많습니다.

2 모양과 크기가 같은 그릇에 옮겨 담았을 때 물의 높이가 낮을수록 들이가 더 적습니다.
따라서 요구르트병의 물의 높이가 가장 낮으므로 요구르트병의 들이가 가장 적습니다.

3 모양과 크기가 같은 컵에 옮겨 담았을 때 컵의 수가 많을수록 들이가 더 많습니다.
㉮ 그릇은 컵 7개만큼, ㉯ 그릇은 컵 4개만큼 물이 들어갑니다.
따라서 ㉮ 그릇이 ㉯ 그릇보다 컵 7−4=3(개)만큼 들이가 더 많습니다.

4 물을 부은 횟수가 적을수록 들이가 더 많으므로 들이가 더 많은 물건은 바가지입니다.

개념책 118쪽 개념 ❷

예제 1 리터, 1000
예제 2 1, 350 / 1 리터 350 밀리리터

개념책 119쪽 기본유형 익히기

1 (1) 4 L / 4 리터
(2) 2 L 700 mL /
2 리터 700 밀리리터

2 (1) 3 (2) 300
3 (1) 5000 (2) 1250 (3) 8 (4) 6, 400
4 5800 mL

2 (1) 물의 높이가 3에 있으므로 3 L입니다.
(2) 물의 높이가 300에 있으므로 300 mL입니다.

4 냄비에 들어 있는 물은 5 L보다 800 mL 더 많으므로 5 L 800 mL=5800 mL입니다.

개념책 120쪽 개념 ❸

예제 1 ( )(○)
예제 2 (1) (○)( )( )
(2) ( )(○)( )

예제 1 • 약통은 200 mL를 기준으로 더 적게 들어갈 것 같으므로 약 150 mL라고 어림할 수 있습니다.
• 음료수 통은 200 mL가 2번쯤 들어갈 것 같으므로 약 400 mL라고 어림할 수 있습니다.

예제 2 (1) 2 L는 1 L 우유갑 2개만큼입니다. 주전자에는 1 L 우유갑으로 2번쯤 들어갈 것 같습니다.
(2) 500 mL는 500 mL 우유갑만큼입니다. 물통에는 500 mL 우유갑만큼 들어갈 것 같습니다.

개념책 121쪽 기본유형 익히기

1 예 약 800 mL
2 (1) L (2) mL
3 ㉡
4 예 약 2500 mL

1 주스 통은 1 L를 기준으로 더 적게 들어갈 것 같으므로 약 800 mL라고 어림할 수 있습니다.

2 (1) 1 mL는 아주 적은 들이이므로 기름병의 들이는 약 1 L가 적절합니다.
(2) 300 L는 1 L 우유갑 300개만큼의 들이이므로 케첩 통의 들이는 약 300 mL가 적절합니다.

3 우유갑, 물뿌리개, 항아리의 들이는 5 mL보다 많습니다.
따라서 들이가 5 mL에 가장 가까운 물건은 주사기입니다.

4 들이가 1000 mL인 컵 2개가 가득 찬 것은 약 2000 mL이고, 들이가 1000 mL인 컵 절반은 약 500 mL이므로 양동이의 들이는 약 2500 mL입니다.

개념책 122쪽 개념 ❹

예제 1   4, 800
예제 2   2, 200

개념책 123쪽 기본유형 익히기

1 3, 700   **2** 2, 200
3 (1) 3, 900 (2) 2, 300 (3) 6, 200 (4) 3, 500

1 2 L는 1 L와 더하고 300 mL는 400 mL와 더합니다.

2 3 L에서 1 L를 빼고 500 mL에서 300 mL를 뺍니다.

3 (3) 500 mL와 700 mL를 더하면 1200 mL가 되므로 1000 mL를 1 L로 받아올림합니다.
(4) 300 mL에서 800 mL를 뺄 수 없으므로 1 L를 1000 mL로 받아내림합니다.

개념책 124~125쪽 연산 PLUS

1 2 L 700 mL   **2** 4 L 800 mL
3 6 L 600 mL   **4** 6 L 900 mL
5 11 L 950 mL   **6** 13 L 800 mL
7 6 L 100 mL   **8** 9 L 300 mL
9 9 L 50 mL   **10** 10 L 130 mL

11 1 L 300 mL   **12** 2 L 700 mL
13 2 L 100 mL   **14** 3 L 600 mL
15 4 L 550 mL   **16** 1 L 550 mL
17 1 L 600 mL   **18** 2 L 400 mL
19 3 L 630 mL   **20** 1 L 850 mL

개념책 126~127쪽 실전유형 다지기

✎ 서술형 문제는 풀이를 꼭 확인하세요.

1 ④ 그릇   **2** (1) 8, 10 (2) 6005
3 (1) < (2) >   **4** (1) 종이컵 (2) 욕조
5 민서   **6** 4, 100
✎**7** 풀이 참조   **8** 3배
9 간장병   **10** 2 L 100 mL
11 윤아   **12** 소희
13 3 L 100 mL

3 (1) 6500 mL=6 L 500 mL
⇨ 6 L 500 mL<7 L
(2) 4800 mL=4 L 800 mL
⇨ 4 L 800 mL>4 L 80 mL

4 (1) 180 mL는 200 mL 우유갑보다 조금 적은 들이이므로 종이컵의 들이로 알맞습니다.
(2) 400 L는 1 L 우유갑 400개만큼의 많은 들이이므로 욕조의 들이로 알맞습니다.

5 시우: 1 L 우유갑과 들이가 비슷하면 물병의 들이는 약 1000 mL입니다.

6 1200 mL+2900 mL=4100 mL=4 L 100 mL

✎**7** 예 혁주는 목욕할 때 물을 약 14 L 사용했습니다. ❶
14 mL는 아주 적은 들이이므로 목욕할 때 사용한 물의 들이로 L가 알맞습니다. ❷

채점 기준
❶ 틀린 문장 바르게 고쳐 쓰기
❷ 이유 쓰기

참고 단위만 고친 경우뿐만 아니라 대상과 상황을 수정하여 제시한 경우에도 정답으로 인정합니다.

8 항아리는 컵 9개만큼, 물통은 컵 3개만큼 물이 들어갑니다.
따라서 항아리의 들이는 물통의 들이의 9÷3=3(배)입니다.

9 기름병의 들이를 mL로 나타내면 2 L는 2000 mL와 같으므로 2 L 50 mL는 2050 mL입니다.
따라서 2100 mL>2050 mL>2000 mL이므로 들이가 가장 많은 물건은 간장병입니다.

10 수조에 들어 있는 물은 3 L 800 mL입니다.
따라서 1 L 700 mL의 물을 덜어 내면
3 L 800 mL-1 L 700 mL=2 L 100 mL가 남습니다.

11 • 물을 부은 횟수가 많을수록 컵의 들이가 더 적습니다.
　3번<5번이므로 들이가 더 적은 컵은 ⓔ 컵입니다.
　• 냄비는 ㉮ 컵 3개만큼, 주전자는 ㉮ 컵 6개만큼 물이 들어갑니다.
　주전자의 들이는 냄비 들이의 6÷3＝2(배)입니다.

12 어림한 들이와 실제 들이의 차가 가장 작은 사람을 찾습니다.
　상민: 150 mL, 유주: 250 mL, 소희: 50 mL
　따라서 물통의 들이와 가장 가깝게 어림한 사람은 소희입니다.

13 (어제와 오늘 마신 우유의 양)
　＝1 L 300 mL＋1800 mL
　＝1 L 300 mL＋1 L 800 mL
　＝2 L 1100 mL＝3 L 100 mL

개념책 128쪽	개념 ❺
예제 1	(　　) (○)
예제 2	가위, 자, 2

예제 1　접시가 내려간 쪽의 물건이 더 무겁습니다.
　따라서 가위를 올려놓은 쪽의 접시가 내려갔으므로 가위가 더 무겁습니다.

예제 2　바둑돌의 수가 많을수록 더 무겁습니다.
　따라서 자는 바둑돌 3개, 가위는 바둑돌 5개의 무게와 같으므로 가위가 자보다 바둑돌
　5－3＝2(개)만큼 더 무겁습니다.

개념책 129쪽	기본유형 익히기
1 필통	
2 (2) (1) (3)	
3 사과	**4** 감자, 4개

1　필통을 든 쪽 손에 힘이 더 많이 들어가므로 필통이 더 무겁습니다.

2　물건을 손으로 들었을 때 힘이 조금 들수록 더 가볍습니다.
　따라서 무게가 가벼운 물건부터 차례대로 쓰면 풍선, 공책, 서랍장입니다.

3　바나나를 올려놓은 쪽의 접시가 내려갔으므로 바나나가 귤보다 더 무겁습니다.
　사과를 올려놓은 쪽의 접시가 내려갔으므로 사과가 바나나보다 더 무겁습니다.
　따라서 가장 무거운 과일은 사과입니다.

4　감자는 100원짜리 동전 15개, 양파는 100원짜리 동전 11개의 무게와 같으므로 감자가 100원짜리 동전 15－11＝4(개)만큼 더 무겁습니다.

개념책 130쪽	개념 ❻
예제 1	킬로그램, t, 톤
예제 2	1, 600 / 1 킬로그램 600 그램

개념책 131쪽	기본유형 익히기
1 (1)　2 kg 350 g　/	
2 킬로그램 350 그램	
(2)　9 t　/ 9 톤	
2 (1) 2　(2) 500	
3 (1) 7000　(2) 1450　(3) 6　(4) 3	
4 약 8000 kg	

2　(1) 저울의 바늘이 가리키는 눈금의 수와 단위를 읽습니다.
　(2) 저울에 나타난 수와 단위를 읽습니다.

4　1 t＝1000 kg이므로 트럭의 무게는 약 8 t＝8000 kg입니다.

개념책 132쪽	개념 ❼
예제 1	(○) (　　)
예제 2	(1) (　　) (○) (　　)
	(2) (　　) (　　) (○)

예제 1　• 배는 300 g을 기준으로 더 무거울 것 같으므로 약 500 g이라고 어림할 수 있습니다.
　• 레몬은 300 g을 기준으로 더 가벼울 것 같으므로 약 200 g이라고 어림할 수 있습니다.

예제2 (1) 3 kg은 1 kg 물건 3개만큼입니다. 수박의 무게는 1 kg 물건 3개만큼인 무게와 같습니다.
(2) 150 g은 달걀 3개만큼입니다. 털모자의 무게는 달걀 3개만큼인 무게와 같습니다.

개념책 133쪽 기본유형 익히기

1 예 약 900 g   **2** (1) g (2) kg
3 ㄹ
4 예 책가방, 밀가루 1포대 / 예 감자, 슬리퍼

1 동화책은 1 kg을 기준으로 더 가벼울 것 같으므로 약 900 g이라고 어림할 수 있습니다.

2 (1) 4 kg은 수박 한 통만큼의 무게이므로 바둑돌의 무게는 약 4 g이 적절합니다.
(2) 8 g은 바둑돌 2개만큼의 무게이므로 자전거의 무게는 약 8 kg이 적절합니다.

3 휴대 전화의 무게는 약 150 g, 선풍기의 무게는 약 3 kg, 가습기의 무게는 약 2 kg, 버스의 무게는 약 12 t입니다.

개념책 134쪽 개념 ⑧

예제1   4, 700
예제2   2, 300

개념책 135쪽 기본유형 익히기

1 3, 600   **2** 1, 100
3 (1) 3, 700 (2) 3, 200 (3) 8, 400 (4) 6, 600

1 2 kg은 1 kg과 더하고 400 g은 200 g과 더합니다.

2 34 kg에서 33 kg을 빼고 500 g에서 400 g을 뺍니다.

3 (3) 600 g과 800 g을 더하면 1400 g이 되므로 1000 g을 1 kg으로 받아올림합니다.
(4) 200 g에서 600 g을 뺄 수 없으므로 1 kg을 1000 g으로 받아내림합니다.

개념책 136~137쪽 연산 PLUS

1 4 kg 500 g   **2** 4 kg 800 g
3 9 kg 800 g   **4** 8 kg 900 g
5 10 kg 930 g   **6** 11 kg 800 g
7 8 kg 200 g   **8** 9 kg 200 g
9 9 kg 250 g   **10** 12 kg 140 g

11 3 kg 200 g   **12** 1 kg 500 g
13 3 kg 200 g   **14** 1 kg 200 g
15 1 kg 250 g   **16** 4 kg 50 g
17 3 kg 400 g   **18** 4 kg 700 g
19 4 kg 500 g   **20** 4 kg 350 g

개념책 138~139쪽 실전유형 다지기

✎ 서술형 문제는 풀이를 꼭 확인하세요.

1 1100   **2** (선 잇기)
3 (1) > (2) <   **4** (1) 책가방 (2) 색연필
5 ㉡   **6** 1, 600
✎**7** 풀이 참조   **8** 순우
9 연지   **10** ㉠
11 5 kg 950 g   **12** 필통, 풀, 색연필
13 4 kg 500 g

3 (1) 4300 g＝4 kg 300 g
   ⇨ 4 kg 300 g＞4 kg 200 g
(2) 5950 g＝5 kg 950 g
   ⇨ 5 kg 950 g＜6 kg 50 g

4 (1) 2 kg은 1 kg의 2배쯤 되는 무게이므로 책가방의 무게로 알맞습니다.
(2) 5 g은 바둑돌 1개만큼의 무게이므로 색연필의 무게로 알맞습니다.

5 1 kg은 1000 g임을 생각하며 무게가 1 kg보다 가벼운 것을 찾아봅니다.

6 5400 g－3800 g＝1600 g＝1 kg 600 g

7 **예** 100원짜리 동전 10개와 500원짜리 동전 10개의 무게가 다르기 때문입니다.」❶

채점 기준
❶ 잘못 비교한 이유 쓰기

8 순우: 150 kg은 한 손에 들기 무거운 무게이므로 야구공의 무게는 약 150 g이 적절합니다.

9 어림한 무게와 실제 무게의 차가 더 작은 사람을 찾습니다.
연지: 200 g, 승환: 400 g
따라서 상자의 무게와 더 가깝게 어림한 사람은 연지입니다.

10 ㉠ 4 t=4000 kg　㉡ 8500 g=8 kg 500 g
㉢ 500 kg
⇨ $\underset{㉠}{\underline{4000 \text{ kg}}} > \underset{㉢}{\underline{500 \text{ kg}}} > \underset{㉡}{\underline{8 \text{ kg } 500 \text{ g}}}$

11 (가방에 더 담을 수 있는 무게)
＝10 kg－4 kg 50 g
＝9 kg 1000 g－4 kg 50 g＝5 kg 950 g

12 ・필통 1개의 무게는 풀 2개의 무게와 같으므로 필통 1개가 풀 1개보다 더 무겁습니다.
・풀 2개의 무게는 색연필 4자루의 무게와 같으므로 풀 1개가 색연필 1자루보다 더 무겁습니다.
따라서 한 개의 무게가 무거운 것부터 차례대로 쓰면 필통, 풀, 색연필입니다.

13 (수아가 사용한 밀가루와 설탕의 무게)
＝2 kg 900 g＋1600 g
＝2 kg 900 g＋1 kg 600 g
＝3 kg 1500 g＝4 kg 500 g

개념책 140~141쪽　**응용유형 다잡기**

예제1	❶ 2250	❷ 5, 750
유제1	5 L 600 mL	
예제2	❶ 15, 200	❷ 27, 900
유제2	37 kg 200 g	
예제3	❶ 2, 600	❷ 어항, 100
유제3	수조, 300 mL	
예제4	❶ 1400	❷ 700
유제4	800 g	

예제1 ❶ (하루에 750 mL씩 3일 동안 사용한 물의 양)
＝750＋750＋750＝2250 (mL)
❷ (양동이에 남아 있는 물의 양)
＝8 L－2250 mL
＝8000 mL－2250 mL
＝5750 mL＝5 L 750 mL

유제1 (850 mL씩 4번 덜어 낸 물의 양)
＝850＋850＋850＋850＝3400 (mL)
⇨ (수조에 남아 있는 물의 양)
＝9 L－3400 mL
＝9000 mL－3400 mL
＝5600 mL＝5 L 600 mL

예제2 ❶ (연우네 가족이 오늘 딴 귤의 무게)
＝12 kg 700 g＋2 kg 500 g
＝15 kg 200 g
❷ (연우네 가족이 어제와 오늘 딴 귤의 무게)
＝12 kg 700 g＋15 kg 200 g
＝27 kg 900 g

유제2 (상호가 모은 종이의 무게)
＝15 kg 800 g＋5 kg 600 g
＝21 kg 400 g
⇨ (지혜와 상호가 모은 종이의 무게)
＝15 kg 800 g＋21 kg 400 g
＝37 kg 200 g

예제3 ❶ (대야의 들이)
＝1100 mL＋1 L 500 mL
＝1 L 100 mL＋1 L 500 mL
＝2 L 600 mL
❷ 2 L 700 mL＞2 L 600 mL이므로 어항의 들이가 2 L 700 mL－2 L 600 mL＝100 mL 더 많습니다.

유제3 (수조의 들이)
＝2800 mL＋1 L 300 mL
＝2 L 800 mL＋1 L 300 mL
＝4 L 100 mL
따라서 3 L 800 mL＜4 L 100 mL이므로 수조의 들이가 4 L 100 mL－3 L 800 mL＝300 mL 더 많습니다.

예제 4　❶ (음료수 2개의 무게)
　　　　＝1 kg 750 g－350 g
　　　　＝1 kg 400 g＝1400 g
　　　❷ 700 g＋700 g＝1400 g이므로 음료수 한 개
　　　　의 무게는 700 g입니다.

유제 4　(동화책 3권의 무게)
　　　＝3 kg 600 g－1 kg 200 g
　　　＝2 kg 400 g＝2400 g
　　　따라서 800 g＋800 g＋800 g＝2400 g이므로
　　　동화책 한 권의 무게는 800 g입니다.

개념책 142~144쪽　단원 마무리

✎ 서술형 문제는 풀이를 꼭 확인하세요.

1 음료수병　　　　　　**2** 6000

3 가위, 컴퍼스, 3　　　**4** ⑤

5 3 L 400 mL　　　　**6** 1 kg 300 g

7 9, 400　　　　　　　**8** 2, 900

9 ＞　　　　　　　　　**10** 9 L 550 mL

11 영제　　　　　　　　**12** ㉡, ㉠, ㉢

13 1 L 150 mL　　　　**14** ㉢

15 의리　　　　　　　　**16** 14 L 500 mL

17 600 g　　　　　　　✎**18** 풀이 참조

✎**19** 풀이 참조　　　　　✎**20** 수조, 300 mL

---

6 저울의 바늘이 1300 g을 가리키고 있으므로 멜론의
　　무게는 1300 g＝1 kg 300 g입니다.

7　　　　 1
　　　　 4 kg　　500 g
　　　　＋4 kg　　900 g
　　　─────────────
　　　　 9 kg　　400 g

8　　　　 8　　1000
　　　　 9 L　　700 mL
　　　　－6 L　　800 mL
　　　─────────────
　　　　 2 L　　900 mL

9 8 L 450 mL＝8450 mL
　　⇨ 8450 mL＞8045 mL

10 4300 mL＝4 L 300 mL
　　⇨ 5 L 250 mL＋4 L 300 mL＝9 L 550 mL

11 수진: 500 mL 우유갑으로 3번쯤 들어가면 물통의 들
　　　이는 약 1500 mL입니다.

12 ㉡ 7540 g＝7 kg 540 g
　　⇨ 7 kg 540 g＞7 kg 400 g＞7 kg 50 g
　　　　　㉡　　　　　 ㉠　　　　　 ㉢

---

13 수조에 들어 있는 물은 3 L 500 mL이므로
　　3500 mL입니다.
　　⇨ 3500 mL－2350 mL＝1150 mL＝1 L 150 mL

14 ㉠ 8 kg 400 g－3 kg 200 g＝5 kg 200 g
　　㉡ 7600 g－2600 g＝5000 g＝5 kg
　　㉢ 9 kg 550 g－5 kg 100 g＝4 kg 450 g

15 어림한 무게와 실제 무게의 차가 가장 작은 사람을 찾
　　습니다.
　　다현: 100 g, 민호: 150 g, 의리: 50 g, 승연: 100 g
　　따라서 멜론의 무게와 가장 가깝게 어림한 사람은 의
　　리입니다.

16 (지오네 가족이 오늘 마신 물의 양)
　　＝7 L 900 mL－1 L 300 mL
　　＝6 L 600 mL
　　⇨ (지오네 가족이 어제와 오늘 마신 물의 양)
　　　＝7 L 900 mL＋6 L 600 mL
　　　＝14 L 500 mL

17 (쇠구슬 4개의 무게)
　　＝4 kg 950 g－2 kg 550 g
　　＝2 kg 400 g＝2400 g
　　따라서 600 g＋600 g＋600 g＋600 g＝2400 g
　　이므로 쇠구슬 한 개의 무게는 600 g입니다.

✎**18** 예 종이컵에 물을 가득 채운 후 유리컵에 옮겨 담아 두
　　컵의 들이를 비교할 수 있습니다.⌟❶

채점 기준	
❶ 두 컵의 들이를 비교하는 방법 쓰기	5점

✎**19** 예 수박 한 통의 무게는 약 5 kg입니다.⌟❶
　　1 t은 1 kg의 1000배이므로 수박 한 통의 무게는 약
　　5 kg이 적절합니다.⌟❷

채점 기준	
❶ 틀린 문장 바르게 고쳐 쓰기	3점
❷ 이유 쓰기	2점

✎**20** 예 수조의 들이는 1300 mL＋1 L 500 mL
　　＝1 L 300 mL＋1 L 500 mL＝2 L 800 mL입
　　니다.⌟❶
　　따라서 2 L 500 mL＜2 L 800 mL이므로 수조의
　　들이가 2 L 800 mL－2 L 500 mL＝300 mL 더
　　많습니다.⌟❷

채점 기준	
❶ 수조의 들이 구하기	2점
❷ 어느 것의 들이가 몇 mL 더 많은지 구하기	3점

6. 자료의 정리

개념책 148쪽 개념 ❶

예제1 (1) 7명 (2) 가을 (3) 여름 (4) 30명

예제1 (1) 표에서 좋아하는 계절이 겨울인 학생을 찾으면 7명입니다.
(2) 표에서 5명에 해당하는 칸에 적힌 계절은 가을입니다.
(3) 10>8>7>5이므로 가장 많은 학생이 좋아하는 계절은 여름입니다.
(4) (시우네 반 학생 수)=(합계)=30(명)

개념책 149쪽 기본유형 익히기

1 30개 **2** 6개
3 빨간색, 초록색, 노란색, 파란색
4 줄다리기 **5** 2명

1 100−15−34−21=30(개)

2 노란색: 21개, 파란색: 15개 ➡ 21−15=6(개)

3 $\underset{\text{빨간색}}{34} > \underset{\text{초록색}}{30} > \underset{\text{노란색}}{21} > \underset{\text{파란색}}{15}$

4 여학생 수를 비교하면 16<17<22<25이므로 가장 적은 여학생이 하고 싶어 하는 종목은 줄다리기입니다.

5 공 굴리기를 하고 싶어 하는 남학생은 박 터뜨리기를 하고 싶어 하는 남학생보다 22−20=2(명) 더 많습니다.

개념책 150쪽 개념 ❷

예제1 (1) 예 학생들이 가고 싶어 하는 나라
(2) 예 나연이네 반 학생
(3) 8, 6, 28

예제1 (3) 가고 싶어 하는 나라별 학생 수를 세어 표로 나타냅니다.
➡ (합계)=9+5+8+6=28(명)

개념책 151쪽 기본유형 익히기

1 8, 5, 11, 6, 30 **2** 피구
3 표
4 (위에서부터) 5, 6, 2, 16 / 1, 2, 7, 14

1 좋아하는 운동별 학생 수를 세어 표로 나타냅니다.
➡ (합계)=8+5+11+6=30(명)

2 11>8>6>5이므로 가장 많은 학생이 좋아하는 운동은 피구입니다.

3 표는 항목별 조사한 수를 알기 쉽습니다.

4 초록색은 남학생, 노란색은 여학생을 나타냅니다. 좋아하는 동물별로 남학생 수와 여학생 수를 각각 세어 표로 나타냅니다.
➡ (남학생 수 합계)=3+5+6+2=16(명)
(여학생 수 합계)=4+1+2+7=14(명)

개념책 152쪽 개념 ❸

예제1 (1) 그림그래프
(2) 10상자 / 1상자
(3) 45상자 / 51상자 / 72상자

예제1 (3) • 9월은 10상자 그림이 4개, 1상자 그림이 5개이므로 45상자입니다.
• 10월은 10상자 그림이 5개, 1상자 그림이 1개이므로 51상자입니다.
• 11월은 10상자 그림이 7개, 1상자 그림이 2개이므로 72상자입니다.

개념책 153쪽 기본유형 익히기

1 19명 **2** 샘터 마을
3 백과사전, 40권 **4** 동화책

1 은빛 마을은 10명 그림이 1개, 1명 그림이 9개이므로 19명입니다.

2 10명 그림의 수를 비교하면 4>3>2>1이므로 초등학생이 가장 많은 마을은 샘터 마을입니다.

3 100권 그림의 수를 비교하면 3>2>1>0이므로 가장 적게 빌린 책은 백과사전입니다.
백과사전은 10권 그림이 4개이므로 40권입니다.

4 100권 그림의 수를 비교하면 동화책은 2개, 과학책은 1개이므로 더 많이 빌린 책은 동화책입니다.

예제 1　(1) 10 kg, 1 kg

(2)　　　　　양계장별 달걀 생산량

양계장	달걀 생산량
가	🥚🥚🥚🥚🥚🥚
나	🥚🥚🥚🥚🥚
다	🥚🥚🥚🥚🥚🥚

🥚 10 kg
🥚 1 kg

예제 1　(2) • 나 양계장의 달걀 생산량은 24 kg이므로 10 kg 그림 2개, 1 kg 그림 4개를 그립니다.

• 다 양계장의 달걀 생산량은 33 kg이므로 10 kg 그림 3개, 1 kg 그림 3개를 그립니다.

1 예 2가지

2　일 년 동안 가장 기억에 남는 학교 행사별 학생 수

학교 행사	학생 수
체육 대회	◎◎◎ ○○○○○○○
독서왕	◎◎◎◎ ○○○○○
알뜰 장터	◎◎◎◎◎ ○○○○

◎ 10명
○ 1명

3 예　　　　과수원별 귤 생산량

과수원	귤 생산량
으뜸	🍊🍊 ○○○○○○○○
행복	🍊🍊🍊🍊🍊🍊🍊🍊🍊
청량	🍊🍊 ○○○○○○○○○○

🍊 100상자
○ 10상자

4 행복 과수원

1 학생 수가 두 자리 수이므로 10명을 나타내는 그림, 1명을 나타내는 그림 2가지로 나타내는 것이 좋습니다.

4 그림그래프에서 100상자 그림의 수가 가장 많은 과수원을 찾으면 행복 과수원입니다.

🖋 서술형 문제는 풀이를 꼭 확인하세요.

1 5, 12, 11, 6, 34

2 예　　　　좋아하는 과일별 학생 수

과일	학생 수
사과	😊😊😊😊😊
포도	😊 🙂🙂
귤	🙂
딸기	😊😊😊😊😊🙂

😊10명　🙂1명

3 그림그래프

4 비빔밥, 칼국수, 볶음밥, 냉면

5 1160그릇　　🖋**6** 풀이 참조

7 예　　　　공장별 자동차 생산량

공장	자동차 생산량
가	◎◎ ○○○○○○○
나	◎◎ ○○○○○○
다	◎◎◎ ○○○○○
라	◎ ○○○○○○○

◎100대　○10대

8 예　　　　공장별 자동차 생산량

공장	자동차 생산량
가	◎◎△○○
나	◎◎△○○○
다	◎◎◎◎△○
라	◎△○○○○

◎100대　△50대　○10대

9 예 그림을 여러 가지로 나타냈습니다.

10 진서

1 좋아하는 과일별 학생 수를 세어 표로 나타냅니다.
⇨ (합계)=5+12+11+6=34(명)

4 100그릇 그림의 수를 비교하면 4>3>2>1이므로 많이 팔린 음식부터 차례대로 쓰면 비빔밥, 칼국수, 볶음밥, 냉면입니다.

5 430+240+340+150=1160(그릇)

6 (예) 「비빔밥」 ❶
일주일 동안 비빔밥이 가장 많이 팔렸기 때문입니다.」❷

채점 기준	
❶ 어떤 음식의 재료를 가장 많이 준비하면 좋을지 고르기	
❷ 이유 쓰기	

9 '그림을 잘못 나타냈습니다.', '그림의 종류가 달라서 나무 수를 알기 어렵습니다.' 등 여러 가지 답이 나올 수 있습니다.

10 • 하윤: 더 높은 점수를 얻은 횟수는 1반이 1번, 2반이 2번이므로 더 높은 점수를 얻은 횟수가 많은 반은 2반입니다.
• 건우: (1반 점수의 합계)
$=100+150+50+200=500$(점)
(2반 점수의 합계)
$=150+150+100+50=450$(점)
⇨ (1반 점수의 합계)>(2반 점수의 합계)

개념책 158~159쪽 **응용유형 다잡기**

예제1 ❶ 32 ❷ 15 ❸ 17
유제1 190개
예제2 ❶ 8
❷

존경하는 위인별 학생 수

위인	학생 수
장영실	😊
신사임당	😊😊😊😊😊😊
유관순	😊😊😊😊😊😊😊
이순신	😊😊😊😊😊😊😊😊

😊 10명 😊 1명

유제2

태어난 계절별 학생 수

계절	학생 수
봄	😊😊😊😊😊
여름	😊😊😊😊
가을	😊😊😊😊😊😊
겨울	😊😊😊😊😊

😊 100명 😊 10명

예제3 ❶ 10 ❷ 바다
유제3 합주
예제4 ❶ 71 ❷ 4970
유제4 6300원

예제1 ❶, ❷ 10송이 그림의 수를 비교하면 $3>2>1$ 이므로 가장 많은 꽃은 장미, 가장 적은 꽃은 국화입니다.
⇨ 장미: 32송이, 국화: 15송이
❸ $32-15=17$(송이)

유제1 100개 그림의 수를 비교하면 $4>3>2$이므로 가장 많이 팔린 빵은 크림빵이고, 가장 적게 팔린 빵은 팥빵과 식빵 중 하나입니다. 팥빵과 식빵의 10개 그림의 수를 비교하면 $6>4$이므로 가장 적게 팔린 빵은 식빵입니다.
⇨ 크림빵: 430개, 식빵: 240개
따라서 가장 많이 팔린 빵과 가장 적게 팔린 빵의 차는 $430-240=190$(개)입니다.

예제2 ❶ 장영실: 10명, 신사임당: 6명, 유관순: 7명
⇨ 이순신: $31-10-6-7=8$(명)
❷ 1명 그림 8개를 그립니다.

유제2 봄: 230명, 여름: 140명, 겨울: 50명
⇨ 가을: $580-230-140-50=160$(명)
따라서 100명 그림 1개, 10명 그림 6개를 그립니다.

예제3 ❶ $26-9-2-5=10$(명)
❷ 바다: $9+9=18$(명), 농장: $10+5=15$(명), 목장: $2+8=10$(명), 고궁: $5+3=8$(명)
⇨ $18>15>10>8$이므로 가장 많은 학생이 가고 싶어 하는 장소는 바다입니다.

유제3 • 무용을 하고 싶어 하는 남학생 수:
$27-8-3-6=10$(명)
• 합주를 하고 싶어 하는 여학생 수:
$28-7-4-6=11$(명)
연극: $8+7=15$(명), 무용: $10+4=14$(명), 합창: $3+6=9$(명), 합주: $6+11=17$(명)
⇨ $17>15>14>9$이므로 가장 많은 학생이 하고 싶어 하는 공연은 합주입니다.

예제4 ❶ 노란색: 24개, 초록색: 15개, 빨간색: 32개
⇨ $24+15+32=71$(개)
❷ (하루 동안 팔린 구슬의 값)
$=70×71=4970$(원)

(유제4) 딸기 맛: 16개, 포도 맛: 31개, 사과 맛: 23개
⇨ (팔린 전체 젤리의 수)
＝16＋31＋23＝70(개)
따라서 하루 동안 팔린 젤리의 값은 모두
90×70＝6300(원)입니다.

개념책 160~162쪽　단원 마무리

✎ 서술형 문제는 풀이를 꼭 확인하세요.

1 5명 　　　　　　**2** 23명

3 과학 　　　　　　**4** 2명

5 (위에서부터) 5, 2, 4, 1, 12 / 4, 3, 3, 2, 12

6 농구, 야구, 축구, 피구

7 3배 　　　　　**8** 예 피구

9 10권 / 1권 　　　**10** 64권

11 준수, 강희, 효정, 찬희

12 220권　　　**13** 100상자, 10상자

14
과수원별 포도 생산량

과수원	포도 생산량
가	◎ ○○○○○
나	◎◎ ○○○○
다	◎ ○○○○○○○○
라	◎◎◎ ○

◎100상자　○10상자

15 나 과수원

16 116, 83 /
회차별 관람객 수

회차	관람객 수
1회	◎ △ ○○○○○○
2회	◎ △△
3회	△△△△△△△△ ○○○
4회	◎ △△△△ ○

◎100명　△10명　○1명

17 18명 　　　✎**18** 풀이 참조
✎**19** 9개 　　　✎**20** 6560원

6 　3 ＜ 5 ＜ 7 ＜ 9
　　농구　야구　축구　피구

7 피구: 9명, 농구: 3명 ⇨ 9÷3＝3(배)

8 준하네 반 학생들이 가장 좋아하는 운동이 피구이므로 피구를 하는 것이 좋을 것 같습니다.

10 10권 그림이 6개, 1권 그림이 4개이므로 64권입니다.

---

11 10권 그림의 수를 비교하면 7＞6＞5＞3이므로 책을 많이 읽은 학생부터 차례대로 쓰면 준수, 강희, 효정, 찬희입니다.

12 64＋51＋70＋35＝220(권)

13 생산량이 세 자리 수이고, 일의 자리 수가 모두 0이므로 100상자를 나타내는 그림, 10상자를 나타내는 그림 2가지로 나타내는 것이 좋습니다.

15 포도 생산량을 비교하면 라 과수원＞나 과수원＞다 과수원＞가 과수원이므로 포도 생산량이 다 과수원보다 많고 라 과수원보다 적은 과수원은 나 과수원입니다.

16 그림그래프에서 1회: 116명, 3회: 83명이므로 표를 완성합니다.
표에서 2회, 4회의 관람객 수를 보고 그림그래프를 완성합니다.

17 10명 그림의 수와 1명 그림의 수를 차례대로 비교합니다.
가장 많은 학생이 배우고 싶어 하는 악기는 바이올린으로 35명이고, 가장 적은 학생이 배우고 싶어 하는 악기는 기타로 17명입니다.
⇨ 차: 35－17＝18(명)

✎**18** 예 자료 수의 많고 적음을 한눈에 비교하기 쉽습니다.」❶

채점 기준	
❶ 그림그래프로 나타내었을 때의 편리한 점 쓰기	5점

✎**19** 예 노란색은 32개, 하늘색은 23개입니다.」❶
따라서 팔린 노란색 머리핀의 수와 하늘색 머리핀의 수의 차는 32－23＝9(개)입니다.」❷

채점 기준	
❶ 팔린 노란색 머리핀의 수와 하늘색 머리핀의 수 각각 구하기	3점
❷ 팔린 노란색 머리핀의 수와 하늘색 머리핀의 수의 차 구하기	2점

✎**20** 예 검은색은 11개, 분홍색은 16개, 노란색은 32개, 하늘색은 23개이므로 팔린 머리핀은 모두
11＋16＋32＋23＝82(개)입니다.」❶
따라서 하루 동안 팔린 머리핀의 값은 모두
80×82＝6560(원)입니다.」❷

채점 기준	
❶ 팔린 전체 머리핀의 수 구하기	3점
❷ 하루 동안 팔린 머리핀의 값 구하기	2점

1. 곱셈

복습책 4~8쪽 기초력 기르기

1 올림이 없는 (세 자리 수)×(한 자리 수)

1 699	**2** 868	**3** 848
4 936	**5** 284	**6** 696
7 828	**8** 668	**9** 966
10 846		

2 올림이 한 번 있는 (세 자리 수)×(한 자리 수)

1 560	**2** 946	**3** 978
4 604	**5** 876	**6** 984
7 951	**8** 870	**9** 964
10 955		

3 올림이 여러 번 있는 (세 자리 수)×(한 자리 수)

1 1368	**2** 792	**3** 3540
4 1332	**5** 1038	**6** 1870
7 1743	**8** 1603	**9** 3087
10 544	**11** 990	**12** 4446
13 4864	**14** 1870	**15** 6531

4 (몇십)×(몇십), (몇십몇)×(몇십)

1 800	**2** 2700	**3** 3000
4 1400	**5** 1800	**6** 2760
7 2250	**8** 1050	**9** 2240
10 3040		

5 (몇)×(몇십몇)

1 234	**2** 332	**3** 378
4 130	**5** 171	**6** 512
7 135	**8** 208	**9** 156
10 462		

6 올림이 없는 (몇십몇)×(몇십몇)

1 924	**2** 737	**3** 294
4 992	**5** 169	**6** 483
7 492	**8** 561	**9** 516
10 1024		

7 올림이 한 번 있는 (몇십몇)×(몇십몇)

1 216	**2** 1581	**3** 546
4 576	**5** 224	**6** 420
7 1037	**8** 782	**9** 888
10 2542		

8 올림이 여러 번 있는 (몇십몇)×(몇십몇)

1 864	**2** 1092	**3** 2210
4 2279	**5** 1482	**6** 2905
7 1944	**8** 5096	**9** 3136
10 1296	**11** 2318	**12** 1444
13 3630	**14** 1175	**15** 4032

복습책 9~10쪽 기본유형 익히기

1 442
2 (1) 264 (2) 939 (3) 660 (4) 842
3 226
4 $121 \times 4 = 484$ / 484개
5 270
6 (1) 648 (2) 728 (3) 585 (4) 906
7 984
8 $427 \times 2 = 854$ / 854 m
9 1600, 320, 4, 1924
10 (1) 1476 (2) 1620 (3) 676 (4) 5010
11 1234
12 $380 \times 9 = 3420$ / 3420원

4 (한 상자에 들어 있는 공깃돌의 수)×(상자의 수)
　$= 121 \times 4 = 484$(개)

7
$$\begin{array}{r} \overset{2}{} \\ 3\ 2\ 8 \\ \times 3 \\ \hline 9\ 8\ 4 \end{array}$$

8 (하루에 달린 거리)×(날수)$=427 \times 2 = 854$(m)

11
$$\begin{array}{r} \overset{1}{} \\ 6\ 1\ 7 \\ \times 2 \\ \hline 1\ 2\ 3\ 4 \end{array}$$

12 (일반 우표 1장의 가격)×(사려는 우표의 수)
  $=380×9=3420$(원)

복습책 11~12쪽 실전유형 **다지기**

🖊 서술형 문제는 풀이를 꼭 확인하세요.

1 (1) 462 (2) 975 (3) 688 (4) 1138
2 421, 6, 2526　　　　**3** 820
4 ·　　·
　　　✕
　　·　　·
　　　✕
　　·　　·

5 <
6 2724

🖊**7** 풀이 참조　　　　**8** 408장
9 1095일　　　　　**10** 868 cm
11 3738　　　　　**12** 40원
13 494권　　　　　**14** 진수, 570원

5 ·$214×3=642$　　·$324×2=648$
  ⇨ $642<648$

6 $4<7<639<681$이므로 가장 큰 수는 681이고, 가장 작은 수는 4입니다. ⇨ $681×4=2724$

🖊**7** 예 십의 자리의 계산 $4×5$는 실제로 $40×5=200$을 나타내므로 20을 왼쪽으로 한 칸 옮겨 쓰거나 200이라고 씁니다.」❶

```
      3 4 7
  ×       5
      3 5
    2 0
  1 5
  1 7 3 5 」❷
```

채점 기준
❶ 잘못 계산한 곳을 찾아 이유 쓰기
❷ 바르게 계산하기

참고 계산의 편리함을 위해 십의 자리 계산에서는 일의 자리에 0을, 백의 자리 계산에서는 십의 자리, 일의 자리에 0을 쓰지 않아도 됩니다.

8 (전체 색종이의 수)$=102×4=408$(장)

10 정사각형은 네 변의 길이가 모두 같습니다.
  (정사각형의 네 변의 길이의 합)
  $=217+217+217+217$
  $=217×4=868$(cm)

11 100이 5개이면 500, 10이 3개이면 30, 1이 4개이면 4이므로 나타내는 수는 534입니다.
  ⇨ $534×7=3738$

12 (민상이가 산 초콜릿 8개의 값)$=620×8=4960$(원)
  ⇨ (민상이가 받아야 하는 거스름돈)
  　$=5000-4960=40$(원)

13 (㉮, ㉯, ㉰, ㉱ 마을의 3학년 학생 수의 합)
  $=62+74+51+60=247$(명)
  ⇨ (필요한 공책의 수)$=247×2=494$(권)

14 ·(진수가 쓴 돈)$=550×9=4950$(원)
  ·(유리가 쓴 돈)$=730×6=4380$(원)
  ⇨ $4950>4380$이므로 진수가 문구점에서
  　$4950-4380=570$(원)을 더 많이 썼습니다.

복습책 13~15쪽 기본유형 **익히기**

1 204, 2040
2 (1) 1800 (2) 3050 (3) 2100 (4) 760
3 3360
4 $50×20=1000$ / 1000개
5 184
6 (1) 106 (2) 405 (3) 148 (4) 468
7
```
      7
  ×  2 6
    4 2
  1 4
  1 8 2
```
8 $5×34=170$ / 170명
9 143
10 (1) 308 (2) 693 (3) 288 (4) 462
11 299
12 $12×14=168$ / 168장
13 364
14 (1) 837 (2) 240 (3) 399 (4) 806
15 1008
16 $49×12=588$ / 588개
17 456
18 (1) 2016 (2) 1450 (3) 518 (4) 2898
19
```
      7 9
  ×  3 5
    3 9 5
  2 3 7
  2 7 6 5
```
20 $45×27=1215$ / 1215명

4 (한 바구니에 담긴 딸기의 수)×(바구니의 수)
  $=50×20=1000$(개)

8 (한 줄에 서 있는 학생 수)×(줄의 수)
＝5×34＝170(명)

10 (3)
$$\begin{array}{r} 2\,4 \\ \times\,1\,2 \\ \hline 4\,8 \\ 2\,4 \\ \hline 2\,8\,8 \end{array}$$
(4)
$$\begin{array}{r} 4\,2 \\ \times\,1\,1 \\ \hline 4\,2 \\ 4\,2 \\ \hline 4\,6\,2 \end{array}$$

12 (앨범 한 쪽에 붙어 있는 사진의 수)×(앨범의 쪽수)
＝12×14＝168(장)

16 (하루에 접은 종이학의 수)×(종이학을 접은 날수)
＝49×12＝588(개)

18 (3)
$$\begin{array}{r} 3\,7 \\ \times\,1\,4 \\ \hline 1\,4\,8 \\ 3\,7 \\ \hline 5\,1\,8 \end{array}$$
(4)
$$\begin{array}{r} 4\,6 \\ \times\,6\,3 \\ \hline 1\,3\,8 \\ 2\,7\,6 \\ \hline 2\,8\,9\,8 \end{array}$$

19 79×30＝2370이므로 237을 왼쪽으로 한 칸 옮겨 쓰거나 2370이라고 씁니다.

20 (버스 한 대에 탈 수 있는 사람 수)×(버스의 수)
＝45×27＝1215(명)

복습책 16~17쪽 **실전유형 다지기**

✎ 서술형 문제는 풀이를 꼭 확인하세요.

1 (1) 301 (2) 768 (3) 540 (4) 2059

2 340

3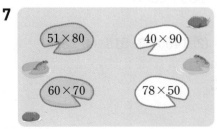

4 240

5 <

6 ©, ©, ⑦

7

| 51×80 | 40×90 |
| 60×70 | 78×50 |

8 287   **9** 832송이

✎**10** 910쪽   **11** 770분

12 1395원

13 (위에서부터) 3, 8 / 2, 9, 4

---

3 • 14×70＝980   • 80×20＝1600
• 30×30＝900   • 18×50＝900
• 40×40＝1600   • 49×20＝980

4 □ 안의 수 4는 40을, 6은 6을 나타냅니다.
⇨ □ 안의 수끼리의 곱이 실제로 나타내는 값은
40×6＝240입니다.

5 • 28×75＝2100   • 61×44＝2684
⇨ 2100＜2684

6 ⑦ 4×72＝288   © 6×47＝282
© 8×33＝264
⇨ © 264＜© 282＜⑦ 288

7 • 51×80＝4080   • 40×90＝3600
• 60×70＝4200   • 78×50＝3900
따라서 4000보다 큰 곱셈식은 51×80, 60×70입니다.

8 13×22＝286이므로 286보다 큰 수를 찾으면 287입니다.

9 (장미꽃 52다발에 있는 장미꽃의 수)
＝16×52＝832(송이)

✎**10** 예 1주일은 7일이므로 5주는 7×5＝35(일)입니다.」❶
따라서 나래가 5주 동안 읽을 수 있는 과학책은 모두 26×35＝910(쪽)입니다.」❷

채점 기준
❶ 5주는 며칠인지 구하기
❷ 나래가 5주 동안 읽을 수 있는 과학책의 쪽수 구하기

11 태서가 한 달 동안 수영을 한 날은 모두 14일입니다.
⇨ (태서가 한 달 동안 수영을 한 시간)
＝55×14＝770(분)

12 • (일반 문자 요금)＝15×41＝615(원)
• (그림 문자 요금)＝65×12＝780(원)
⇨ (사용한 문자 요금의 합)＝615＋780＝1395(원)

13 **비법** 곱이 가장 큰(작은) (몇)×(몇십몇) 만들기

세 수의 크기가 0＜①＜②＜③일 때

• 곱이 가장 큰 곱셈식	• 곱이 가장 작은 곱셈식
큰 수부터 ⤵의 순서로 수를 씁니다.	 작은 수부터 ⤵의 순서로 수를 씁니다.

$$\begin{array}{r} ㉠ \\ \times\ 9\ ㉡ \\ \hline \square\square\square \end{array}$$

곱이 가장 작은 곱셈식을 만들려면 가장 작은 수를 두 번 곱해지는 ㉠에 쓰고, 두 번째로 작은 수를 ㉡에 씁니다.
⇨ ㉠=3, ㉡=8이므로
$3 \times 98 = 294$입니다.

복습책 18쪽 응용유형 다잡기

1 8	**2** 3900
3 6	**4** 8, 5, 2, 9, 7668

1 ㉠×6의 일의 자리 수가 8인 것은 $3 \times 6 = 18$, $8 \times 6 = 48$입니다.
⇨ 십의 자리의 계산 $1 \times 6 = 6$에 올림한 수를 더한 값이 10이므로 ㉠×6에서 올림한 수가 4인 ㉠을 찾으면 ㉠=8입니다.

2 어떤 수를 □라 하면 잘못 계산한 식은 □−52=23입니다.
⇨ □=23+52=75
따라서 어떤 수는 75이므로 바르게 계산하면
$75 \times 52 = 3900$입니다.

3 $49 \times 10 = 490$, $49 \times 20 = 980$, $49 \times 30 = 1470$, $49 \times 40 = 1960$, $49 \times 50 = 2450$, $49 \times 60 = 2940$, $49 \times 70 = 3430$
⇨ 49×㉠0<3000에서 ㉠이 될 수 있는 수는 7보다 작은 수이므로 ㉠에 알맞은 가장 큰 수는 6입니다.
다른 풀이 49×㉠0은 49×㉠에 0을 1개 붙인 값이므로 49×㉠0<3000에서 49×㉠<300임을 이용하여 ㉠에 알맞은 가장 큰 수를 구할 수도 있습니다.

4 비법 곱이 가장 큰 (세 자리 수)×(한 자리 수) 만들기
네 수의 크기가 0<①<②<③<④일 때
곱이 가장 큰 곱셈식:
③②①
× ④ ← 큰 수부터 ↙의 순서로 수를 씁니다.

(한 자리 수)는 각 자리의 수에 모두 곱하므로 가장 큰 수이어야 합니다.
세 번 곱해지는 (한 자리 수)에 가장 큰 수를 쓰고, (세 자리 수)의 높은 자리부터 큰 수를 차례대로 씁니다.
⇨ 2<5<8<9이므로 곱이 가장 큰 곱셈식은
$852 \times 9 = 7668$입니다.

2. 나눗셈

복습책 20~24쪽 기초력 기르기

1 내림이 없는 (몇십)÷(몇)

1 30	**2** 30
3 10	**4** 40
5 20	**6** 20
7 10	**8** 20
9 10	

2 내림이 있는 (몇십)÷(몇)

1 15	**2** 15
3 35	**4** 25
5 14	**6** 45
7 16	**8** 12
9 15	

3 내림이 없는 (몇십몇)÷(몇)

1 22	**2** 23
3 23	**4** 42
5 13	**6** 12
7 12	**8** 22
9 32	

4 내림이 없고 나머지가 있는 (몇십몇)÷(몇)

1 11, 3	**2** 22, 2
3 41, 1	**4** 11, 3
5 11, 1	**6** 21, 3

5 내림이 있고 나머지가 없는 (몇십몇)÷(몇)

1 14	**2** 15
3 12	**4** 12
5 28	**6** 24
7 13	**8** 17
9 47	

6 내림이 있고 나머지가 있는 (몇십몇)÷(몇)

1 25, 1	**2** 12, 5
3 11, 7	**4** 17, 1
5 15, 3	**6** 36, 1

7 나머지가 없는 (세 자리 수)÷(한 자리 수)

1 213　　　　　　　**2** 270
3 178　　　　　　　**4** 76
5 431　　　　　　　**6** 67
7 239　　　　　　　**8** 89
9 145

8 나머지가 있는 (세 자리 수)÷(한 자리 수)

1 135, 2　　　　　　**2** 100, 3
3 46, 6　　　　　　　**4** 125, 4
5 140, 1　　　　　　**6** 71, 6

9 계산이 맞는지 확인하기

1 11…2 / 3×11=33, 33+2=35
2 12…4 / 7×12=84, 84+4=88
3 29…1 / 2×29=58, 58+1=59
4 24…3 / 4×24=96, 96+3=99
5 54…4 / 5×54=270, 270+4=274
6 71…7 / 9×71=639, 639+7=646
7 118…2 / 6×118=708, 708+2=710
8 123…3 / 8×123=984, 984+3=987

3 60÷3=20

4 (전체 학생 수)÷(모둠 수)=70÷7=10(명)

7 50÷2=25

8 (전체 철사의 길이)÷(한 도막의 길이)
　　=80÷5=16(도막)

11 68÷2=34

12 (전체 떡의 수)÷(한 명에게 나누어 줄 떡의 수)
　　=84÷4=21(명)

15 ㉠ 64÷2=32
　　㉡ 57÷5=11…2
　　　　⇨ 나머지가 2이므로 나누어떨어지지 않습니다.
　　㉢ 88÷4=22

16 (전체 축구공의 수)
　　÷(한 상자에 나누어 담을 축구공의 수)
　　=69÷6=11…3
　　따라서 축구공을 11상자에 담을 수 있고 3개가 남습
　　니다.

복습책 25~26쪽	기본유형 익히기
1 30	**2** (1) 10　(2) 40
3 20	**4** 70÷7=10 / 10명
5 15	**6** (1) 12　(2) 18
7 25	**8** 80÷5=16 / 16도막
9 24	**10** (1) 13　(2) 11
11 34	**12** 84÷4=21 / 21명
13 12, 2	
14 (1) 12…1　(2) 21…2	
15 ㉡	
16 69÷6=11…3 / 11상자, 3개	

복습책 27~28쪽	실전유형 다지기

✎ 서술형 문제는 풀이를 꼭 확인하세요.

1 (1) 10　(2) 21　(3) 35　(4) 10…3
2 11, 1　　　　　　　**3** □÷6
4 23
5 11…2 / 15 / (　　)(　○　)
6 ·　　　　　　　　　**7** 23 cm
　　·
　　　　　　　　　　　　8 <
　　·
✎**10** 11개, 3개　　　　**11** 21 cm
12 16개　　　　　　　**13** 다솜, 1개

2 $89 \div 8 = 11 \cdots 1$이므로 몫은 11, 나머지는 1입니다.

3 나머지는 나누는 수보다 항상 작아야 하므로
$\square \div 6$은 나머지가 6이 될 수 없습니다.

4 $69 > 3$이므로 $69 \div 3 = 23$입니다.

5 · $68 \div 6 = 11 \cdots 2$
· $60 \div 4 = 15$
⇨ 나머지가 0이므로 나누어떨어집니다.

6 · $80 \div 8 = 10$ · $20 \div 2 = 10$
· $60 \div 3 = 20$ · $90 \div 3 = 30$
· $40 \div 2 = 20$

7 (전체 나무 막대의 길이)÷(도막의 수)
$= 46 \div 2 = 23$(cm)

8 $60 \div 5 = 12$, $70 \div 5 = 14$
⇨ $12 < 14$

9 ㉠ $95 \div 3 = 31 \cdots 2$ ㉡ $87 \div 4 = 21 \cdots 3$
㉢ $49 \div 2 = 24 \cdots 1$ ㉣ $72 \div 7 = 10 \cdots 2$
따라서 나머지가 가장 작은 것은 ㉢입니다.

10 예 전체 귤의 수를 한 접시에 놓는 귤의 수로 나누면
되므로 $58 \div 5$를 계산합니다.」❶
따라서 $58 \div 5 = 11 \cdots 3$이므로 접시 11개에 놓을 수
있고 남는 귤은 3개입니다.」❷

채점 기준
❶ 문제에 알맞은 나눗셈식 만들기
❷ 접시 몇 개에 놓을 수 있고 남는 귤은 몇 개인지 각각 구하기

11 (삼각형의 한 변)$= 63 \div 3 = 21$(cm)

12 (전체 공의 수)$= 43 + 37 = 80$(개)
⇨ (한 상자에 담긴 공의 수)$= 80 \div 5 = 16$(개)

13 다솔이가 상자 한 개에 담은 초콜릿은
$77 \div 7 = 11$(개), 윤서가 상자 한 개에 담은 초콜릿은
$50 \div 5 = 10$(개)입니다.
따라서 상자 한 개에 초콜릿을 더 많이 담은 사람은
다솔이고, $11 - 10 = 1$(개) 더 많이 담았습니다.

1 17   **2** (1) 25 (2) 13
3 13, 24   **4** $84 \div 6 = 14$ / 14명
5 25, 1   **6** (1) $15 \cdots 3$ (2) $13 \cdots 3$
7 14, 4
8 $89 \div 7 = 12 \cdots 5$ / 12명, 5개
9 (위에서부터) 1, 8, 0, 3, 2, 2, 4, 0
10 (1) 216 (2) 93   **11** 268
12 $384 \div 6 = 64$ / 64봉지
13 (위에서부터) 2, 9, 6, 4, 1, 1, 8, 1, 1, 2, 1
14 (1) $108 \cdots 2$ (2) $148 \cdots 3$
15 (위에서부터) 173, 3 / 99, 2
16 $487 \div 5 = 97 \cdots 2$ / 97명, 2권
17 6, 4 / 4
18 $9 \times 6 = 54$, $54 + 7 = 61$
19 (1) 7, 7 / 7, 7, 63 (2) 13, 5 / 13, 5, 96
20 $18 \cdots 2$ / $4 \times 18 = 72$, $72 + 2 = 74$

3 $52 \div 4 = 13$, $96 \div 4 = 24$

4 (전체 공책의 수)÷(한 명에게 나누어 줄 공책의 수)
$= 84 \div 6 = 14$(명)

7 $74 \div 5 = 14 \cdots 4$
   몫 나머지

8 (전체 대추의 수)÷(한 명에게 나누어 줄 대추의 수)
$= 89 \div 7 = 12 \cdots 5$
따라서 대추를 12명에게 줄 수 있고 5개가 남습니다.

11 $536 \div 2 = 268$

12 (전체 토마토의 수)
÷(한 봉지에 나누어 담을 토마토의 수)
$= 384 \div 6 = 64$(봉지)

15 $695 \div 4 = 173 \cdots 3$, $695 \div 7 = 99 \cdots 2$

16 (전체 공책의 수)
÷(한 명에게 나누어 줄 공책의 수)
$= 487 \div 5 = 97 \cdots 2$
따라서 공책을 97명에게 줄 수 있고 2권이 남습니다.

18 나누는 수와 몫의 곱에 나머지를 더하면 나누어지는
수가 됩니다.

복습책 32~33쪽 | 실전유형 **다지기**

✎ 서술형 문제는 풀이를 꼭 확인하세요.

1 (1) 13　(2) 23…1　(3) 321　(4) 87…2

2 132

3
$$4\overline{\smash{\big)}\,5\,7}$$
$$\begin{array}{r} 1\ 4 \\ 4\ \overline{)\ 5\ 7} \\ 4\ \ \ \\ \hline 1\ 7 \\ 1\ 6 \\ \hline 1 \end{array}$$

4 (선으로 연결)

5 ⑤

6 12개

✎**7** 풀이 참조

8 ㉣, ㉠, ㉢, ㉡

9 66÷4=16…2 / 16 / 2

10 43자루, 3자루

11 준우

12 21봉지

13 95

---

3 나머지는 나누는 수보다 항상 작아야 합니다.
17에는 4가 4번 들어갈 수 있으므로 몫은 14입니다.

4 ・25÷6=4…1　확인 6×4=24, 24+1=25
・66÷4=16…2　확인 4×16=64, 64+2=66
・88÷7=12…4　확인 7×12=84, 84+4=88

5 64÷4=16
① 45÷3=15　② 42÷3=14　③ 91÷7=13
④ 96÷8=12　⑤ 96÷6=16

6 (필요한 주머니의 수)=72÷6=12(개)

✎**7** 성은 ❶
(예) 계산 결과가 맞는지 확인하는 방법을 이용하면
명진이는 4×16=64, 64+3=67이고,
성은이는 4×17=68, 68+1=69이므로
성은이가 바르게 계산했습니다. ❷

채점 기준
❶ 바르게 계산한 사람 쓰기
❷ 이유 쓰기

8 ㉠ 152÷3=50…2　㉡ 284÷8=35…4
㉢ 477÷6=79…3　㉣ 357÷4=89…1
⇨ 나머지의 크기를 비교하면 1<2<3<4입니다.
　　　　　　　　　　　　㉣ ㉠ ㉢ ㉡

9 4×16=64, 64+2=66
⇨ 66÷4=16…2
따라서 몫은 16이고, 나머지는 2입니다.

---

10 (전체 색연필의 수)
÷(한 상자에 나누어 담을 색연필의 수)
=304÷7=43…3
따라서 색연필을 한 상자에 43자루씩 담을 수 있고
3자루가 남습니다.

11 73÷6=12…1
준우: 나머지는 1이므로 나누어떨어지지 않습니다.

12 (전체 귤의 수)=32×6=192(개)
⇨ 192÷9=21…3이므로 귤은 21봉지까지 팔 수
있습니다.

13 어떤 수를 ☐라 하면 ☐÷8=11…7입니다.
계산 결과가 맞는지 확인하는 방법을 이용하면
8×11=88, 88+7=95이므로 ☐=95입니다.
따라서 어떤 수는 95입니다.

복습책 34쪽 | 응용유형 **다잡기**

1 21개　　　　　　**2** 38개
3 18 / 2　　　　　**4** 87, 3, 29

---

1 (전체 책의 수)=8×23=184(권)
⇨ 184÷9=20…4
따라서 책을 남는 것 없이 모두 담으려면 상자는 적어
도 20+1=21(개) 필요합니다.

2 (6개씩 나누어 담은 상자 수)=156÷6=26(개)
(6개씩 나누어 담고 남은 한라봉 수)
=264-156=108(개)
⇨ (9개씩 나누어 담은 상자 수)=108÷9=12(개)
따라서 한라봉을 담은 상자는 모두 26+12=38(개)
입니다.

3 어떤 수를 ☐라 하면 잘못 계산한 식은 ☐÷7=8입
니다. ⇨ ☐=7×8=56이므로 어떤 수는 56입니다.
따라서 바르게 계산하면 56÷3=18…2이므로 몫은
18, 나머지는 2입니다.

4 비법 몫이 가장 큰 나눗셈식

몫이 가장 큰 (몇십몇)÷(몇)
⇨ (가장 큰 몇십몇)÷(가장 작은 몇)

8>7>3이므로 가장 큰 몇십몇은 87, 가장 작은 몇은
3입니다.
⇨ 87÷3=29

3. 원

복습책 36~37쪽 기초력 기르기

1 원의 중심, 반지름

1 점 ㄴ   **2** 점 ㅂ
3 2 cm   **4** 6 cm
5 3 cm

2 원의 지름

1 8 cm   **2** 13 cm
3 22 cm   **4** 4
5 10   **6** 6
7 18

3 컴퍼스를 이용하여 원 그리기

1

2
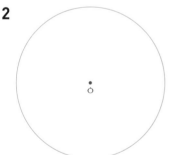

3
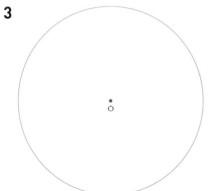

4 원을 이용하여 여러 가지 모양 그리기

1

2

3
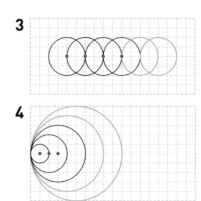

4

복습책 38~39쪽 기본유형 익히기

1 ㄱ ㄷ ㄹ ㅁ ㄴ / 1

2 예 / 같습니다

3 5   **4** 나
5 지름 / 지름   **6** ㉢
7 2, 2, 2 / 같습니다   **8** (1) 6 (2) 7
9 점 ㄴ   **10** ㉠

11
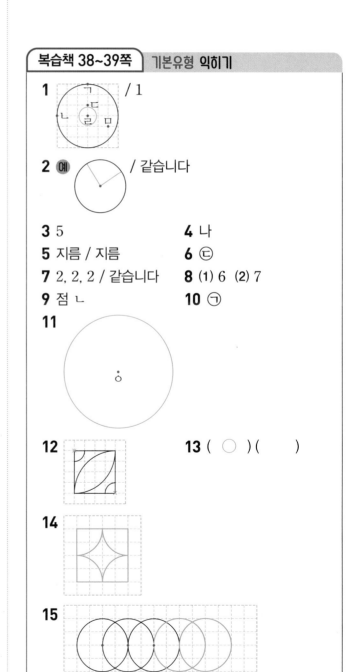

12   **13** (○)(   )

14

15

2 한 원에서 반지름은 길이가 모두 같습니다.

3 원의 반지름은 원의 중심과 원 위의 한 점을 이은 선분이므로 5 cm입니다.

4 누름 못과 연필을 넣는 구멍 사이의 거리를 멀게 하면 원을 더 크게 그릴 수 있습니다.

6 원 위의 두 점을 이은 선분 중 원의 중심을 지나는 선분은 ㉢입니다.

8 (1) (지름)＝(반지름)×2
　　⇨ 3×2＝6(cm)
　(2) (반지름)＝(지름)÷2
　　⇨ 14÷2＝7(cm)

10 컴퍼스의 침과 연필심 사이를 2 cm만큼 벌린 것을 찾습니다.

11 컴퍼스의 침과 연필심 사이를 주어진 선분의 길이만큼 벌린 다음 컴퍼스의 침을 점 ㅇ에 꽂고 컴퍼스를 돌려 원을 그립니다.

13 오른쪽 모양은 원의 반지름과 원의 중심을 모두 다르게 하여 그린 모양입니다.

14

자로 정사각형을 그리고, 정사각형의 네 꼭짓점을 원의 중심으로 하는 원의 일부분을 4개 그리면 주어진 모양과 똑같이 그릴 수 있습니다.

15 마지막으로 그린 원의 오른쪽 끝 부분을 원의 중심으로 정하고 반지름이 모눈 2칸이 되도록 원을 2개 더 그립니다.

복습책 40~41쪽 | 실전유형 **다지기**

🖊 서술형 문제는 풀이를 꼭 확인하세요.

1 (예)

원의 반지름
원의 중심

2 ㉡, ㉢　　　**3** 6

4 승우　　　**5** 16 cm

6 4 cm　　　🖊**7** 풀이 참조

---

8 ㉡

9 2, 3, 1 /
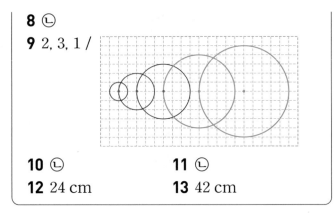

10 ㉡　　　**11** ㉡
12 24 cm　　　**13** 42 cm

5 (지름)＝(반지름)×2
　⇨ 8×2＝16(cm)

🖊**7**
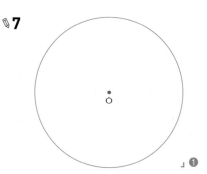

ㅇ

(예) 컴퍼스를 원의 반지름인 2 cm만큼 벌린 후 컴퍼스의 침을 점 ㅇ에 꽂고 원을 그립니다. ❷

채점 기준
❶ 지름이 4 cm인 원 그리기
❷ 원을 그린 방법 설명하기

8 원의 크기는 원의 반지름 또는 원의 지름이 길수록 더 크므로 지름의 길이를 비교해 봅니다.
㉠ 6×2＝12(cm)　㉡ 11 cm
따라서 크기가 더 작은 원은 ㉡입니다.

10 ㉠ 원의 반지름과 원의 중심을 모두 다르게 하여 그린 것입니다.
㉡ 원의 반지름은 같고, 원의 중심을 다르게 하여 그린 것입니다.

11
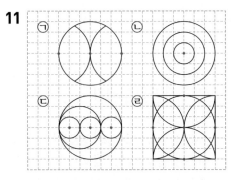

㉠ 3군데　㉡ 1군데　㉢ 4군데　㉣ 5군데

12 큰 원의 지름은 $9 \times 2 = 18$(cm)이고, 작은 원의 반지름은 6 cm입니다.

⇨ (선분 ㄱㄷ)=(큰 원의 지름)+(작은 원의 반지름)
$= 18 + 6 = 24$(cm)

13 삼각형의 세 변의 길이의 합은 한 원의 반지름의 6배입니다.

⇨ (삼각형의 세 변의 길이의 합)=$7 \times 6 = 42$(cm)

복습책 42쪽	응용유형 **다잡기**
1 ㉢	**2** 4 cm
3 96 cm	**4** 8 cm

1 컴퍼스의 침과 연필심 사이를 가장 많이 벌려야 하는 원은 크기가 가장 큰 원입니다.

지름을 비교하면
㉠ $8 \times 2 = 16$(cm) ㉡ 19 cm ㉢ $10 \times 2 = 20$(cm)
이므로 가장 많이 벌려야 하는 원은 ㉢입니다.

2 • (중간 원의 지름)=(가장 큰 원의 반지름)=16 cm
• (중간 원의 반지름)=$16 \div 2 = 8$(cm)
• (가장 작은 원의 지름)=(중간 원의 반지름)=8 cm
⇨ (선분 ㄱㄴ)=$8 \div 2 = 4$(cm)

3 • 직사각형의 가로는 원의 반지름을 10배 한 것과 같습니다.
⇨ $4 \times 10 = 40$(cm)
• 직사각형의 세로는 원의 지름과 같습니다.
⇨ $4 \times 2 = 8$(cm)
따라서 직사각형의 네 변의 길이의 합은
$40 + 8 + 40 + 8 = 96$(cm)입니다.

4 선분 ㅇㄱ과 선분 ㅇㄴ의 길이의 합은
$29 - 13 = 16$(cm)이고, 선분 ㅇㄱ과 선분 ㅇㄴ은 원의 반지름으로 길이가 같습니다.
따라서 원의 반지름은 $16 \div 2 = 8$(cm)입니다.

---

4. 분수

복습책 44~47쪽 기초력 **기르기**

① 부분은 전체의 얼마인지 분수로 나타내기

1 $\dfrac{1}{4}$ **2** $\dfrac{2}{3}$ **3** $\dfrac{1}{2}$

4 $\dfrac{2}{3}$ **5** $\dfrac{1}{5}$ **6** $\dfrac{3}{5}$

7 $\dfrac{1}{9}$ **8** $\dfrac{4}{9}$

② 전체 개수의 분수만큼은 얼마인지 알아보기

1 2 **2** 4 **3** 10

4 3 **5** 9 **6** 15

③ 전체 길이의 분수만큼은 얼마인지 알아보기

1 5 **2** 10 **3** 25

4 2 **5** 4 **6** 6

④ 진분수, 가분수

1 $\dfrac{5}{7}$, $\dfrac{6}{9}$, $\dfrac{7}{10}$ **2** $\dfrac{4}{5}$, $\dfrac{10}{11}$, $\dfrac{2}{7}$

3 $\dfrac{3}{8}$, $\dfrac{8}{12}$, $\dfrac{4}{7}$, $\dfrac{17}{20}$ **4** $\dfrac{14}{11}$, $\dfrac{13}{9}$, $\dfrac{3}{3}$

5 $\dfrac{7}{5}$, $\dfrac{12}{9}$, $\dfrac{5}{5}$ **6** $\dfrac{8}{8}$, $\dfrac{7}{2}$, $\dfrac{15}{14}$

⑤ 대분수

1 $2\dfrac{1}{4}$ **2** $3\dfrac{4}{6}$

3 $2\dfrac{1}{3}$, $5\dfrac{3}{7}$ **4** $2\dfrac{4}{9}$, $3\dfrac{1}{8}$, $4\dfrac{5}{6}$

5 $5\dfrac{3}{8}$, $4\dfrac{5}{18}$ **6** $\dfrac{10}{7}$

7 $\dfrac{29}{9}$ **8** $\dfrac{44}{13}$

9 $\dfrac{44}{21}$ **10** $3\dfrac{3}{5}$

11 $4\dfrac{1}{6}$ **12** $3\dfrac{7}{10}$

13 $2\dfrac{11}{12}$

⑥ 분모가 같은 분수의 크기 비교

1 $<$ **2** $>$ **3** $<$

4 $<$ **5** $>$ **6** $<$

7 $>$ **8** $>$ **9** $>$

10 $<$

복습책 48~49쪽	기본유형 익히기

1 3, 2 / $\dfrac{2}{3}$ **2** (1) $\dfrac{1}{2}$ (2) $\dfrac{3}{5}$

3 6 / $\dfrac{2}{6}$ **4** (1) $\dfrac{1}{4}$ (2) $\dfrac{3}{4}$

5 예

◇◇◇ | ◇◇◇ | ◇◇◇

/ (1) 3 (2) 6

6 (1) 3 (2) 9

7 (1) 8 (2) 12 (3) 10 (4) 11

8 (1) 0 1 2 3 4 5 6(cm) / 2

(2) 0 1 2 3 4 5 6(cm) / 4

9 (1) 2 (2) 6   **10** (1) 8 (2) 10

11 (1) 50 (2) 90

4 16을 4씩 묶으면 4묶음이 됩니다.

(1) 4는 4묶음 중에서 1묶음이므로 16의 $\dfrac{1}{4}$입니다.

(2) 12는 4묶음 중에서 3묶음이므로 16의 $\dfrac{3}{4}$입니다.

6 (1) 12를 똑같이 4묶음으로 나눈 것 중의 1묶음은 3입니다.

(2) 12를 똑같이 4묶음으로 나눈 것 중의 3묶음은 9입니다.

10 (1) 12 m를 똑같이 3부분으로 나눈 것 중의 2부분은 8 m입니다.

(2) 12 m를 똑같이 6부분으로 나눈 것 중의 5부분은 10 m입니다.

11 1 m는 100 cm입니다.

(1) 100 cm를 똑같이 10부분으로 나눈 것 중의 5부분은 50 cm입니다.

(2) 100 cm를 똑같이 10부분으로 나눈 것 중의 9부분은 90 cm입니다.

복습책 50~51쪽	실전유형 다지기

✎ 서술형 문제는 풀이를 꼭 확인하세요.

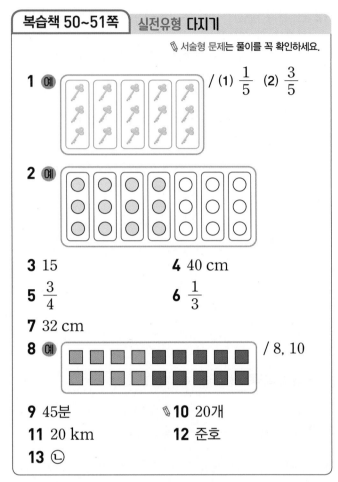

1 예   / (1) $\dfrac{1}{5}$ (2) $\dfrac{3}{5}$

2 예

3 15   **4** 40 cm

5 $\dfrac{3}{4}$ **6** $\dfrac{1}{3}$

7 32 cm

8 예   / 8, 10

9 45분   ✎**10** 20개

11 20 km   **12** 준호

13 ㉡

3 24를 똑같이 8묶음으로 나눈 것 중의 5묶음은 15입니다.

4 1 m＝100 cm입니다.

100 cm를 똑같이 5부분으로 나눈 것 중의 2부분은 40 cm입니다.

6 48 cm를 16 cm씩 나누면 3부분이 됩니다.

따라서 16 cm는 3부분 중에서 1부분이므로 48 cm의 $\dfrac{1}{3}$입니다.

7 48 cm를 똑같이 3부분으로 나눈 것 중의 2부분은 32 cm입니다.

9 60분을 똑같이 4부분으로 나눈 것 중의 3부분은 45분입니다.

따라서 승아가 줄넘기를 한 시간은 45분입니다.

✎**10** 예 32를 똑같이 8묶음으로 나눈 것 중의 3묶음은 12이므로 동생에게 준 젤리는 12개입니다. ❶

따라서 남은 젤리는 32－12＝20(개)입니다. ❷

채점 기준
❶ 동생에게 준 젤리는 몇 개인지 구하기
❷ 남은 젤리는 몇 개인지 구하기

11 집에서 은행까지의 거리는 25 km의 $\frac{1}{5}$이므로

25 km를 똑같이 5부분으로 나눈 것 중의 1부분은 5 km입니다.

따라서 은행에서 도서관까지의 거리는

$25-5=20$(km)입니다.

12 ・준호: 14의 $\frac{3}{7}$은 6 $\Rightarrow$ 6개

・솔비: 14의 $\frac{5}{14}$는 5 $\Rightarrow$ 5개

6>5이므로 사탕을 더 많이 먹은 사람은 준호입니다.

13 ⓒ 36을 6씩 묶으면 6묶음이 되고, 18은 6묶음 중에서 3묶음이므로 18은 36의 $\frac{3}{6}$입니다.

복습책 52~53쪽 **기본유형 익히기**

1 (1) $\frac{3}{5}$ / 진 (2) $\frac{7}{5}$ / 가

2

$\boxed{\dfrac{5}{6}}$ $\triangle{\dfrac{11}{8}}$ $\triangle{\dfrac{9}{9}}$ $\boxed{\dfrac{3}{10}}$ $\boxed{\dfrac{4}{13}}$

3 $\frac{3}{3}$ / $\frac{6}{6}$ **4** $\frac{1}{4}$, $\frac{2}{4}$, $\frac{3}{4}$

5 $2\frac{4}{6}$ **6** $1\frac{3}{5}$, $2\frac{5}{12}$, $3\frac{1}{4}$

7 (1) $\frac{17}{7}$ (2) $7\frac{1}{4}$ (3) $\frac{15}{11}$ (4) $3\frac{4}{5}$

8 ・ ・ ・   **9** $<$

10 (1) $\frac{19}{6}$, $\frac{19}{6}$, $<$ / $<$ (2) $4\frac{1}{6}$, $<$, $4\frac{1}{6}$ / $<$

11 (1) $<$ (2) $>$ (3) $>$ (4) $=$

---

7 (1) $2\frac{3}{7}$ $\Rightarrow$ $\frac{14}{7}$와 $\frac{3}{7}$ $\Rightarrow$ $\frac{17}{7}$

(2) $\frac{29}{4}$ $\Rightarrow$ $\frac{28}{4}$과 $\frac{1}{4}$ $\Rightarrow$ $7\frac{1}{4}$

(3) $1\frac{4}{11}$ $\Rightarrow$ $\frac{11}{11}$과 $\frac{4}{11}$ $\Rightarrow$ $\frac{15}{11}$

(4) $\frac{19}{5}$ $\Rightarrow$ $\frac{15}{5}$와 $\frac{4}{5}$ $\Rightarrow$ $3\frac{4}{5}$

11 (1) $\overset{\lceil 13<15 \rceil}{\dfrac{13}{7} < \dfrac{15}{7}}$ (2) $2\dfrac{7}{11} \overset{\lceil 7>2 \rceil}{>} 2\dfrac{2}{11}$

(3) $7\dfrac{3}{5} \overset{\lceil 7>6 \rceil}{>} 6\dfrac{4}{5}$ (4) $4\dfrac{3}{8} = \dfrac{35}{8}$

복습책 54~55쪽 **실전유형 다지기**

✎ 서술형 문제는 풀이를 꼭 확인하세요.

1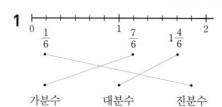

2 $\frac{11}{4}$ / $2\frac{3}{4}$ **3** 17, 13, 큽니다

4 ( ) (◯) **5** $>$

6 2, 3, 4, 5 **7** (1) 2 (2) 27

8 2 **9** $2\frac{4}{13}$, 2, $\frac{25}{13}$

✎**10** 빨간색 털실 **11** $\frac{9}{7}$

12 (1) $\frac{5}{6}$, $\frac{5}{9}$, $\frac{6}{9}$ (2) $5\frac{6}{9}$, $6\frac{5}{9}$, $9\frac{5}{6}$

13 $\frac{19}{7}$

---

6 가분수는 분자가 분모와 같거나 분모보다 큰 분수이므로 $\frac{5}{2}$, $\frac{5}{3}$, $\frac{5}{4}$, $\frac{5}{5}$입니다.

8 $4\frac{\square}{3}$ $\Rightarrow$ $\frac{12}{3}$와 $\frac{\square}{3}$ $\Rightarrow$ $\frac{14}{3}$이므로 $12+\square=14$입니다.

$\Rightarrow$ $\square=14-12=2$

다른 풀이 $\frac{14}{3}$ $\Rightarrow$ $\frac{12}{3}$와 $\frac{2}{3}$ $\Rightarrow$ $4\frac{2}{3}$이므로 $\square=2$입니다.

9 $\frac{25}{13}=1\frac{12}{13}$이므로 $1\frac{12}{13}<2\frac{4}{13}$ $\Rightarrow$ $2\frac{4}{13}$, 2, $\frac{25}{13}$

✎**10** 예 $\frac{59}{10}$ $\Rightarrow$ $\frac{50}{10}$과 $\frac{9}{10}$ $\Rightarrow$ $5\frac{9}{10}$ ❶

따라서 $6\frac{1}{10}>5\frac{9}{10}$이므로 빨간색 털실과 파란색 털실 중에서 길이가 더 긴 것은 빨간색 털실입니다. ❷

채점 기준
❶ 파란색 털실의 길이를 대분수로 나타내기
❷ 분수의 크기를 비교하여 길이가 더 긴 것 구하기

11 ・$\frac{6}{6}$의 분모와 분자의 합: 12 $\Rightarrow$ 가분수

・$\frac{9}{7}$의 분모와 분자의 합: 16 $\Rightarrow$ 가분수

・$\frac{4}{12}$의 분모와 분자의 합: 16 $\Rightarrow$ 진분수

따라서 조건에 맞는 분수는 $\frac{9}{7}$입니다.

12 (1) 분자가 분모보다 작은 분수를 모두 만듭니다.

· 분모가 6 ⇨ $\frac{5}{6}$ · 분모가 9 ⇨ $\frac{5}{9}$, $\frac{6}{9}$

(2) 자연수와 진분수로 이루어진 분수를 모두 만듭니다.

· 자연수가 5 ⇨ $5\frac{6}{9}$ · 자연수가 6 ⇨ $6\frac{5}{9}$

· 자연수가 9 ⇨ $9\frac{5}{6}$

13 $1\frac{5}{7}=\frac{12}{7}$ 이고 $3\frac{4}{7}=\frac{25}{7}$ 입니다.

$\frac{11}{7}<\frac{12}{7}<\frac{19}{7}<\frac{23}{7}<\frac{25}{7}$ 이므로

$1\frac{5}{7}$ 보다 크고 $\frac{23}{7}$ 보다 작은 분수는 $\frac{19}{7}$ 입니다.

복습책 56쪽 응용유형 **다잡기**

1 $\frac{3}{8}$ **2** 2, 3, 4, 5

3 81마리 **4** $\frac{23}{3}$

---

1 40을 5씩 묶으면 8묶음이 되고, 15는 8묶음 중에서 3묶음입니다. 따라서 인형 15개는 전체의 $\frac{3}{8}$ 입니다.

2 비법

$\overset{\triangle}{\underset{\blacksquare}{\bullet}}<\overset{\bigcirc}{\underset{\blacksquare}{\bullet}}$ ⇨ $\triangle<\bigcirc<\blacksquare$

$\frac{25}{6}$ ⇨ $\frac{24}{6}$ 와 $\frac{1}{6}$ ⇨ $4\frac{1}{6}$

따라서 $4\frac{1}{6}<4\frac{\bigcirc}{6}$ 에서 ⊙은 1보다 크고 6보다 작은 자연수이므로 ⊙=2, 3, 4, 5입니다.

3 처음에 들어 있던 금붕어를 똑같이 9묶음으로 나눈 것 중의 4묶음이 36마리이므로 1묶음은 36÷4=9(마리)입니다. 따라서 처음에 들어 있던 금붕어는 9마리씩 9묶음이므로 9×9=81(마리)입니다.

4 비법 세 수로 가장 큰 대분수 만들기

세 수 ①, ②, ③이 0<①<②<③일 때,

가장 큰 대분수 ⇨ $③\frac{①}{②}$

만들 수 있는 가장 큰 대분수는 가장 큰 수인 7을 자연수 부분에 놓고, 남은 두 수로 진분수를 만들면 되므로 $7\frac{2}{3}$ 입니다. 따라서 $7\frac{2}{3}$ ⇨ $\frac{21}{3}$ 과 $\frac{2}{3}$ ⇨ $\frac{23}{3}$ 입니다.

---

5. 들이와 무게

복습책 58~61쪽 기초력 **기르기**

1 들이의 비교

1 주스병 **2** 물통
3 컵 **4** 주전자

2 들이의 단위

1 8000 **2** 2
3 6 **4** 4700
5 5, 600 **6** <
7 < **8** >
9 < **10** >

3 들이를 어림하고 재어 보기

1 L **2** mL
3 L **4** mL
5 L **6** mL
7 L **8** mL
9 L **10** mL

4 들이의 덧셈과 뺄셈

1 5, 900 **2** 7, 600
3 2, 300 **4** 5, 400
5 6, 200 **6** 7, 100
7 2, 900 **8** 4, 800

5 무게의 비교

1 사과 **2** 배
3 초콜릿 **4** 풀

6 무게의 단위

1 4000 **2** 7
3 3900 **4** 2
5 8, 100 **6** <
7 > **8** >
9 < **10** <

❼ 무게를 어림하고 재어 보기

1 kg	**2** g
3 kg	**4** g
5 t	**6** t
7 kg	**8** g
9 kg	**10** g

❽ 무게의 덧셈과 뺄셈

1 6, 900	**2** 8, 800
3 4, 400	**4** 1, 500
5 4, 100	**6** 6, 400
7 3, 800	**8** 2, 600

복습책 62~64쪽 기본유형 **익히기**

1 주스병 **2** 로션 통

3 ㉯, ㉮, 2 **4** ㉮ 컵

5 (1) ⎯⎯⎯⎯ 5 L ⎯⎯⎯⎯ / 5 리터

(2) 3 L 80 mL

/ 3 리터 80 밀리리터

6 (1) 4 (2) 200

7 (1) 9000 (2) 7, 500

8 3200 mL **9** 예 약 1 L 200 mL

10 (1) L (2) mL **11** ㉣

12 예 약 1500 mL **13** 3, 800

14 2, 100

15 (1) 3, 600 (2) 2, 200 (3) 8, 300 (4) 5, 500

3 모양과 크기가 같은 컵에 옮겨 담았을 때 컵의 수가
많을수록 들이가 더 많습니다.
㉮ 그릇은 컵 2개만큼, ㉯ 그릇은 컵 4개만큼 물이
들어갑니다.
따라서 ㉯ 그릇이 ㉮ 그릇보다 컵 4−2=2(개)만큼
들이가 더 많습니다.

4 물을 부은 횟수가 많을수록 들이가 더 적으므로 들이
가 더 적은 컵은 ㉮ 컵입니다.

8 그릇에 들어 있는 물은 3 L보다 200 mL 더 많으므
로 3 L 200 mL=3200 mL입니다.

---

11 어항, 주전자의 들이는 100 mL보다 많고 주사기의
들이는 100 mL보다 적습니다.
따라서 들이가 100 mL에 가장 가까운 물건은 종이
컵입니다.

12 들이가 1000 mL인 컵 1개가 가득 찬 것은 약 1000 mL
이고, 들이가 1000 mL인 컵 절반은 약 500 mL이
므로 주전자의 들이는 약 1500 mL입니다.

복습책 65~66쪽 실전유형 **다지기**

✏️ 서술형 문제는 풀이를 꼭 확인하세요.

1 ㉯ 그릇 **2** (1) 6, 40 (2) 3008

3 (1) ＜ (2) ＞ **4** (1) 주스병 (2) 어항

5 재호 **6** 5, 100

✏️**7** 풀이 참조 **8** 4배

9 냄비 **10** 1 L 500 mL

11 민태 **12** 건우

13 5 L 200 mL

5 선아: 200 mL 우유갑으로 4번쯤 들어가면 보온병의
들이는 약 800 mL입니다.

✏️**7** 예 나는 라면 한 개를 끓이는 네 물을 약 500 mL 사
용했어.」❶
500 L는 라면 한 개를 끓이기에는 너무 많은 들이이
므로 라면 한 개를 끓이는 데 사용한 물의 들이로
mL가 알맞습니다.」❷

채점 기준	
❶ 틀린 문장 바르게 고쳐 쓰기	
❷ 이유 쓰기	

8 음료수병은 컵 2개만큼, 세숫대야는 컵 8개만큼 물이
들어갑니다.
따라서 세숫대야의 들이는 음료수병의 들이의
8÷2=4(배)입니다.

9 냄비의 들이를 mL로 나타내면 4 L는 4000 mL와
같으므로 4 L 80 mL는 4080 mL입니다.
따라서 4080 mL＜4100 mL＜4800 mL이므로
들이가 가장 적은 물건은 냄비입니다.

10 수조에 들어 있는 물은 2 L 900 mL입니다.
따라서 1 L 400 mL의 물을 덜어 내면
2 L 900 mL−1 L 400 mL=1 L 500 mL가 남
습니다.

11 · 물을 부은 횟수가 적을수록 컵의 들이가 더 많습니다.
6번>5번이므로 들이가 더 많은 컵은 ④ 컵입니다.
· 물통은 ㉮ 컵 6개만큼, 항아리는 ㉮ 컵 18개만큼 물
이 들어갑니다. 항아리의 들이는 물통의 들이의
18÷6=3(배)입니다.

12 어림한 들이와 실제 들이의 차가 가장 작은 사람을 찾
습니다.
소희: 100 mL, 건우: 50 mL, 현중: 150 mL
따라서 물통의 들이와 가장 가깝게 어림한 사람은 건우
입니다.

13 (어제와 오늘 마신 물의 양)
=2 L 500 mL+2700 mL
=2 L 500 mL+2 L 700 mL
=4 L 1200 mL=5 L 200 mL

복습책 67~69쪽 | **기본유형 익히기**

1 지우개
2 (2)(3)(1)
3 단호박　　　　　**4** 감, 5개
5 (1) ――――――― 3 kg ――――――― / 3 킬로그램
(2) ――― 1 kg 60 g ――― / 1 킬로그램 60 그램
(3) ――――――― 5 t ――――――― / 5 톤
6 (1) 4　(2) 700
7 (1) 8000　(2) 2700　(3) 4　(4) 5
8 약 2000 kg　　　　**9** 예 약 1 kg 200 g
10 (1) g　(2) kg　　　**11** ㉢
12 예 1 L들이 우유, 설탕 1봉지 / 예 사과, 운동화
13 4, 700　　　　　**14** 2, 600
15 (1) 8, 800　(2) 4, 200　(3) 9, 300　(4) 7, 200

3 감자를 올려놓은 쪽의 접시가 내려갔으므로 감자가
양파보다 더 무겁습니다.
단호박을 올려놓은 쪽의 접시가 내려갔으므로 단호박
이 감자보다 더 무겁습니다.
따라서 가장 무거운 채소는 단호박입니다.

4 감은 100원짜리 동전 18개, 귤은 100원짜리 동전 13개
의 무게와 같으므로 감이 100원짜리 동전
18-13=5(개)만큼 더 무겁습니다.

---

8 1 t=1000 kg이므로 하마의 무게는 약 2 t=2000 kg
입니다.

11 전자레인지의 무게는 약 10 kg, 우산의 무게는 약
500 g, 소방차의 무게는 약 22 t, 의자의 무게는 약
5 kg입니다.

복습책 70~71쪽 | **실전유형 다지기**

✎ 서술형 문제는 풀이를 꼭 확인하세요.

1 1400　　　　　**2**
3 (1) >　(2) <　**4** (1) 자동차　(2) 수박
5 ㉡　　　　　　**6** 7, 200
✎**7** 풀이 참조　　**8** 지영
9 승우　　　　　**10** ㉡
11 1 kg 930 g　　**12** 가위, 지우개, 연필
13 5 kg 200 g

5 1 kg은 1000 g임을 생각하며 무게가 1 kg보다 무거
운 것을 찾아봅니다.

6 4500 g+2700 g=7200 g=7 kg 200 g

✎**7** 예 100원짜리 동전 30개와 500원짜리 동전 30개의
무게가 다르기 때문입니다.」❶

채점 기준
❶ 잘못 비교한 이유 쓰기

8 지영: 70 kg은 남자 어른 한 명의 몸무게에 가깝고 과
자 한 봉지의 무게로는 너무 무거운 무게이므로
과자 한 봉지의 무게는 약 70 g이 적절합니다.

9 어림한 무게와 실제 무게의 차가 더 작은 사람을 찾습
니다.
현미: 150 g, 승우: 140 g
따라서 항아리의 무게와 더 가깝게 어림한 사람은 승
우입니다.

10 ㉠ 3 t=3000 kg　　　㉡ 9700 g=9 kg 700 g
㉢ 400 kg
➡ 9 kg 700 g<400 kg<3000 kg
　　　㉡　　　　㉢　　　㉠

11 (주머니에 더 담을 수 있는 콩의 무게)
=5 kg-3 kg 70 g
=4 kg 1000 g-3 kg 70 g=1 kg 930 g

12 · 가위 1개의 무게는 지우개 3개의 무게와 같으므로 가위 1개가 지우개 1개보다 더 무겁습니다.
· 지우개 3개의 무게는 연필 6자루의 무게와 같으므로 지우개 1개가 연필 1자루보다 더 무겁습니다.
따라서 한 개의 무게가 무거운 것부터 차례대로 쓰면 가위, 지우개, 연필입니다.

13 (예나가 사용한 밀가루와 설탕의 무게)
$$=3 \text{ kg } 500 \text{ g}+1700 \text{ g}$$
$$=3 \text{ kg } 500 \text{ g}+1 \text{ kg } 700 \text{ g}$$
$$=4 \text{ kg } 1200 \text{ g}=5 \text{ kg } 200 \text{ g}$$

복습책 72쪽	응용유형 **다잡기**
1 2 L 250 mL	**2** 44 kg 700 g
3 수조, 300 mL	**4** 600 g

1 (350 mL씩 5번 덜어 낸 물의 양)
$$=350+350+350+350+350=1750(\text{mL})$$
⇨ (양동이에 남아 있는 물의 양)
$$=4 \text{ L}-1750 \text{ mL}$$
$$=4000 \text{ mL}-1750 \text{ mL}$$
$$=2250 \text{ mL}=2 \text{ L } 250 \text{ mL}$$

2 (다율이네 가족이 오늘 캔 고구마의 무게)
$$=20 \text{ kg } 400 \text{ g}+3 \text{ kg } 900 \text{ g}=24 \text{ kg } 300 \text{ g}$$
⇨ (다율이네 가족이 어제와 오늘 캔 고구마의 무게)
$$=20 \text{ kg } 400 \text{ g}+24 \text{ kg } 300 \text{ g}$$
$$=44 \text{ kg } 700 \text{ g}$$

3 (대야의 들이)$=1 \text{ L } 700 \text{ mL}+1500 \text{ mL}$
$$=1 \text{ L } 700 \text{ mL}+1 \text{ L } 500 \text{ mL}$$
$$=3 \text{ L } 200 \text{ mL}$$
따라서 3 L 200 mL>2 L 900 mL이므로 수조의 들이가 3 L 200 mL−2 L 900 mL $=300 \text{ mL}$ 더 적습니다.

4 (책 6권의 무게)$=4 \text{ kg } 900 \text{ g}-1 \text{ kg } 300 \text{ g}$
$$=3 \text{ kg } 600 \text{ g}=3600 \text{ g}$$
따라서 600 g+600 g+600 g+600 g+600 g+ 600 g=3600 g이므로 책 한 권의 무게는 600 g입니다.

---

6. 자료의 정리

복습책 74~76쪽 기초력 **기르기**

❶ 표에서 알 수 있는 내용

1 27명 **2** 6명
3 딸기 **4** 감
5 2명

❷ 자료를 수집하여 표로 나타내기

1 8, 4, 9, 5, 26 **2** 12, 3, 8, 7, 30
3 7, 5, 10, 3, 25

❸ 그림그래프

1 그림그래프 **2** 10대 / 1대
3 25대 **4** 사랑 마을
5 10상자 / 1상자 **6** 33상자
7 다 과수원 **8** 나 과수원

❹ 그림그래프로 나타내기

1 10명 / 1명
2
마을별 학생 수

마을	학생 수
가	☺☺☺☺☺☺☺
나	☺☺☺☺☺
다	☺☺☺
라	☺☺☺☺☺

☺10명 ☺1명

3 다 마을 **4** 10개 / 1개
5
일주일 동안 판매한 호빵의 수

가게	호빵의 수
가	☁☁☁☁☁
나	☁☁☁☁☁☁
다	☁☁☁☁☁☁☁
라	☁☁☁☁

☁10개 ☁1개

6 나 가게

복습책 77~79쪽 **기본유형 익히기**

1 25벌 **2** 11벌

3 치마, 조끼, 바지, 티셔츠

4 B형 **5** 4명

6 4, 12, 7, 9, 32 **7** 봄

8 표

9 (위에서부터) 5, 4, 3, 12 / 4, 3, 6, 13

10 31마리 **11** 아름 마을

12 키위 주스, 510병 **13** 자몽 주스

14 예 2가지

15
농장별 감자 생산량

농장	감자 생산량
신선	⬤ ⬤ ⬤ ⬤ ◦ ◦ ◦ ◦
아침	⬤ ⬤ ⬤ ◦ ◦ ◦
푸른	⬤ ⬤ ◦ ◦ ◦ ◦ ◦
튼튼	⬤ ⬤ ⬤ ⬤ ⬤ ◦

⬤10상자 ◦1상자

16 예
월별 방문객 수

월	방문객 수
9월	◎ ◎ ○ ○ ○
10월	◎ ◎ ◎ ◎ ◎ ◎ ○ ○
11월	◎ ◎ ◎ ◎ ○
12월	◎ ◎ ◎ ○ ○ ○ ○

◎100명 ○10명

17 9월

---

1 98−38−12−23=25(벌)

2 조끼: 23벌, 치마: 12벌 ⇨ 23−12=11(벌)

3 12 < 23 < 25 < 38
치마 조끼 바지 티셔츠

4 남학생 수를 비교하면 27>20>13>10이므로 가장 많은 남학생의 혈액형은 B형입니다.

5 A형인 여학생은 O형인 여학생보다 21−17=4(명) 더 적습니다.

6 좋아하는 계절별 학생 수를 세어 표로 나타냅니다.
⇨ (합계)=4+12+7+9=32(명)

7 4<7<9<12이므로 가장 적은 학생이 좋아하는 계절은 봄입니다.

8 표는 조사한 수의 합계를 알아보기 쉽습니다.

9 초록색은 남학생, 빨간색은 여학생을 나타냅니다. 좋아하는 간식별로 남학생 수와 여학생 수를 각각 세어 표로 나타냅니다.
⇨ (남학생 수 합계)=5+4+3=12(명)
　(여학생 수 합계)=4+3+6=13(명)

10 햇살 마을은 10마리 그림이 3개, 1마리 그림이 1개이므로 31마리입니다.

11 10마리 그림의 수를 비교하면 1<2<3<4이므로 돼지가 가장 적은 마을은 아름 마을입니다.

12 100병 그림의 수를 비교하면 5>4>3>2이므로 가장 많이 팔린 주스는 키위 주스입니다.
키위 주스는 100병 그림이 5개, 10병 그림이 1개이므로 510병입니다.

13 100병 그림의 수를 비교하면 포도 주스는 3개, 자몽 주스는 2개이므로 더 적게 팔린 주스는 자몽 주스입니다.

14 생산량이 두 자리 수이므로 10상자를 나타내는 그림, 1상자를 나타내는 그림 2가지로 나타내는 것이 좋습니다.

17 그림그래프에서 100명 그림의 수가 가장 적은 달을 찾으면 9월입니다.

복습책 80~81쪽 **실전유형 다지기**

✎ 서술형 문제는 풀이를 꼭 확인하세요.

1 6, 13, 3, 11, 33

2 예
좋아하는 중국 음식별 학생 수

중국 음식	학생 수
탕수육	☺ ☺ ☺ ☺ ☺ ☺
자장면	☺ ☻ ☻ ☻
만두	☺ ☻ ☻
짬뽕	☺ ☻

☺10명 ☻1명

3 그림그래프

4 잡지, 유아 서적, 소설책, 학습지

5 1140권 ✎**6** 풀이 참조

7 예

가고 싶어 하는 나라별 학생 수

나라	학생 수
일본	◎◎○○○○○○○○○
미국	◎◎◎◎◎○○○○○
스위스	◎○○○○○○
호주	◎○○○○○○○

◎100명　○10명

8 예

가고 싶어 하는 나라별 학생 수

나라	학생 수
일본	◎◎△○○○
미국	◎◎◎◎◎△
스위스	◎△○
호주	◎△○○

◎100명　△50명　○10명

9 예 그림을 여러 가지로 나타냈습니다.

10 영미

---

4 100권 그림의 수를 비교하면 4>3>2>1이므로 가장 많이 팔린 책부터 차례대로 쓰면 잡지, 유아 서적, 소설책, 학습지입니다.

5 230+340+160+410=1140(권)

✎6 예 잡지」❶
한 달 동안 잡지가 가장 많이 팔렸기 때문입니다.」❷

채점 기준
❶ 어떤 종류의 책을 가장 많이 준비하면 좋을지 고르기
❷ 이유 쓰기

9 '그림을 잘못 나타냈습니다.', '그림의 종류가 달라서 생산량을 알기 어렵습니다.' 등 여러 가지 답이 나올 수 있습니다.

10 • 서윤: 국어를 좋아하는 남학생 수 ⇨ 70명
국어를 좋아하는 여학생 수 ⇨ 120명
따라서 국어를 좋아하는 남학생 수와 여학생 수의 차는 120−70=50(명)입니다.
• 정호: (전체 남학생 수)
＝80+70+130+100=380(명)
(전체 여학생 수)
＝100+120+60+110=390(명)
⇨ (전체 여학생 수)>(전체 남학생 수)

복습책 82쪽 **응용유형 다잡기**

1 180판

2

학생별 빚은 송편의 수

이름	송편의 수
준호	🥟🥟🥟●●●●●●●
경재	🥟●●●●●●
수연	🥟●●●
진희	🥟🥟●●●●●

🥟10개　●1개

3 수영　　　　　**4** 5530원

---

1 100판 그림의 수를 비교하면 4>3>2이므로 가장 많이 팔린 피자는 새우 피자이고, 가장 적게 팔린 피자는 치즈 피자와 감자 피자 중 하나입니다. 치즈 피자와 감자 피자의 10판 그림의 수를 비교하면 3<6이므로 가장 적게 팔린 피자는 치즈 피자입니다.
⇨ 새우 피자: 410판, 치즈 피자: 230판이므로 차는 410−230=180(판)입니다.

2 준호: 37개, 경재: 16개, 진희: 25개
⇨ 수연: 91−37−16−25=13(개)
따라서 10개 그림 1개, 1개 그림 3개를 그립니다.

3 • 수영을 관람하고 싶어 하는 1반 학생 수:
26−5−10−4=7(명)
• 태권도를 관람하고 싶어 하는 2반 학생 수:
27−7−3−11=6(명)
육상: 5+7=12(명), 태권도: 10+6=16(명),
체조: 4+3=7(명), 수영: 7+11=18(명)
⇨ 18>16>12>7이므로 1반과 2반 학생이 가장 관람하고 싶어 하는 종목은 수영입니다.

4 분홍색: 25개, 연두색: 21개, 보라색: 33개
⇨ (팔린 전체 머리끈의 수)=25+21+33=79(개)
따라서 하루 동안 팔린 머리끈의 값은 모두
70×79=5530(원)입니다.

1. 곱셈

평가책 2~4쪽 | 단원 평가 1회

🖉 서술형 문제는 풀이를 꼭 확인하세요.

1 248

2 (위에서부터) 30 / 57 / 9, 27

3 1020   **4** 984

5 292, 4, 1168   **6** 972, 3321, 6075

7 • ──── •
  • ╳ •
  • ╳ •

8 126, 378

9 >

10 50×70, 80×40, 68×50

11 200컵   **12** 4500원

13 648개   **14** ㉣, ㉡, ㉢, ㉠

15 815킬로칼로리   **16** 7

17 5548   🖉**18** 풀이 참조

🖉**19** 1176쪽   🖉**20** 2924

15 • (방울토마토 20개의 열량)
   =16×20=320(킬로칼로리)
   • (귤 11개의 열량)=45×11=495(킬로칼로리)
   ⇨ (혜미네 가족이 먹은 과일의 열량의 합)
   =320+495=815(킬로칼로리)

16 □×4의 일의 자리 수가 8인 것은 2×4=8,
7×4=28입니다.
3×4=12에 올림한 수를 더한 값이 14이므로 □×4
에서 올림한 수가 2인 □를 찾으면 □=7입니다.

17 어떤 수를 □라 하면 잘못 계산한 식은 □+67=140
입니다. ⇨ □=140-67=73
따라서 어떤 수는 73이므로 바르게 계산하면
73×76=5548입니다.

🖉**18** 예 64×50=3200이므로 320을 왼쪽으로 한 칸 옮
겨 쓰거나 3200이라고 써야 합니다.」❶

```
      6 4
    ×  5 3
    1 9 2
  3 2 0
  3 3 9 2 」❷
```

채점 기준	
❶ 잘못 계산한 곳을 찾아 이유 쓰기	3점
❷ 바르게 계산하기	2점

🖉**19** 예 1주일은 7일이므로 6주는
7×6=42(일)입니다.」❶
따라서 효미가 6주 동안 읽을 수 있는 동화책은 모두
28×42=1176(쪽)입니다.」❷

채점 기준	
❶ 6주는 며칠인지 구하기	2점
❷ 효미가 6주 동안 읽을 수 있는 동화책의 쪽수 구하기	3점

🖉**20** 예 3<4<6<8이므로 수 카드로 만들 수 있는 가장
큰 두 자리 수는 86, 가장 작은 두 자리 수는 34입니
다.」❶
따라서 만든 두 수의 곱은 86×34=2924입니다.」❷

채점 기준	
❶ 수 카드로 만들 수 있는 가장 큰 두 자리 수와 가장 작은 두 자리 수 각각 구하기	2점
❷ 위 ❶에서 만든 두 수의 곱 구하기	3점

평가책 5~7쪽 | 단원 평가 2회

🖉 서술형 문제는 풀이를 꼭 확인하세요.

1 ㉡   **2** (위에서부터) 3 / 1, 1, 6

3 1593   **4** 1288

5 500×3

6 (위에서부터) 360, 918, 216, 1530

7 승호   **8** 280

9 1200 cm   **10** 216개

11 2860   **12** ④

13 620자루   **14** 4

15 탁구공, 120개   **16** 4

17 200원   🖉**18** 369 cm

🖉**19** 546명   🖉**20** 934

13 (소담이네 학교 3학년 전체 학생 수)
   =26+24+25+23+26=124(명)
   ⇨ (필요한 연필의 수)=124×5=620(자루)

15 • (50상자에 들어 있는 탁구공의 수)
   =28×50=1400(개)
   • (40상자에 들어 있는 야구공의 수)
   =32×40=1280(개)
   ⇨ 탁구공이 야구공보다 1400-1280=120(개) 더
   많습니다.

16 $10 \times 80 = 800$, $20 \times 80 = 1600$, $30 \times 80 = 2400$, $40 \times 80 = 3200$

⇨ ㉠$0 \times 80 > 3000$에서 ㉠이 될 수 있는 수는 3보다 큰 수이므로 ㉠에 알맞은 가장 작은 수는 4입니다.

17 • (지우개 2개의 값)$= 450 \times 2 = 900$(원)
• (색종이 15장의 값)$= 60 \times 15 = 900$(원)

⇨ (형수가 내야 할 돈)$= 900 + 900 = 1800$(원)
따라서 형수가 받아야 하는 거스름돈은
$2000 - 1800 = 200$(원)입니다.

◊18 예 삼각형의 한 변의 길이와 변의 수인 3을 곱하면 되므로 123×3을 계산합니다.」❶
따라서 삼각형의 세 변의 길이의 합은
$123 \times 3 = 369$(cm)입니다.」❷

채점 기준	
❶ 문제에 알맞은 식 만들기	2점
❷ 삼각형의 세 변의 길이의 합 구하기	3점

◊19 예 버스마다 3자리씩 비어 있으므로 버스 한 대에 $45 - 3 = 42$(명)씩 타고 있습니다.」❶
따라서 동주네 학교 3학년 학생은 모두
$42 \times 13 = 546$(명)입니다.」❷

채점 기준	
❶ 버스 한 대에 타고 있는 학생 수 구하기	2점
❷ 동주네 학교 3학년 전체 학생 수 구하기	3점

◊20 예 세 번 곱해지는 (한 자리 수)에 가장 작은 수인 2를 쓰고, (세 자리 수)의 높은 자리부터 작은 수를 차례대로 씁니다.」❶
따라서 $2 < 4 < 6 < 7$이므로 곱이 가장 작은 곱셈식은
$467 \times 2 = 934$입니다.」❷

채점 기준	
❶ 곱이 가장 작은 (세 자리 수)×(한 자리 수) 만드는 방법 알기	2점
❷ 곱이 가장 작은 (세 자리 수)×(한 자리 수)의 곱 구하기	3점

평가책 8~9쪽	서술형 평가

1 풀이 참조   **2** 1350개
3 3자루   **4** 576가구
5 참외, 17개   **6** 697

1 예 $26 \times 40 = 1040$이므로 104를 왼쪽으로 한 칸 옮겨 쓰거나 1040이라고 써야 합니다.」❶

$$\begin{array}{r} 2\ 6 \\ \times\ 4\ 9 \\ \hline 2\ 3\ 4 \\ 1\ 0\ 4 \\ \hline 1\ 2\ 7\ 4 \end{array}$$」❷

채점 기준	
❶ 잘못 계산한 곳을 찾아 이유 쓰기	3점
❷ 바르게 계산하기	2점

2 예 한 통에 들어 있는 껌의 수에 통의 수를 곱하면 되므로 45×30을 계산합니다.」❶
따라서 30통에 들어 있는 껌은 모두
$45 \times 30 = 1350$(개)입니다.」❷

채점 기준	
❶ 문제에 알맞은 식 만들기	2점
❷ 30통에 들어 있는 껌의 수 구하기	3점

3 예 연필을 5자루씩 13명에게 나누어 주려면 연필은 모두 $5 \times 13 = 65$(자루) 필요합니다.」❶
따라서 연필이 모자라지 않도록 하려면 연필은 적어도 $65 - 62 = 3$(자루) 더 필요합니다.」❷

채점 기준	
❶ 5자루씩 13명에게 나누어 줄 때 필요한 연필의 수 구하기	3점
❷ 적어도 더 필요한 연필의 수 구하기	2점

4 예 초록 아파트의 ㉮ 동에는 모두 $6 \times 24 = 144$(가구)가 살고 있습니다.」❶
따라서 ㉮, ㉯, ㉰, ㉱ 동에 살고 있는 가구는 모두 $144 \times 4 = 576$(가구)입니다.」❷

채점 기준	
❶ ㉮ 동에 살고 있는 가구의 수 구하기	2점
❷ ㉮, ㉯, ㉰, ㉱ 동에 살고 있는 가구의 수의 합 구하기	3점

5 예 참외는 모두 $7 \times 32 = 224$(개)입니다.」❶
자두는 모두 $9 \times 23 = 207$(개)입니다.」❷
따라서 $224 > 207$이므로 참외가 자두보다
$224 - 207 = 17$(개) 더 많습니다.」❸

채점 기준	
❶ 참외의 수 구하기	2점
❷ 자두의 수 구하기	2점
❸ 참외와 자두 중에서 어느 것이 몇 개 더 많은지 구하기	1점

6 예 어떤 수를 □라 하면 잘못 계산한 식은
$\square - 17 = 24$입니다. ⇨ $\square = 24 + 17 = 41$」❶
따라서 바르게 계산하면 $41 \times 17 = 697$입니다.」❷

채점 기준	
❶ 어떤 수 구하기	2점
❷ 바르게 계산한 값 구하기	3점

2. 나눗셈

평가책 10~12쪽 | 단원 평가 1회

▧ 서술형 문제는 풀이를 꼭 확인하세요.

1 2, 20

2 (위에서부터) 3, 6, 1, 2, 2, 2, 4

3 31

4 $7 \times 4 = 28$, $28 + 5 = 33$

5 42, 14

6
$$\begin{array}{r} 13 \\ 7{\overline{)93}} \\ 7 \\ \hline 23 \\ 21 \\ \hline 2 \end{array}$$

7 $<$

8 ④

9 (선으로 연결)

10 ㉠, ㉢, ㉣, ㉡

11 12팀

12 13 cm

13 42개, 4개

14 89

15 75개

16 11줄, 2명

17 24

▧**18** 풀이 참조

▧**19** 17분

▧**20** 47개

14 계산 결과가 맞는지 확인하는 방법을 이용하면
$6 \times 14 = 84$, $84 + 5 = 89$이므로 □=89입니다.

15 $77 \div 5 = 15 \cdots 2$이므로 5개씩 담은 옥수수는 15자루를 팔 수 있습니다.
➡ (팔 수 있는 옥수수)=$5 \times 15 = 75$(개)

16 (운동장에 서 있는 학생 수)=$4 \times 17 = 68$(명)
학생들이 6명씩 줄을 다시 선다면 $68 \div 6 = 11 \cdots 2$이므로 6명씩 11줄이 되고 2명이 남습니다.

17 어떤 수를 □라 하면 잘못 계산한 식은
□÷7=13⋯5입니다.
계산 결과가 맞는지 확인하는 방법을 이용하면
$7 \times 13 = 91$, $91 + 5 = 96$이므로 어떤 수는 96입니다.
따라서 바르게 계산하면
$96 \div 4 = 24$이므로 몫은 24입니다.

▧**18** 예 나눗셈식에서 나머지는 나누는 수보다 작아야 합니다.」❶
따라서 바르게 계산하면 $51 \div 5 = 10 \cdots 1$입니다.」❷

채점 기준	
❶ 잘못 계산한 이유 쓰기	3점
❷ 바르게 계산하기	2점

▧**19** 예 1시간은 60분이므로 1시간 25분은 85분입니다.」❶
따라서 인형 한 개를 만드는 데 $85 \div 5 = 17$(분)이 걸리는 셈입니다.」❷

채점 기준	
❶ 시간을 분으로 나타내기	2점
❷ 인형 한 개를 만드는 데 걸리는 시간 구하기	3점

▧**20** 예 전체 사탕의 수는 $20 \times 14 = 280$(개)입니다.」❶
따라서 $280 \div 6 = 46 \cdots 4$이므로 남는 것 없이 사탕을 모두 담으려면 상자는 적어도 $46 + 1 = 47$(개) 필요합니다.」❷

채점 기준	
❶ 전체 사탕의 수 구하기	2점
❷ 상자는 적어도 몇 개 필요한지 구하기	3점

평가책 13~15쪽 | 단원 평가 2회

▧ 서술형 문제는 풀이를 꼭 확인하세요.

1 16

2 11 / 3

3 16⋯3 / $4 \times 16 = 64$, $64 + 3 = 67$

4 35, 142

5 (선으로 연결)

6 9

7 $>$

8 ③

9 ㉡, ㉢

10 11명

11 20분

12 7

13 15개

14 19명, 1장

15 29개

16 24 / 1

17 4

▧**18** 21주, 3일

▧**19** 18명

▧**20** 83

14 (전체 색종이의 수)=$6 \times 16 = 96$(장)
➡ $96 \div 5 = 19 \cdots 1$이므로 19명이 사용할 수 있고 1장이 남습니다.

15 (전체 연필의 수)=$12 \times 12 = 144$(자루)
➡ $144 \div 5 = 28 \cdots 4$
따라서 연필을 남는 것 없이 모두 넣으려면 필통은 적어도 $28 + 1 = 29$(개) 필요합니다.

16 몫이 가장 큰 (몇십몇)÷(몇)은
(가장 큰 몇십몇)÷(가장 작은 몇)을 만들면 됩니다.
$9 > 7 > 4$이므로 가장 큰 몇십몇은 97, 가장 작은 몇은 4입니다.
➡ $97 \div 4 = 24 \cdots 1$

17

$$7 \overline{\smash{)}\begin{array}{l} 1\square \\ 8\bigstar \end{array}}$$
$$\underline{7}$$
$$1\bigstar$$
$$\underline{1\bigstar}$$
$$0$$

왼쪽 계산에서 나눗셈이 나누어떨어지려면 $7 \times \square = 1\bigstar$ 이어야 합니다.
7단 곱셈구구에서 곱의 십의 자리 숫자가 1인 경우는 $7 \times 2 = 14$입니다.
따라서 $\bigstar$에 알맞은 수는 4입니다.

✎18 예 일주일은 7일이므로 $150 \div 7$을 계산합니다.」❶
따라서 $150 \div 7 = 21 \cdots 3$이므로 동생이 태어난 지 21주 3일이 되었습니다.」❷

채점 기준	
❶ 문제에 알맞은 식 만들기	2점
❷ 동생이 태어난 지 몇 주 며칠이 되었는지 구하기	3점

✎19 예 서연이네 학교 3학년 학생은 24명씩 6개 반이므로 $24 \times 6 = 144$(명)입니다.」❶
따라서 한 모둠은 $144 \div 8 = 18$(명)씩으로 해야 합니다.」❷

채점 기준	
❶ 서연이네 학교 3학년 학생 수 구하기	2점
❷ 한 모둠은 몇 명씩으로 해야 하는지 구하기	3점

✎20 예 나눗셈의 나머지는 나누는 수보다 작아야 하므로 6으로 나누었을 때 가장 큰 나머지는 5입니다.」❶
따라서 계산 결과가 맞는지 확인하는 방법을 이용하면 $6 \times 13 = 78$, $78 + 5 = 83$이므로 $\square = 83$입니다.」❷

채점 기준	
❶ 가장 큰 나머지 구하기	2점
❷ $\square$ 안에 알맞은 수 구하기	3점

평가책 16~17쪽 | 서술형 평가

1 풀이 참조 **2** 38개, 1개
3 44개 **4** 14, 4
5 46대 **6** 21, 1

1 예 나머지는 나누는 수보다 작아야 하는데 나머지 8이 나누는 수 5보다 크므로 계산이 잘못되었습니다.」❶

$$5 \overline{\smash{)}\begin{array}{l} 15 \\ 78 \end{array}}$$
$$\underline{5}$$
$$28$$
$$\underline{25}$$
$$3 \quad \text{」❷}$$

채점 기준	
❶ 잘못 계산한 이유 쓰기	3점
❷ 바르게 계산하기	2점

2 예 전체 구슬의 수를 상자의 수로 나누면 되므로 $153 \div 4$를 계산합니다.」❶
따라서 $153 \div 4 = 38 \cdots 1$이므로 한 상자에 구슬을 38개씩 담을 수 있고 1개가 남습니다.」❷

채점 기준	
❶ 문제에 알맞은 식 만들기	2점
❷ 한 상자에 구슬을 몇 개씩 담을 수 있고 몇 개가 남는지 구하기	3점

3 예 한 봉지에 담을 수 있는 당근은 $63 \div 3 = 21$(개)이고, 양파는 $69 \div 3 = 23$(개)입니다.」❶
따라서 한 봉지에 담을 수 있는 당근과 양파는 모두 $21 + 23 = 44$(개)입니다.」❷

채점 기준	
❶ 한 봉지에 담을 수 있는 당근과 양파의 수 각각 구하기	4점
❷ 한 봉지에 담을 수 있는 당근과 양파의 수의 합 구하기	1점

4 예 $88 \div 6 = 14 \cdots 4$이므로 몫은 14, 나머지는 4입니다.」❶
계산 결과가 맞는지 확인하면
$6 \times 14 = 84$, $84 + 4 = 88$입니다.
따라서 ㉠에 알맞은 수는 14, ㉡에 알맞은 수는 4입니다.」❷

채점 기준	
❶ $88 \div 6$을 계산하기	2점
❷ ㉠, ㉡에 알맞은 수 구하기	3점

5 예 두발자전거 한 대의 바퀴는 2개이므로 두발자전거의 바퀴 수의 합은 $2 \times 39 = 78$(개)입니다.」❶
세발자전거의 바퀴 수의 합은 $216 - 78 = 138$(개)이고, 세발자전거 한 대의 바퀴는 3개입니다.
따라서 세발자전거는 $138 \div 3 = 46$(대)입니다.」❷

채점 기준	
❶ 두발자전거의 바퀴 수의 합 구하기	2점
❷ 세발자전거의 수 구하기	3점

6 예 어떤 수를 $\square$라 하면 잘못 계산한 식은 $\square \times 2 = 86$이고 $\square = 86 \div 2 = 43$이므로 어떤 수는 43입니다.」❶
따라서 바르게 계산하면 $43 \div 2 = 21 \cdots 1$이므로 몫은 21, 나머지는 1입니다.」❷

채점 기준	
❶ 어떤 수 구하기	2점
❷ 바르게 계산한 몫과 나머지 각각 구하기	3점

3. 원

평가책 18~20쪽 **단원 평가 1회**

🖊 서술형 문제는 풀이를 꼭 확인하세요.

1 ㉠　　　　**2** 7 cm

3 선분 ㄴㅂ　　**4** ⑤

5 ㉢, ㉠, ㉣　**6** 24

7

(원 그림, 중심점 표시)

8 5 cm

9 ㉠, ㉣

10 5군데

11

(정사각형 안 꽃무늬 원 그림)

12 ㉢

13

(네 개의 원이 나란히 그려진 모눈종이 그림)

14 18 cm　　　**15** 6 cm

16 15 cm　　　**17** 32 cm

🖊**18** 풀이 참조　🖊**19** 8 cm

🖊**20** 24 cm

14 선분 ㄱㄴ은 원의 반지름을 6배 한 것과 같으므로
3×6=18(cm)입니다.

15 작은 원의 지름은 큰 원의 반지름과 같으므로
24÷2=12(cm)입니다.
따라서 작은 원의 반지름은 12÷2=6(cm)입니다.

16 가장 작은 원의 반지름이 10÷2=5(cm)이므로
가장 큰 원의 지름은 5+25=30(cm)입니다.
따라서 가장 큰 원의 반지름은 30÷2=15(cm)입니다.

17 · (직사각형의 가로)=2×6=12(cm)
· (직사각형의 세로)=2×2=4(cm)
⇨ (직사각형의 네 변의 길이의 합)
=12+4+12+4=32(cm)

🖊**18** 예 원의 중심은 아래쪽으로 모눈 1칸씩 옮겨 가고, 원의
반지름은 모눈 1칸씩 늘려 가며 그린 규칙입니다.」❶

채점 기준	
❶ 원을 그린 규칙 설명하기	5점

🖊**19** 예 작은 원의 지름이 6 cm이므로 반지름은
6÷2=3(cm)입니다.」❶
따라서 선분 ㄱㄴ은 두 원의 반지름의 합과 같으므로
3+5=8(cm)입니다.」❷

채점 기준	
❶ 작은 원의 반지름 구하기	3점
❷ 선분 ㄱㄴ의 길이 구하기	2점

🖊**20** 예 삼각형의 세 변의 길이의 합은 원의 반지름을 6배
한 것과 같습니다.」❶
따라서 삼각형의 세 변의 길이의 합은
4×6=24(cm)입니다.」❷

채점 기준	
❶ 삼각형의 세 변의 길이의 합은 원의 반지름의 몇 배와 같은지 알기	3점
❷ 삼각형의 세 변의 길이의 합 구하기	2점

평가책 21~23쪽 **단원 평가 2회**

🖊 서술형 문제는 풀이를 꼭 확인하세요.

1 점 ㄴ　　　　**2** 선분 ㅇㄱ

3 예 / 1 cm

(원 그림, 반지름 표시)

4 선분 ㄴㅅ　　**5** 10 cm

6 14 cm

7

(두 개의 동심원 그림)

8

(정사각형 안 원 그림)

9 8 cm

10

(크기가 다른 원들이 일렬로 그려진 모눈종이 그림)

11

(모눈종이 안 원 그림)

12 15 cm

13 7 m

14 12 cm

15 64 cm　　　**16** 80 cm

17 9 cm　　🖊**18** 6 cm

🖊**19** 14 cm　🖊**20** 7 cm

16 ・(직사각형의 가로)$=4\times6=24$(cm)
　・(직사각형의 세로)$=4\times4=16$(cm)
　$\Rightarrow$ (직사각형의 네 변의 길이의 합)
　　$=24+16+24+16=80$(cm)

17 선분 ㄱㄴ은 작은 원의 반지름을 3배 한 것과 같습니다.
　(큰 원의 반지름)$=$(작은 원의 지름)$=12\div2=6$(cm)
　(작은 원의 반지름)$=6\div2=3$(cm)
　$\Rightarrow$ (선분 ㄱㄴ)$=3\times3=9$(cm)

18 예 두 원의 지름은 각각
　$12\times2=24$(cm), $9\times2=18$(cm)입니다. ❶
　따라서 두 원의 지름의 차는
　$24-18=6$(cm)입니다. ❷

채점 기준	
❶ 두 원의 지름 각각 구하기	3점
❷ 두 원의 지름의 차 구하기	2점

19 예 중간 크기 원의 지름은 $5\times2=10$(cm)입니다. ❶
　가장 작은 원의 지름은 $2\times2=4$(cm)입니다. ❷
　따라서 가장 큰 원의 지름은 $10+4=14$(cm)입니다. ❸

채점 기준	
❶ 중간 크기 원의 지름 구하기	2점
❷ 가장 작은 원의 지름 구하기	2점
❸ 가장 큰 원의 지름 구하기	1점

20 예 선분 ㄱㅇ과 선분 ㄴㅇ의 길이의 합은
　$24-10=14$(cm)입니다. ❶
　따라서 선분 ㄱㅇ과 선분 ㄴㅇ은 반지름으로 길이가
　같으므로 원의 반지름은 $14\div2=7$(cm)입니다. ❷

채점 기준	
❶ 선분 ㄱㅇ과 선분 ㄴㅇ의 길이의 합 구하기	2점
❷ 원의 반지름 구하기	3점

평가책 24~25쪽 　서술형 평가

1 풀이 참조　　**2** 6 cm
3 32 cm　　　　**4** 풀이 참조
5 27 cm　　　　**6** 5 cm

1 예

원 위의 두 점을 이은 선분 중 원의 중심을 지나는 선분을 4개 그어 각각의 길이를 재어 보면 모두 2 cm입니다. ❶
한 원에서 원의 지름은 길이가 모두 같습니다. ❷

채점 기준	
❶ 원의 지름을 4개 그어 각각의 길이 재어 보기	2점
❷ 위 ❶을 통해 알 수 있는 사실 설명하기	3점

2 예 원의 지름은 원의 중심을 지나는 선분이므로 12 cm입니다. ❶
따라서 원의 반지름은 지름의 반이므로
$12\div2=6$(cm)입니다. ❷

채점 기준	
❶ 원의 지름 알기	2점
❷ 원의 반지름 구하기	3점

3 예 선분 ㄱㄴ은 원의 반지름을 4배 한 것과 같습니다. ❶
따라서 선분 ㄱㄴ은 $8\times4=32$(cm)입니다. ❷

채점 기준	
❶ 선분 ㄱㄴ은 반지름을 몇 배 한 것과 같은지 알기	2점
❷ 선분 ㄱㄴ의 길이 구하기	3점

4

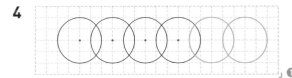

예 원의 중심을 오른쪽으로 모눈 3칸씩 옮겨 가고, 원의 반지름의 길이를 같게 하여 그렸습니다. ❷

채점 기준	
❶ 규칙에 따라 원 2개 더 그리기	2점
❷ 그린 방법 설명하기	3점

5 예 원의 반지름은 $18\div2=9$(cm)입니다. ❶
따라서 선분 ㄱㄴ은 원의 반지름을 3배 한 것과 같으므로 $9\times3=27$(cm)입니다. ❷

채점 기준	
❶ 원의 반지름 구하기	2점
❷ 선분 ㄱㄴ의 길이 구하기	3점

6 예 큰 원의 반지름이 20 cm이므로 중간 원의 지름은 20 cm이고, 가장 작은 원의 지름은
$20\div2=10$(cm)입니다. ❶
따라서 가장 작은 원의 지름이 10 cm이므로
선분 ㄴㄷ은 $10\div2=5$(cm)입니다. ❷

채점 기준	
❶ 가장 작은 원의 지름 구하기	2점
❷ 선분 ㄴㄷ의 길이 구하기	3점

4. 분수

✎ 서술형 문제는 풀이를 꼭 확인하세요.

1 $4, \dfrac{4}{7}$

2 4

3 20

4 $1\dfrac{3}{8}$

5 (○) ( )

6 2개

7 $\dfrac{13}{4}$

8 3

9 60

10 $\dfrac{6}{6}, \dfrac{7}{6}, \dfrac{8}{6}$

11 ③

12 >

13 ㉡

14 2개

15 $\dfrac{9}{6}$

16 3, 4

17 $1\dfrac{2}{4}$

18 3

19 단풍나무

20 46쪽

---

13 ㉡ 45 cm > ㉠ 35 cm > ㉢ 32 cm

16 $\dfrac{17}{5}=3\dfrac{2}{5}$ ⇨ $3\dfrac{2}{5}<3\dfrac{\square}{5}$에서 $2<\square<5$이므로
$\square=3, 4$입니다.

17 가장 큰 가분수를 만들려면 가장 작은 수인 4를 분모에 놓고, 가장 큰 수인 6을 분자에 놓아야 하므로 만들 수 있는 가장 큰 가분수는 $\dfrac{6}{4}$입니다.

따라서 $\dfrac{6}{4}$ ⇨ $\dfrac{4}{4}$와 $\dfrac{2}{4}$ ⇨ $1\dfrac{2}{4}$입니다.

18 예 10을 2씩 묶으면 5묶음이 되고 6은 5묶음 중에서 3묶음이므로 10의 $\dfrac{3}{5}$입니다. ●

따라서 □ 안에 알맞은 수는 3입니다. ②

채점 기준	
● 10을 2씩 묶으면 6은 10의 얼마인지 분수로 나타내기	4점
② □ 안에 알맞은 수 구하기	1점

19 예 2<3이므로 $2\dfrac{5}{8}<3\dfrac{1}{8}$입니다. ●

따라서 은행나무와 단풍나무 중에서 높이가 더 높은 것은 단풍나무입니다. ②

채점 기준	
● 은행나무와 단풍나무의 높이 비교하기	4점
② 은행나무와 단풍나무 중에서 높이가 더 높은 것 구하기	1점

---

20 예 63의 $\dfrac{2}{7}$는 18이므로 어제 읽은 동화책은 18쪽입니다. ●

63의 $\dfrac{4}{9}$는 28이므로 오늘 읽은 동화책은 28쪽입니다. ②

따라서 어제와 오늘 읽은 동화책은 모두
18+28=46(쪽)입니다. ③

채점 기준	
● 어제 읽은 동화책은 몇 쪽인지 구하기	2점
② 오늘 읽은 동화책은 몇 쪽인지 구하기	2점
③ 어제와 오늘 읽은 동화책은 모두 몇 쪽인지 구하기	1점

✎ 서술형 문제는 풀이를 꼭 확인하세요.

1 $\dfrac{2}{3}$

2 6

3 예

4 10

5 $\dfrac{9}{4}$

6 $\dfrac{3}{5}, \dfrac{5}{8}$ / $\dfrac{7}{6}, \dfrac{4}{4}$ / $1\dfrac{5}{10}, 2\dfrac{1}{3}$

7 >

8 $\dfrac{7}{7}$

9 ㉢

10 20분

11 $2\dfrac{1}{8}$ cm

12 $3\dfrac{1}{3}, \dfrac{13}{3}$

13 상우

14 2 / 3

15 $\dfrac{12}{4}, \dfrac{13}{4}, \dfrac{14}{4}, \dfrac{15}{4}, \dfrac{16}{4}$

16 56 cm

17 $\dfrac{3}{9}$

18 4개

19 우체국

20 $\dfrac{23}{4}$

---

16 처음 철사의 길이를 똑같이 7부분으로 나눈 것 중의 4부분이 32 cm이므로 1부분은 32÷4=8(cm)입니다.
따라서 처음 철사의 길이는 8×7=56(cm)입니다.

17 분모와 분자의 합이 12인 진분수는 $\dfrac{1}{11}, \dfrac{2}{10}, \dfrac{3}{9},$
$\dfrac{4}{8}, \dfrac{5}{7}$입니다. 이 중 분모와 분자의 차가 6인 분수는 $\dfrac{3}{9}$이므로 조건을 모두 만족하는 진분수는 $\dfrac{3}{9}$입니다.

18 예 분모가 5이고, 분자가 5보다 작아야 하므로 분모가 5인 진분수를 모두 구하면 $\frac{1}{5}$, $\frac{2}{5}$, $\frac{3}{5}$, $\frac{4}{5}$입니다.」❶

따라서 분모가 5인 진분수는 모두 4개입니다.」❷

채점 기준	
❶ 분모가 5인 진분수 모두 구하기	4점
❷ 분모가 5인 진분수는 모두 몇 개인지 구하기	1점

19 예 $\frac{33}{8}$ ⇨ $\frac{32}{8}$와 $\frac{1}{8}$ ⇨ $4\frac{1}{8}$입니다.」❶

따라서 $3\frac{3}{8} < 3\frac{7}{8} < \frac{33}{8}$이므로 주희네 집에서 가장 가까운 곳은 우체국입니다.」❷

채점 기준	
❶ 주희네 집에서 소방서까지의 거리를 대분수로 나타내기	2점
❷ 주희네 집에서 가장 가까운 곳은 어디인지 구하기	3점

20 예 가장 큰 대분수를 만들려면 가장 큰 수인 5를 자연수 부분에 놓고, 남은 두 수로 진분수를 만들어야 하므로 만들 수 있는 가장 큰 대분수는 $5\frac{3}{4}$입니다.」❶

따라서 $5\frac{3}{4}$ ⇨ $\frac{20}{4}$과 $\frac{3}{4}$ ⇨ $\frac{23}{4}$입니다.」❷

채점 기준	
❶ 만들 수 있는 가장 큰 대분수 구하기	3점
❷ 위 ❶에서 만든 대분수를 가분수로 나타내기	2점

평가책 32~33쪽 | 서술형 평가

1 $\frac{3}{5}$　　　　**2** 가분수, 2개

3 8개　　　　**4** 혜빈

5 14, 15, 16　　　**6** $4\frac{1}{2}$

1 예 20을 4씩 묶으면 5묶음이 되고, 12는 5묶음 중에서 3묶음입니다.」❶

따라서 12는 20의 $\frac{3}{5}$입니다.」❷

채점 기준	
❶ 20과 12를 4씩 묶으면 각각 몇 묶음이 되는지 구하기	3점
❷ 12는 20의 얼마인지 분수로 나타내기	2점

2 예 진분수는 분자가 분모보다 작은 분수이므로 $\frac{7}{9}$, $\frac{13}{17}$으로 2개이고, 가분수는 분자가 분모와 같거나 분모보다 큰 분수이므로 $\frac{6}{5}$, $\frac{14}{11}$, $\frac{4}{4}$, $\frac{8}{3}$로 4개입니다.」❶

따라서 가분수가 4−2=2(개) 더 많습니다.」❷

채점 기준	
❶ 진분수와 가분수의 개수 각각 구하기	3점
❷ 진분수와 가분수 중 어느 것이 몇 개 더 많은지 구하기	2점

3 예 14를 똑같이 7묶음으로 나눈 것 중의 3묶음은 6이므로 은서가 먹은 귤은 6개입니다.」❶

따라서 은서가 먹고 남은 귤은 14−6=8(개)입니다.」❷

채점 기준	
❶ 은서가 먹은 귤의 수 구하기	3점
❷ 은서가 먹고 남은 귤의 수 구하기	2점

4 예 1 m는 100 cm입니다.」❶

$\frac{7}{10}$ m는 100 cm를 똑같이 10부분으로 나눈 것 중의 7부분이므로 70 cm, $\frac{4}{5}$ m는 100 cm를 똑같이 5부분으로 나눈 것 중의 4부분이므로 80 cm입니다.」❷
따라서 70 cm<80 cm이므로 더 긴 길이를 나타낸 사람은 혜빈입니다.」❸

채점 기준	
❶ 1 m=100 cm임을 알기	1점
❷ $\frac{7}{10}$ m와 $\frac{4}{5}$ m는 각각 몇 cm인지 구하기	3점
❸ 더 긴 길이를 나타낸 사람 구하기	1점

5 예 $1\frac{5}{8}$ ⇨ $\frac{8}{8}$과 $\frac{5}{8}$ ⇨ $\frac{13}{8}$,

$2\frac{1}{8}$ ⇨ $\frac{16}{8}$과 $\frac{1}{8}$ ⇨ $\frac{17}{8}$입니다.」❶

따라서 $\frac{13}{8} < \frac{\square}{8} < \frac{17}{8}$에서 $13<\square<17$이므로 $\square$ 안에 들어갈 수 있는 자연수는 14, 15, 16입니다.」❷

채점 기준	
❶ 두 대분수를 각각 가분수로 나타내기	2점
❷ $\square$ 안에 들어갈 수 있는 자연수 모두 구하기	3점

6 예 가장 큰 가분수를 만들려면 가장 작은 수인 2를 분모에 놓고, 가장 큰 수인 9를 분자에 놓아야 하므로 만들 수 있는 가장 큰 가분수는 $\frac{9}{2}$입니다.」❶

따라서 $\frac{9}{2}$ ⇨ $\frac{8}{2}$과 $\frac{1}{2}$ ⇨ $4\frac{1}{2}$입니다.」❷

채점 기준	
❶ 만들 수 있는 가장 큰 가분수 구하기	3점
❷ 위 ❶에서 만든 가분수를 대분수로 나타내기	2점

5. 들이와 무게

평가책 34~36쪽 **단원 평가 1회**

✎ 서술형 문제는 풀이를 꼭 확인하세요.

1 물병
2 3 리터 150 밀리리터
3 400 mL
4 2, 150
5 g
6 <
7 5, 700
8 4, 300
9 수조
10 ㉢
11 ㉣
12 (선을 잇는 그림)
13 복숭아, 5개
14 5 L 300 mL
15 4 kg 150 g
16 민아
17 750 mL
18 1600 mL
19 3 kg 500 g
20 2 L 250 mL

11 1 t=1000 kg이므로 무게가 1 t보다 무거운 것을 찾으면 ㉣ 비행기 1대입니다.

12 • 2 kg 300 g=2300 g • 5000 kg=5 t
• 7200 g=7 kg 200 g

13 사과는 100원짜리 동전 25개, 복숭아는 100원짜리 동전 30개의 무게와 같으므로 복숭아가 100원짜리 동전 30−25=5(개)만큼 더 무겁습니다.

14 (남은 식용유의 양)=8 L−2 L 700 mL
=5 L 300 mL

15 (멜론의 무게)=1700 g=1 kg 700 g
⇨ (수박의 무게)=1 kg 700 g+2 kg 450 g
=4 kg 150 g

16 • 물을 부은 횟수가 많을수록 컵의 들이가 더 적습니다. 10번>8번이므로 들이가 더 많은 컵은 ㉯ 컵입니다.
• 냄비는 ㉮ 컵 10개만큼, 주전자는 ㉮ 컵 5개만큼 물이 들어갑니다. 냄비의 들이는 주전자의 들이의 10÷5=2(배)입니다.

17 (만든 하늘색 페인트의 양)
=1 L 600 mL+2 L 850 mL=4 L 450 mL
⇨ (남은 하늘색 페인트의 양)
=4 L 450 mL−3 L 700 mL=750 mL

18 예 비커에 옮겨 담은 물의 양은 1000 mL와 600 mL입니다.」❶
따라서 양동이의 들이는
1000 mL+600 mL=1600 mL입니다.」❷

채점 기준	
❶ 비커에 옮겨 담은 물의 양을 각각 알아보기	2점
❷ 양동이의 들이는 몇 mL인지 구하기	3점

19 예 갯벌에서 캔 조개의 무게에서 먹은 조개의 무게를 빼면 되므로 7 kg 100 g−3 kg 600 g을 계산합니다.」❶
따라서 남은 조개의 무게는
7 kg 100 g−3 kg 600 g=3 kg 500 g입니다.」❷

채점 기준	
❶ 문제에 알맞은 식 만들기	2점
❷ 남은 조개의 무게는 몇 kg 몇 g인지 구하기	3점

20 예 그릇으로 550 mL씩 5번 덜어 낸 물의 양은
550 mL+550 mL+550 mL+550 mL+550 mL
=2750 mL입니다.」❶
따라서 대야에 남아 있는 물의 양은
5 L−2750 mL=5000 mL−2750 mL
=2250 mL
=2 L 250 mL입니다.」❷

채점 기준	
❶ 그릇으로 덜어 낸 물의 양 구하기	2점
❷ 대야에 남아 있는 물의 양은 몇 L 몇 mL인지 구하기	3점

평가책 37~39쪽 **단원 평가 2회**

✎ 서술형 문제는 풀이를 꼭 확인하세요.

1 주스병
2 1, 800
3 2000
4 kg
5 3400, 3, 400
6 5, 750
7 <
8 ㉠
9 ㉢, ㉠, ㉡, ㉣
10 ㉯ 컵
11 5 L 100 mL
12 예 • 배추 한 포기의 무게는 약 800 g입니다.
• 4 kg 50 g은 4050 g입니다.
13 사탕 상자, 850 g
14 예 약 14배
15 준영
16 승재, 250 mL
17 2 kg 900 g
18 풀이 참조
19 나 상자, 가 상자, 다 상자
20 풀이 참조

14 1 t=1000 kg이고, 1000 kg은 70 kg의 약 14배이므로 1 t은 재훈이 아버지 몸무게의 약 14배쯤 됩니다.

15 • 윤서: 1 L 200 mL−800 mL=400 mL
• 준영: 1 L 200 mL−1 L 100 mL=100 mL
따라서 어림한 들이와 실제 들이의 차가 더 작은 준영이가 더 가깝게 어림했습니다.

16 • 승재: 1 L 700 mL+500 mL=2 L 200 mL
• 민아: 650 mL+1 L 300 mL=1 L 950 mL
따라서 2 L 200 mL>1 L 950 mL이므로 승재가 산 음료의 양이 2 L 200 mL−1 L 950 mL
=250 mL 더 많습니다.

17 (성민이의 몸무게)=42 kg 500 g−2 kg 300 g
=40 kg 200 g
⇨ (고양이의 무게)=43 kg 100 g−40 kg 200 g
=2 kg 900 g

18 예 저울의 양쪽 접시에 사과와 배를 각각 올렸을 때, 아래로 내려온 접시의 과일이 더 무겁습니다.」❶

채점 기준	
❶ 두 과일의 무게를 비교할 수 있는 방법 쓰기	5점

19 예 가 상자는 나 상자보다 더 무겁고, 다 상자는 가 상자보다 더 무거우므로 가장 무거운 상자는 다 상자이고, 가장 가벼운 상자는 나 상자입니다.」❶
따라서 가벼운 상자부터 차례대로 쓰면 나 상자, 가 상자, 다 상자입니다.」❷

채점 기준	
❶ 세 상자의 무게 비교하기	3점
❷ 가벼운 상자부터 차례대로 쓰기	2점

20 예 ㉮ 그릇에 물을 가득 담아 수조에 2번 붓습니다.」❶
2 L 500 mL+2 L 500 mL=5 L이기 때문입니다.」❷

채점 기준	
❶ 수조에 물 5 L를 담는 방법 쓰기	3점
❷ 이유 쓰기	2점

평가책 40~41쪽 서술형 평가

1 주전자
2 수조
3 1 kg 600 g
4 1530 g
5 풀이 참조
6 2 L 200 mL

---

1 예 컵의 수가 많을수록 들이가 더 많은 그릇입니다.」❶
따라서 12<14이므로 들이가 더 많은 것은 주전자입니다.」❷

채점 기준	
❶ 들이가 더 많은 것을 구하는 방법 설명하기	2점
❷ 들이가 더 많은 것 구하기	3점

2 예 수조에 들어 있는 물의 양은
4550 mL=4 L 550 mL입니다.」❶
따라서 4 L 550 mL>4 L 500 mL이므로 수조에 물이 더 많이 들어 있습니다.」❷

채점 기준	
❶ 들이의 단위를 같게 나타내기	2점
❷ 수조와 어항 중에서 물이 더 많이 들어 있는 것 구하기	3점

3 예 책가방의 무게는 1600 g입니다.」❶
따라서 1000 g=1 kg이므로 책가방의 무게는
1600 g=1 kg 600 g입니다.」❷

채점 기준	
❶ 책가방의 무게는 몇 g인지 구하기	2점
❷ 책가방의 무게는 몇 kg 몇 g인지 구하기	3점

4 예 가 상자의 무게는 4 kg 70 g=4070 g입니다.」❶
따라서 4070 g<5600 g이므로 두 상자의 무게의 차는 5600 g−4070 g=1530 g입니다.」❷

채점 기준	
❶ 무게의 단위를 같게 나타내기	2점
❷ 두 상자의 무게의 차는 몇 g인지 구하기	3점

5 아니요.」❶
예 100원짜리 동전 30개와 500원짜리 동전 30개의 무게가 다르기 때문입니다.」❷

채점 기준	
❶ 고구마와 양파의 무게를 잘못 비교했음을 답하기	2점
❷ 이유 쓰기	3점

6 예 영호가 마신 주스의 양은
1 L 450 mL−700 mL=750 mL입니다.」❶
따라서 두 사람이 마신 주스의 양은 모두
1 L 450 mL+750 mL=2 L 200 mL입니다.」❷

채점 기준	
❶ 영호가 마신 주스의 양 구하기	3점
❷ 두 사람이 마신 주스의 양은 모두 몇 L 몇 mL인지 구하기	2점

6. 자료의 정리

평가책 42~44쪽 단원평가 1회

✎ 서술형 문제는 풀이를 꼭 확인하세요.

1 5명   **2** 28명

3 B형   **4** 2배

5 예 학생들이 좋아하는 과일

6 예 준서네 반 학생   **7** 7, 8, 25

8 표   **9** 10대 / 1대

10 32대   **11** 10월, 40대

12 8대   **13** 예 2가지

14

목장별 소의 수

목장	소의 수
튼튼	🐮🐮🐮
신선	🐮🐮🐮🐮🐄
아침	🐮🐮🐮🐮🐄

🐮 10마리
🐄 1마리

15 신선 목장, 튼튼 목장, 아침 목장

16 919개   **17** 5명

18

학생별 읽은 책의 수

이름	책의 수
현주	◯◯◯△
진호	◯△◯◯
민아	◯◯△◯◯◯
영태	◯◯◯◯◯◯

◯ 10 권 △ 5 권 ○ 1 권

19 150줄   **20** 풀이 참조

---

12 7월: 34대, 9월: 26대 ⇨ 34−26=8(대)

13 목장별 소의 수가 두 자리 수이므로 10마리 그림과
1마리 그림 2가지로 나타내는 것이 좋습니다.

15 10마리 그림이 많은 목장부터 차례대로 씁니다.

16 • 초코칩 과자: 324개
• 오트밀 과자: 252개
• 견과류 과자: 343개
⇨ 324+252+343=919(개)

17 • 놀이공원: 9+10=19(명)
• 방송국: 7+7=14(명)
⇨ 19−14=5(명)

✎ **19** 예 100줄 그림의 수가 가장 적은 것은 채소 김밥이므
로 가장 적게 팔린 김밥은 채소 김밥입니다.」 ❶
따라서 채소 김밥은 100줄 그림이 1개, 10줄 그림이
5개이므로 150줄이 팔렸습니다.」 ❷

채점 기준	
❶ 가장 적게 팔린 김밥의 종류 구하기	2점
❷ 가장 적게 팔린 김밥은 몇 줄이 팔렸는지 구하기	3점

✎ **20** 예 많이 팔리는 김밥 재료를 더 준비하면 좋으므로 채
소 김밥의 재료보다 참치 김밥의 재료를 더 많이 준비
합니다.」 ❶

채점 기준	
❶ 어떤 김밥 재료를 어떻게 준비하면 좋을지 쓰기	5점

평가책 45~47쪽 단원평가 2회

✎ 서술형 문제는 풀이를 꼭 확인하세요.

1 9, 3, 6, 10, 28   **2** 초록색

3 빨간색   **4** 15개

5 10분 / 1분   **6** 34분

7 선영   **8** 16분

9 23명

10 예

좋아하는 운동별 학생 수

운동	학생 수
수영	😊😊😊☺☺
축구	😊😊😊☺☺☺☺☺
야구	😊😊☺☺☺☺☺☺
피구	😊☺☺☺☺

😊 10명 ☺ 1명

11 축구, 야구, 수영, 피구

12 그림그래프   **13** 라 과수원, 310상자

14 다 과수원   **15** 820상자

16 (위에서부터) 2, 6, 3, 11 / 5, 4, 3, 12

17 미국

18 602 /

초등학교별 학생 수

초등학교	학생 수
우정	😊😊😊😊😊😊
행복	😊😊😊😊😊😊☺
바른	😊😊😊😊😊☺☺☺

😊 100명 ☺ 10명 ● 1명

19 2개, 6개   **20** 풀이 참조

13 100상자 그림이 가장 많은 과수원은 라 과수원이고 100상자 그림이 3개, 10상자 그림이 1개이므로 310 상자입니다.

14 가 과수원의 사과 생산량: 120상자
⇨ 사과 생산량이 가 과수원의 2배인 240상자인 과 수원은 다 과수원입니다.

15 • 가 과수원: 120상자   • 나 과수원: 150상자
• 다 과수원: 240상자   • 라 과수원: 310상자
⇨ $120+150+240+310=820$(상자)

17 • 일본: $2+5=7$(명)   • 미국: $6+4=10$(명)
• 프랑스: $3+3=6$(명)
따라서 가장 많은 학생이 가고 싶어 하는 나라인 미국 으로 가는 것이 좋습니다.

✐19 **예** 성희가 빚은 만두의 수는
$114-31-24-33=26$(개)입니다.」❶
따라서 그림그래프로 나타낼 때 🥟은 2개, ◔은 6개 를 그려야 합니다.」❷

채점 기준	
❶ 성희가 빚은 만두의 수 구하기	3점
❷ 그림그래프로 나타낼 때 그려야 하는 그림 🥟과 ◔의 개수 각각 구하기	2점

✐20 **예** 만두를 가장 많이 빚은 사람은 은아입니다.」❶
용재는 태훈이보다 만두를 7개 더 많이 빚었습니다.」❷

채점 기준	
❶ 그림그래프를 보고 알 수 있는 내용 한 가지 쓰기	1개 2점, 2개 5점
❷ 그림그래프를 보고 알 수 있는 내용 다른 한 가지 쓰기	

평가책 48~49쪽 서술형 평가

1 종이접기, 농구, 컴퓨터, 영어 회화
2 41상자   **3** 112상자
4 1개, 2개   **5** 160장
6 김밥

---

1 **예** 학생 수의 크기를 비교하면 $12<24<31<33$입 니다.」❶
따라서 참여하는 학생 수가 적은 교실부터 차례대로 쓰면 종이접기, 농구, 컴퓨터, 영어 회화입니다.」❷

채점 기준	
❶ 학생 수의 크기 비교하기	3점
❷ 참여하는 학생 수가 적은 교실부터 차례대로 쓰기	2점

2 **예** 10상자 그림이 가장 많은 마을은 나 마을이므로 수 박 생산량이 가장 많은 마을은 나 마을입니다.」❶
따라서 나 마을의 수박 생산량은 10상자 그림이 4개, 1상자 그림이 1개이므로 41상자입니다.」❷

채점 기준	
❶ 수박 생산량이 가장 많은 마을 구하기	2점
❷ 수박 생산량이 가장 많은 마을의 수박 생산량은 몇 상 자인지 구하기	3점

3 **예** 마을별 수박 생산량은 가 마을: 32상자, 나 마을: 41상자, 다 마을: 24상자, 라 마을: 15상자입니다.」❶
따라서 네 마을의 수박 생산량은 모두
$32+41+24+15=112$(상자)입니다.」❷

채점 기준	
❶ 마을별 수박 생산량 각각 구하기	3점
❷ 네 마을의 전체 수박 생산량 구하기	2점

4 **예** 빨간색 색종이가 70장이므로 초록색 색종이는
$70+50=120$(장)입니다.」❶
따라서 그림그래프로 나타낼 때 ▢은 1개, ▫은 2개 를 그려야 합니다.」❷

채점 기준	
❶ 초록색 색종이의 수 구하기	3점
❷ 그림그래프로 나타낼 때 그려야 하는 그림 ▢과 ▫의 개수 각각 구하기	2점

5 **예** 큰 그림의 수를 비교하면 $2>1>0$이므로 가장 많 은 색깔은 파란색, 가장 적은 색깔은 빨간색입니다.」❶
따라서 파란색 색종이 수와 빨간색 색종이 수의 차는
$230-70=160$(장)입니다.」❷

채점 기준	
❶ 가장 많은 색종이와 가장 적은 색종이의 색깔 각각 구 하기	3점
❷ 가장 많은 색종이 수와 가장 적은 색종이 수의 차 구하기	2점

6 **예** 먹고 싶어 하는 음식별 두 반 학생 수의 합은
떡볶이: 11명, 햄버거: 13명, 김밥: 14명, 자장면: 9명 입니다.」❶
따라서 두 반 학생들이 가장 먹고 싶어 하는 음식은 김밥입니다.」❷

채점 기준	
❶ 먹고 싶어 하는 음식별 두 반 학생 수의 합 각각 구하기	3점
❷ 두 반 학생들이 가장 먹고 싶어 하는 음식 구하기	2점

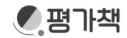

🖉 서술형 문제는 풀이를 꼭 확인하세요.

1 1734
2 10 cm
3 2
4 ④
5 30, 15
6 <
7 ( ) (○) ( )
8 ㉡
9 배, 복숭아, 참외, 사과
10 720상자
11 1 L 800 mL
12 45 cm
13 학교
14 4
15 $\dfrac{11}{5}$, $\dfrac{12}{5}$, $\dfrac{13}{5}$, $\dfrac{14}{5}$
16 31 / 1
17 140 cm
🖉**18** 풀이 참조
🖉**19** 8 kg 60 g
🖉**20** 2294

2 원 위의 두 점을 이은 선분 중 원의 중심을 지나는 선분의 길이는 10 cm입니다.

3 14를 똑같이 7묶음으로 나눈 것 중의 1묶음은 2입니다.

4 ④ 3 L 60 mL=3060 mL

5 90÷3=30, 30÷2=15

6 35×14=490, 123×4=492 ⇨ 490<492

7 $\dfrac{15}{8}$ ⇨ $\dfrac{8}{8}$과 $\dfrac{7}{8}$ ⇨ $1\dfrac{7}{8}$,

$\dfrac{21}{13}$ ⇨ $\dfrac{13}{13}$과 $\dfrac{8}{13}$ ⇨ $1\dfrac{8}{13}$

8 ㉡ 한 원에서 원의 중심은 1개입니다.

9 100상자 그림의 수를 비교하면 0<1<2<3이므로 적게 팔린 과일부터 차례대로 쓰면 배, 복숭아, 참외, 사과입니다.

10 사과: 300상자, 복숭아: 120상자,
배: 60상자, 참외: 240상자
⇨ 300+120+60+240=720(상자)

11 3 L 400 mL−1 L 600 mL=1 L 800 mL

12 삼각형의 세 변의 길이가 모두 같으므로 한 변은 135÷3=45(cm)입니다.

13 $\dfrac{24}{9}=2\dfrac{6}{9}$이므로 $2\dfrac{3}{9}<2\dfrac{6}{9}<2\dfrac{7}{9}$입니다.
따라서 선아네 집에서 가장 가까운 곳은 학교입니다.

14 ☐×6의 일의 자리 수가 4인 것은 4×6=24, 9×6=54입니다.
⇨ 1×6=6에 올림한 수를 더한 값이 8이므로 ☐×6에서 올림한 수가 2인 것을 찾으면 ☐ 안에 알맞은 수는 4입니다.

15 $2=\dfrac{10}{5}$보다 크고 $3=\dfrac{15}{5}$보다 작으면서 분모가 5인 가분수는 $\dfrac{11}{5}$, $\dfrac{12}{5}$, $\dfrac{13}{5}$, $\dfrac{14}{5}$입니다.

16 몫이 가장 크게 되려면
(가장 큰 몇십몇)÷(가장 작은 몇)을 만들면 됩니다.
9>4>3이므로 가장 큰 몇십몇은 94, 가장 작은 몇은 3입니다.
⇨ 94÷3=31 … 1이므로 몫은 31, 나머지는 1입니다.

17 • (직사각형의 가로)=7×8=56(cm)
• (직사각형의 세로)=7×2=14(cm)
⇨ (직사각형의 네 변의 길이의 합)
=56+14+56+14=140(cm)

🖉**18** 예 나머지는 나누는 수보다 작아야 하는데 나머지 5가 나누는 수 4보다 크므로 잘못 계산했습니다.」❶
따라서 바르게 계산하면 73÷4=18…1입니다.」❷

채점 기준	
❶ 잘못 계산한 이유 쓰기	3점
❷ 바르게 계산하기	2점

🖉**19** 예 지선이네 가족이 10월에 먹은 쌀은
4 kg 280 g−500 g=3 kg 780 g입니다.」❶
따라서 지선이네 가족이 9월과 10월에 먹은 쌀은 모두
4 kg 280 g+3 kg 780 g=8 kg 60 g입니다.」❷

채점 기준	
❶ 지선이네 가족이 10월에 먹은 쌀의 양 구하기	2점
❷ 지선이네 가족이 9월과 10월에 먹은 쌀은 모두 몇 kg 몇 g인지 구하기	3점

🖉**20** 예 어떤 수를 ☐라 하면 잘못 계산한 식은
☐−37=25이고, ☐=25+37=62이므로
어떤 수는 62입니다.」❶
따라서 바르게 계산하면 62×37=2294입니다.」❷

채점 기준	
❶ 어떤 수 구하기	2점
❷ 바르게 계산한 값 구하기	3점

우리 아이 **인생교재**
-수학 편-

visano

	완자 **공부력** 계산	하루에 4쪽씩 계산 단원만 집중 연습하여 40일 만에 계산력을 완성하고 싶다면!	하 95% 중 5%
수준별 연산 교재	**개념+연산** 라이트	전 단원(연산, 도형, 측정 등)의 연산 훈련으로 정확성과 빠르기를 잡고 싶다면!	하 90% 중 10%
	개념+연산 파워	전 단원(연산, 도형, 측정 등)의 기초, 스킬 업, 문장제 연산으로 응용 연산력을 완성하고 싶다면!	하 50% 상 5% 중 45%
수준별 전문 교재	**개념+유형** 라이트	기초에서 응용까지 차근차근 기본 실력을 쌓고 싶다면!	하 30% 상 20% 중 50%
	개념+유형 파워	기본에서 심화까지 탄탄하게 응용력을 올리고 싶다면!	하 15% 최상 15% 중 40% 상 30%
	개념+유형 최상위 탑	최상위 문제까지 완벽하게 수학을 정복하고 싶다면!	중 20% 최상 30% 상 50%
특화 교재	교과서 **개념 잡기**	교과서 개념, 4주 만에 완성하고 싶다면!	하 60% 중 40%
	교과서 **유형 잡기**	수학 실력, 유형으로 꽉! 잡고 싶다면!	하 20% 상 20% 중 60%

개념·플러스·유형·시리즈 개념과 유형이 하나로! 가장 효과적인 수학 공부 방법을 제시합니다.

대표전화 1544-0554
주소 서울특별시 구로구 디지털로33길 48 대륭포스트타워 7차 20층
협의 없는 무단 복제는 법으로 금지되어 있습니다.

✚ 개념·플러스·유형·시리즈 개념과 유형이 하나로! 가장 효과적인 수학 공부 방법을 제시합니다.

visang

http://book.visang.com/

발간 이후에 발견되는 오류 비상교재 누리집 › 학습자료실 › 초등교재 › 정오표
본 교재의 정답 비상교재 누리집 › 학습자료실 › 초등교재 › 정답·해설

비상교재
누리집에
방문해보세요

KC마크는 이 제품이
공통안전기준에 적합
하였음을 의미합니다.

초등학교   반   번 이름

품질혁신코드 VS01QI24_1

유형 복습 시스템으로 기본 완성

라이트 **복습책**

- 개념을 단단하게 다지는 **개념복습**
- 1:1 복습을 통해 기본을 완성하는 **유형복습**

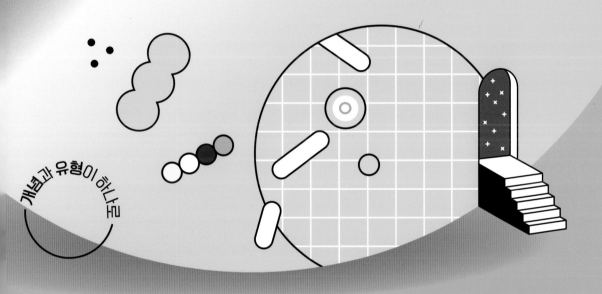

개념과 유형이 하나로

개념╋유형 PLUS

초등 수학

3·2

visang

ABOVE IMAGINATION

우리는 남다른 상상과 혁신으로
교육 문화의 새로운 전형을 만들어
모든 이의 행복한 경험과 성장에 기여한다

개념＋유형 PLUS

라이트

복습책

초등 수학 —

3·2

개념+유형 라이트

"복습책에서는
개념책의 문제를 1:1로 복습합니다"

1

곱셈

개념복습 기초력 기르기

1 올림이 없는 (세 자리 수)×(한 자리 수)

《1~10》 계산해 보시오.

1
$$\begin{array}{r} 2\ 3\ 3 \\ \times\qquad 3 \\ \hline \end{array}$$

2
$$\begin{array}{r} 4\ 3\ 4 \\ \times\qquad 2 \\ \hline \end{array}$$

3
$$\begin{array}{r} 2\ 1\ 2 \\ \times\qquad 4 \\ \hline \end{array}$$

4
$$\begin{array}{r} 3\ 1\ 2 \\ \times\qquad 3 \\ \hline \end{array}$$

5 142×2

6 232×3

7 414×2

8 334×2

9 322×3

10 423×2

2 올림이 한 번 있는 (세 자리 수)×(한 자리 수)

《1~10》 계산해 보시오.

1
$$\begin{array}{r} 1\ 1\ 2 \\ \times\qquad 5 \\ \hline \end{array}$$

2
$$\begin{array}{r} 4\ 7\ 3 \\ \times\qquad 2 \\ \hline \end{array}$$

3
$$\begin{array}{r} 3\ 2\ 6 \\ \times\qquad 3 \\ \hline \end{array}$$

4
$$\begin{array}{r} 1\ 5\ 1 \\ \times\qquad 4 \\ \hline \end{array}$$

5 219×4

6 492×2

7 317×3

8 435×2

9 241×4

10 191×5

3 올림이 여러 번 있는 (세 자리 수)×(한 자리 수)

(1~15) 계산해 보시오.

1
$$\begin{array}{r} 3\,4\,2 \\ \times \quad 4 \\ \hline \end{array}$$

2
$$\begin{array}{r} 2\,6\,4 \\ \times \quad 3 \\ \hline \end{array}$$

3
$$\begin{array}{r} 7\,0\,8 \\ \times \quad 5 \\ \hline \end{array}$$

4
$$\begin{array}{r} 6\,6\,6 \\ \times \quad 2 \\ \hline \end{array}$$

5
$$\begin{array}{r} 1\,7\,3 \\ \times \quad 6 \\ \hline \end{array}$$

6
$$\begin{array}{r} 9\,3\,5 \\ \times \quad 2 \\ \hline \end{array}$$

7
$$\begin{array}{r} 5\,8\,1 \\ \times \quad 3 \\ \hline \end{array}$$

8
$$\begin{array}{r} 2\,2\,9 \\ \times \quad 7 \\ \hline \end{array}$$

9
$$\begin{array}{r} 3\,4\,3 \\ \times \quad 9 \\ \hline \end{array}$$

10 136×4

11 495×2

12 741×6

13 608×8

14 374×5

15 933×7

기초력 기르기

4 (몇십)×(몇십), (몇십몇)×(몇십)

《1~10》 계산해 보시오.

1 40×20

2 30×90

3 50×60

4 20×70

5 60×30

6 46×60

7 75×30

8 21×50

9 56×40

10 38×80

5 (몇)×(몇십몇)

《1~10》 계산해 보시오.

1
$$\begin{array}{r} 6 \\ \times\ 3\ 9 \\ \hline \end{array}$$

2
$$\begin{array}{r} 4 \\ \times\ 8\ 3 \\ \hline \end{array}$$

3
$$\begin{array}{r} 9 \\ \times\ 4\ 2 \\ \hline \end{array}$$

4
$$\begin{array}{r} 5 \\ \times\ 2\ 6 \\ \hline \end{array}$$

5 3×57

6 8×64

7 3×45

8 4×52

9 2×78

10 7×66

6 올림이 없는 (몇십몇)×(몇십몇)

（1~10） 계산해 보시오.

1
```
    4 2
  × 2 2
```

2
```
    1 1
  × 6 7
```

3
```
    1 4
  × 2 1
```

4
```
    3 1
  × 3 2
```

5 13×13

6 23×21

7 12×41

8 51×11

9 43×12

10 32×32

7 올림이 한 번 있는 (몇십몇)×(몇십몇)

（1~10） 계산해 보시오.

1
```
    1 2
  × 1 8
```

2
```
    5 1
  × 3 1
```

3
```
    4 2
  × 1 3
```

4
```
    2 4
  × 2 4
```

5 16×14

6 35×12

7 61×17

8 23×34

9 74×12

10 62×41

8 올림이 여러 번 있는 (몇십몇)×(몇십몇)

(1~15) 계산해 보시오.

1
    3 2
× 2 7

2
    2 6
× 4 2

3
    6 5
× 3 4

4
    4 3
× 5 3

5
    3 8
× 3 9

6
    8 3
× 3 5

7
    7 2
× 2 7

8
    9 1
× 5 6

9
    4 9
× 6 4

10 24×54

11 38×61

12 76×19

13 55×66

14 47×25

15 84×48

STEP1 유형복습 기본유형 익히기

1 단원

1 올림이 없는 (세 자리 수)×(한 자리 수)

1 수 모형을 보고 계산해 보시오.

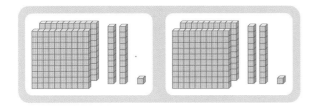

$$221 \times 2 = \boxed{}$$

2 계산해 보시오.

(1)   1 3 2
   ×   2

(2)   3 1 3
   ×   3

(3) 110×6

(4) 421×2

3 빈칸에 알맞은 수를 써넣으시오.

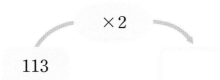

$\times 2$

113

4 공깃돌이 한 상자에 121개씩 들어 있습니다. 4상자에 들어 있는 공깃돌은 모두 몇 개입니까?

식 |

답 |

2 올림이 한 번 있는 (세 자리 수)×(한 자리 수)

5 수 모형을 보고 계산해 보시오.

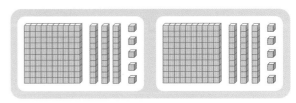

$$135 \times 2 = \boxed{}$$

6 계산해 보시오.

(1)   2 1 6
   ×   3

(2)   1 8 2
   ×   4

(3) 117×5

(4) 453×2

7 빈칸에 알맞은 수를 써넣으시오.

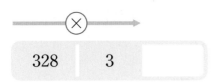

| 328 | 3 | |

8 다영이는 학교 운동장을 하루에 427 m씩 달렸습니다. 2일 동안 학교 운동장을 모두 몇 m 달렸습니까?

식 |

답 |

③ 올림이 여러 번 있는 (세 자리 수)×(한 자리 수)

9 ☐ 안에 알맞은 수를 써넣으시오.

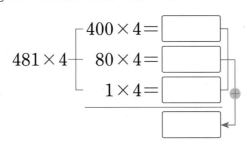

$$481 \times 4 \begin{cases} 400 \times 4 = \boxed{} \\ 80 \times 4 = \boxed{} \\ 1 \times 4 = \boxed{} \end{cases}$$

10 계산해 보시오.

(1)
$$\begin{array}{r} 4\ 9\ 2 \\ \times \quad\ 3 \\ \hline \end{array}$$

(2)
$$\begin{array}{r} 3\ 2\ 4 \\ \times \quad\ 5 \\ \hline \end{array}$$

(3) 169×4

(4) 835×6

11 빈칸에 알맞은 수를 써넣으시오.

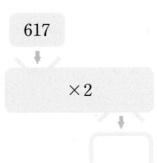

617

×2

12 우체국에서 파는 일반 우표의 가격은 380원입니다. 일반 우표 9장을 사려면 얼마를 내야 합니까?

식 |

답 |

1 계산해 보시오.

(1)
```
    2 3 1
×       2
```

(2)
```
    3 2 5
×       3
```

(3) 172×4

(4) 569×2

2 덧셈식을 곱셈식으로 나타내고 계산해 보시오.

$$421 + 421 + 421 + 421 + 421 + 421$$

☐ × ☐ = ☐

3 빈칸에 두 수의 곱을 써넣으시오.

205	4

4 계산 결과를 찾아 선으로 이어 보시오.

417×2 ・ ・ 786

115×7 ・ ・ 834

262×3 ・ ・ 805

5 계산 결과의 크기를 비교하여 ◯ 안에 >, =, <를 알맞게 써넣으시오.

$$214 \times 3 \;\bigcirc\; 324 \times 2$$

6 가장 큰 수와 가장 작은 수의 곱은 얼마입니까?

7	681	4	639

( )

교과 역량 추론

개념 확인 서술형

7 잘못 계산한 곳을 찾아 이유를 쓰고, 바르게 계산해 보시오.

```
    3 4 7
×       5
    3 5
    2 0
  1 5
1 5 5 5
```
⇨
```
    3 4 7
×       5
```

이유 |

_____

_____

8 한 묶음에 102장인 색종이가 4묶음 있습니다. 색종이는 모두 몇 장입니까?

( )

9 1년은 365일입니다. 3년은 모두 며칠입니까?

( )

10 정사각형의 네 변의 길이의 합은 몇 cm입니까?

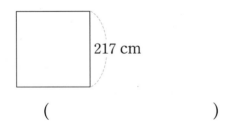

217 cm

( )

교과 역량 문제 해결, 정보 처리

11 다음이 나타내는 수와 7의 곱은 얼마입니까?

100이 5개, 10이 3개, 1이 4개인 수

( )

12 민상이는 가게에서 한 개에 620원인 초콜릿 8개를 사고 5000원을 냈습니다. 민상이가 받아야 하는 거스름돈은 얼마입니까?

( )

교과서 pick

13 ㉮, ㉯, ㉰, ㉱ 마을의 3학년 학생 수를 나타낸 표입니다. 학생 한 명당 공책을 2권씩 나누어 줄 때, 모든 학생에게 나누어 주려면 공책은 모두 몇 권 필요합니까?

마을	㉮	㉯	㉰	㉱
학생 수(명)	62	74	51	60

( )

교과 역량 문제 해결

14 문구점에서 돈을 더 많이 쓴 사람은 누구이고, 얼마를 더 많이 썼습니까?

• 진수: 난 문구점에서 550원짜리 공책을 9권 샀어.
• 유리: 난 730원짜리 색연필을 6자루 샀어.

(,)

4 (몇십)×(몇십), (몇십몇)×(몇십)

1 ☐ 안에 알맞은 수를 써넣으시오.

$$34 \times 60 = 34 \times 6 \times 10$$
$$= \boxed{} \times 10$$
$$= \boxed{}$$

2 계산해 보시오.

(1)
```
   9 0
 × 2 0
```

(2)
```
   6 1
 × 5 0
```

(3) 70×30

(4) 19×40

3 빈칸에 알맞은 수를 써넣으시오.

$$\times 80$$

$$42$$

4 과일 가게에서 딸기를 한 바구니에 50개씩 담아서 팔고 있습니다. 20바구니에 담긴 딸기는 모두 몇 개입니까?

식 |

답 |

5 (몇)×(몇십몇)

5 모눈종이를 보고 8×23을 계산해 보시오.

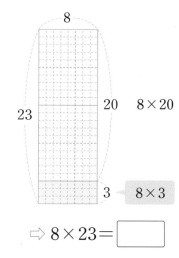

$$\Rightarrow 8 \times 23 = \boxed{}$$

6 계산해 보시오.

(1)
```
     2
 × 5 3
```

(2)
```
     9
 × 4 5
```

(3) 4×37

(4) 6×78

7 잘못 계산한 곳을 찾아 바르게 계산해 보시오.

```
     7
 × 2 6
 ─────
   4 2
   1 4
 ─────
   5 6
```
⇨
```
     7
 × 2 6
```

8 운동장에 학생들이 한 줄에 5명씩 34줄로 서 있습니다. 줄을 선 학생은 모두 몇 명입니까?

식 |

답 |

6 올림이 없는 (몇십몇)×(몇십몇)

9 모눈종이를 보고 11×13을 계산해 보시오.

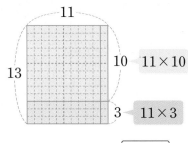

11

13   10   11×10

3   11×3

⇨ 11×13=□

10 계산해 보시오.

(1) 　1 4
　　×2 2

(2) 　3 3
　　×2 1

(3) 24×12

(4) 42×11

11 빈칸에 알맞은 수를 써넣으시오.

13 ➡ ×23 ➡ □

12 사진이 앨범 한 쪽에 12장씩 붙어 있습니다. 앨범 14쪽에 붙어 있는 사진은 모두 몇 장입니까?

식 |

답 |

7 올림이 한 번 있는 (몇십몇)×(몇십몇)

13 모눈종이를 보고 14×26을 계산해 보시오.

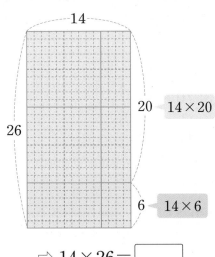

14

20   14×20

26

6   14×6

⇨ 14×26=□

14 계산해 보시오.

(1) 　3 1
　　×2 7

(2) 　1 5
　　×1 6

(3) 19×21

(4) 62×13

15 빈칸에 두 수의 곱을 써넣으시오.

24	42

16 현우는 동생에게 줄 종이학을 하루에 49개씩 접었습니다. 종이학을 12일 동안 접었다면 접은 종이학은 모두 몇 개입니까?

식 |

답 |

8 올림이 여러 번 있는 (몇십몇) × (몇십몇)

17 모눈종이를 보고 19×24를 계산해 보시오.

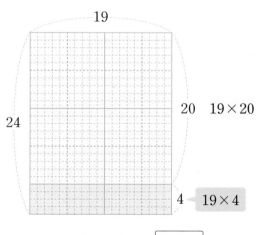

$$\Rightarrow 19 \times 24 = \boxed{}$$

18 계산해 보시오.

(1)
$$\begin{array}{r} 2\,1 \\ \times\,9\,6 \\ \hline \end{array}$$

(2)
$$\begin{array}{r} 5\,8 \\ \times\,2\,5 \\ \hline \end{array}$$

(3) 37×14

(4) 46×63

19 잘못 계산한 곳을 찾아 바르게 계산해 보시오.

$$\begin{array}{r} 7\,9 \\ \times\,3\,5 \\ \hline 3\,9\,5 \\ 2\,3\,7 \\ \hline 6\,3\,2 \end{array} \Rightarrow \begin{array}{r} 7\,9 \\ \times\,3\,5 \\ \hline \end{array}$$

20 버스 한 대에 탈 수 있는 사람은 45명입니다. 버스 27대에 탈 수 있는 사람은 모두 몇 명입니까?

식 |

답 |

실전유형 다지기

1 계산해 보시오.

(1)   7
   × 4 3

(2)   3 2
   × 2 4

(3) 18×30

(4) 71×29

2 빈칸에 알맞은 수를 써넣으시오.

3 계산 결과가 같은 것끼리 선으로 이어 보시오.

14×70 •	• 80×20
30×30 •	• 18×50
40×40 •	• 49×20

4 계산에서 ☐ 안의 수끼리의 곱이 실제로 나타내는 값을 찾아 ○표 하시오.

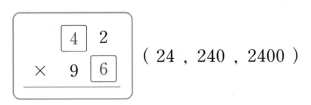

(24 , 240 , 2400)

5 계산 결과의 크기를 비교하여 ◯ 안에 >, =, <를 알맞게 써넣으시오.

$$28 \times 75 \bigcirc 61 \times 44$$

6 계산 결과가 작은 것부터 차례대로 기호를 써 보시오.

㉠ 4×72 ㉡ 6×47 ㉢ 8×33

(   )

7 계산 결과가 4000보다 큰 곱셈식을 모두 찾아 색칠해 보시오.

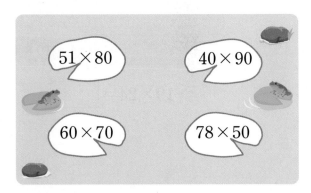

8 □ 안에 들어갈 수 있는 수를 찾아 ○표 하시오.

$$\boxed{} > 13 \times 22$$

(285 , 286 , 287)

9 장미꽃이 한 다발에 16송이씩 있습니다. 장미꽃 52다발에 있는 장미꽃은 모두 몇 송이입니까?

( )

교과서 pick
서술형

10 나래는 과학책을 하루에 26쪽씩 읽으려고 합니다. 나래가 5주 동안 읽을 수 있는 과학책은 모두 몇 쪽인지 풀이 과정을 쓰고 답을 구해 보시오.

풀이 |

답 |

11 태서는 한 달 동안 매주 월요일, 수요일, 금요일에 수영을 각각 55분씩 했습니다. 태서가 한 달 동안 수영을 한 시간은 모두 몇 분입니까?

일	월	화	수	목	금	토
			①	2	③	4
5	⑥	7	⑧	9	⑩	11
12	⑬	14	⑮	16	⑰	18
19	⑳	21	㉒	23	㉔	25
26	㉗	28	㉙	30	㉛	

( )

교과 역량 창의·융합, 정보 처리

12 민채 어머니는 지난달 일반 문자를 41건, 그림 문자를 12건 사용하였습니다. 휴대 전화 문자 요금이 다음과 같을 때, 민채 어머니가 지난달 사용한 문자 요금은 모두 얼마입니까?

문자 내역	요금
일반 문자 1건	15원
그림 문자 1건	65원

( )

교과 역량 문제 해결, 추론

13 수 카드 2장을 한 번씩만 사용하여 곱이 가장 작은 곱셈식을 만들고, 계산해 보시오.

1 ㉠에 알맞은 수를 구해 보시오.

$$
\begin{array}{r}
1\,1\,㉠ \\
\times \quad\ 6 \\
\hline
7\,0\,8
\end{array}
$$

(   )

2 어떤 수에 52를 곱해야 하는데 잘못하여 어떤 수에서 52를 뺐더니 23이 되었습니다. 바르게 계산하면 얼마인지 구해 보시오.

(   )

3 1부터 9까지의 수 중에서 ㉠에 알맞은 가장 큰 수를 구해 보시오.

$$49 \times ㉠0 < 3000$$

(   )

4 수 카드 4장을 한 번씩만 사용하여 곱이 가장 큰 (세 자리 수)×(한 자리 수)를 만들고, 계산해 보시오.

2 5 8 9

□□□ × □ = □□□□

2

나눗셈

1 내림이 없는 (몇십)÷(몇)

〈1~9〉 계산해 보시오.

1 $2\overline{)60}$　　**2** $3\overline{)90}$

3 $5\overline{)50}$　　**4** $2\overline{)80}$

5 $40 \div 2$

6 $60 \div 3$

7 $70 \div 7$

8 $80 \div 4$

9 $90 \div 9$

2 내림이 있는 (몇십)÷(몇)

〈1~9〉 계산해 보시오.

1 $6\overline{)90}$　　**2** $4\overline{)60}$

3 $2\overline{)70}$　　**4** $2\overline{)50}$

5 $70 \div 5$

6 $90 \div 2$

7 $80 \div 5$

8 $60 \div 5$

9 $30 \div 2$

3 내림이 없는 (몇십몇)÷(몇)

(1~9) 계산해 보시오.

1 $4\overline{)88}$

2 $2\overline{)46}$

3 $3\overline{)69}$

4 $2\overline{)84}$

5 $26 \div 2$

6 $36 \div 3$

7 $48 \div 4$

8 $66 \div 3$

9 $96 \div 3$

4 내림이 없고 나머지가 있는 (몇십몇)÷(몇)

(1~6) 나눗셈의 몫과 나머지를 각각 구해 보시오.

1 $4\overline{)47}$

몫 (   )
나머지 (   )

2 $3\overline{)68}$

몫 (   )
나머지 (   )

3 $2\overline{)83}$

몫 (   )
나머지 (   )

4 $69 \div 6$

몫 (   )
나머지 (   )

5 $56 \div 5$

몫 (   )
나머지 (   )

6 $87 \div 4$

몫 (   )
나머지 (   )

5 내림이 있고 나머지가 없는 (몇십몇)÷(몇)

《1~9》 계산해 보시오.

1 4)5 6

2 5)7 5

3 7)8 4

4 8)9 6

5 56÷2

6 72÷3

7 78÷6

8 85÷5

9 94÷2

6 내림이 있고 나머지가 있는 (몇십몇)÷(몇)

《1~6》 나눗셈의 몫과 나머지를 각각 구해 보시오.

1 3)7 6

　몫 (　　　　　　)
　나머지 (　　　　　　)

2 7)8 9

　몫 (　　　　　　)
　나머지 (　　　　　　)

3 8)9 5

　몫 (　　　　　　)
　나머지 (　　　　　　)

4 69÷4

　몫 (　　　　　　)
　나머지 (　　　　　　)

5 78÷5

　몫 (　　　　　　)
　나머지 (　　　　　　)

6 73÷2

　몫 (　　　　　　)
　나머지 (　　　　　　)

7 나머지가 없는 (세 자리 수)÷(한 자리 수)

《1~9》계산해 보시오.

1 3)6 3 9

2 2)5 4 0

3 4)7 1 2

4 6)4 5 6

5 862÷2

6 335÷5

7 956÷4

8 623÷7

9 870÷6

8 나머지가 있는 (세 자리 수)÷(한 자리 수)

《1~6》나눗셈의 몫과 나머지를 각각 구해 보시오.

1 3)4 0 7

몫 (   )
나머지 (   )

2 5)5 0 3

몫 (   )
나머지 (   )

3 7)3 2 8

몫 (   )
나머지 (   )

4 754÷6

몫 (   )
나머지 (   )

5 561÷4

몫 (   )
나머지 (   )

6 645÷9

몫 (   )
나머지 (   )

9 계산이 맞는지 확인하기

(1~8) 계산해 보고 계산 결과가 맞는지 확인해 보시오.

1
$$3 \overline{)35}$$

확인 _____

2
$$7 \overline{)88}$$

확인 _____

3
$$2 \overline{)59}$$

확인 _____

4
$$4 \overline{)99}$$

확인 _____

5
$$5 \overline{)274}$$

확인 _____

6
$$9 \overline{)646}$$

확인 _____

7
$$6 \overline{)710}$$

확인 _____

8
$$8 \overline{)987}$$

확인 _____

기본유형 익히기

1 내림이 없는 (몇십)÷(몇)

1 수 모형을 보고 60÷2의 몫을 구해 보시오.

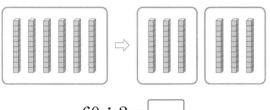

$$60 \div 2 = \boxed{}$$

2 계산해 보시오.

(1)
$$9 \overline{)9\,0}$$

(2) $80 \div 2$

3 빈칸에 알맞은 수를 써넣으시오.

$\div 3$

60

4 학생이 70명 있습니다. 7모둠으로 똑같이 나눈다면 한 모둠을 몇 명으로 하면 됩니까?

식 |

답 |

2 내림이 있는 (몇십)÷(몇)

5 수 모형을 보고 30÷2의 몫을 구해 보시오.

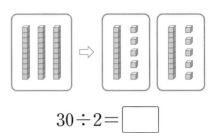

$$30 \div 2 = \boxed{}$$

6 계산해 보시오.

(1)
$$5 \overline{)6\,0}$$

(2) $90 \div 5$

7 빈칸에 알맞은 수를 써넣으시오.

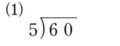

50 ➡ $\div 2$ ➡ ☐

8 길이가 80 cm인 철사를 한 도막에 5 cm씩 똑같이 자르려고 합니다. 철사는 모두 몇 도막이 됩니까?

식 |

답 |

3 내림이 없는 (몇십몇)÷(몇)

9 수 모형을 보고 $48 \div 2$의 몫을 구해 보시오.

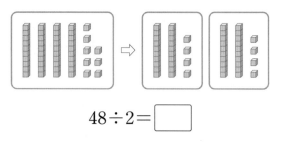

$$48 \div 2 = \boxed{}$$

10 계산해 보시오.

(1)
$$3 \overline{\smash{)}39}$$

(2) $77 \div 7$

11 빈칸에 알맞은 수를 써넣으시오.

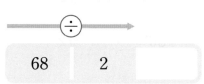

| 68 | 2 | |

12 떡 84개를 한 명에게 4개씩 똑같이 나누어 주려고 합니다. 떡을 몇 명에게 나누어 줄 수 있습니까?

식 | _____

답 | _____

4 내림이 없고 나머지가 있는 (몇십몇)÷(몇)

13 수 모형을 보고 $38 \div 3$의 몫과 나머지를 구해 보시오.

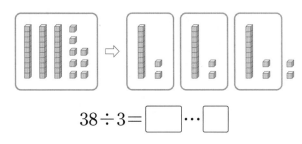

$$38 \div 3 = \boxed{} \cdots \boxed{}$$

14 계산해 보시오.

(1)
$$4 \overline{\smash{)}49}$$

(2) $65 \div 3$

15 나누어떨어지지 <u>않는</u> 나눗셈을 찾아 기호를 써 보시오.

| ㉠ $64 \div 2$ | ㉡ $57 \div 5$ | ㉢ $88 \div 4$ |

( )

16 축구공 69개를 한 상자에 6개씩 똑같이 나누어 담으려고 합니다. 축구공을 몇 상자에 담을 수 있고, 몇 개가 남습니까?

식 | _____

답 | _____ , _____

1 계산해 보시오.

(1) $40 \div 4$　　　(2) $42 \div 2$

(3) $70 \div 2$　　　(4) $53 \div 5$

2 나눗셈의 몫과 나머지를 각각 구해 보시오.

$$89 \div 8$$

몫 (　　　　　　　)

나머지 (　　　　　　　)

3 나머지가 6이 될 수 <u>없는</u> 식을 찾아 ○표 하시오.

$\square \div 6$　$\square \div 7$　$\square \div 8$　$\square \div 9$

4 큰 수를 작은 수로 나눈 몫을 구해 보시오.

3　　69

(　　　　　　　)

5 계산해 보고 나누어떨어지는 나눗셈에 ○표 하시오.

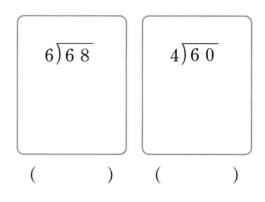

(　　　　　)　(　　　　　　)

6 몫이 같은 것끼리 선으로 이어 보시오.

$80 \div 8$　·　　　·　$20 \div 2$

　　　　　　　　　·　$90 \div 3$

$60 \div 3$　·　　　·　$40 \div 2$

7 길이가 46 cm인 나무 막대를 2도막으로 똑같이 자르려고 합니다. 한 도막은 몇 cm가 됩니까?

(　　　　　　　　　)

8 몫의 크기를 비교하여 ○ 안에 >, =, <를 알맞게 써넣으시오.

$$60 \div 5 \bigcirc 70 \div 5$$

9 나머지가 가장 작은 것을 찾아 기호를 써 보시오.

　㉠ $95 \div 3$　　㉡ $87 \div 4$
　㉢ $49 \div 2$　　㉣ $72 \div 7$

(　　　　　　)

10 서술형
귤 58개를 한 접시에 5개씩 똑같이 나누어 놓으려고 합니다. 접시 몇 개에 놓을 수 있고, 남는 귤은 몇 개인지 풀이 과정을 쓰고 답을 구해 보시오.

풀이 |

_____

_____

_____

답 |　　　　　　　,

11 세 변의 길이가 모두 같은 삼각형이 있습니다. 삼각형의 세 변의 길이의 합이 63 cm일 때 한 변은 몇 cm입니까?

(　　　　　　)

교과서 pick
12 빨간색 공 43개와 노란색 공 37개가 있습니다. 빨간색 공과 노란색 공을 섞어 5상자에 똑같이 나누어 담으면 한 상자에 담긴 공은 몇 개가 됩니까?

(　　　　　　)

교과 역량 | 문제 해결, 추론, 정보 처리
13 다솔이는 초콜릿 77개를 7개의 상자에, 윤서는 초콜릿 50개를 5개의 상자에 똑같이 나누어 담았습니다. 상자 한 개에 초콜릿을 더 많이 담은 사람은 누구이고, 몇 개 더 많이 담았습니까?

(　　　　,　　　　)

5 내림이 있고 나머지가 없는 (몇십몇)÷(몇)

1 수 모형을 보고 $34 \div 2$의 몫을 구해 보시오.

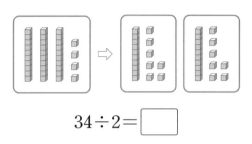

$$34 \div 2 = \boxed{}$$

2 계산해 보시오.

(1)
$$3\overline{)7\,5}$$

(2) $91 \div 7$

3 빈칸에 알맞은 수를 써넣으시오.

$$\div 4$$

52

96

4 공책 84권을 한 명에게 6권씩 똑같이 나누어 주려고 합니다. 공책을 몇 명에게 나누어 줄 수 있습니까?

식 |

답 |

6 내림이 있고 나머지가 있는 (몇십몇)÷(몇)

5 수 모형을 보고 $51 \div 2$의 몫과 나머지를 구해 보시오.

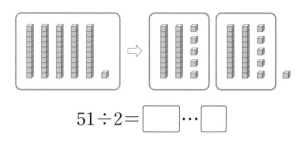

$$51 \div 2 = \boxed{} \cdots \boxed{}$$

6 계산해 보시오.

(1)
$$6\overline{)9\,3}$$

(2) $55 \div 4$

7 ▢ 안에는 몫을 써넣고, ▢ 안에는 나머지를 써넣으시오.

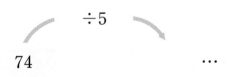

$$\div 5$$

74   ⋯

8 대추 89개를 한 명에게 7개씩 똑같이 나누어 주려고 합니다. 대추를 몇 명에게 줄 수 있고 몇 개가 남습니까?

식 |

답 | ,

2. 나눗셈 **29**

7 나머지가 없는 (세 자리 수)÷(한 자리 수)

9 ☐ 안에 알맞은 수를 써넣으시오.

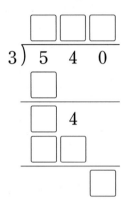

10 계산해 보시오.

(1)
$$4\overline{)8\,6\,4}$$

(2) $744 \div 8$

11 빈칸에 알맞은 수를 써넣으시오.

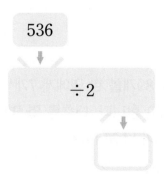

12 토마토 384개를 한 봉지에 6개씩 똑같이 나누어 담으려고 합니다. 토마토를 몇 봉지에 나누어 담을 수 있습니까?

식|

답|

8 나머지가 있는 (세 자리 수)÷(한 자리 수)

13 ☐ 안에 알맞은 수를 써넣으시오.

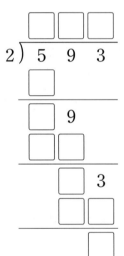

14 계산해 보시오.

(1)
$$3\overline{)3\,2\,6}$$

(2) $743 \div 5$

15 ☐ 안에는 몫을 써넣고, ◯ 안에는 나머지를 써넣으시오.

16 공책 487권을 한 명에게 5권씩 똑같이 나누어 주려고 합니다. 공책을 몇 명에게 줄 수 있고, 몇 권이 남습니까?

식 |

답 | ,

9 계산이 맞는지 확인하기

17 ☐ 안에 알맞은 수를 써넣으시오.

$$52 \div 8 = \boxed{} \cdots \boxed{}$$

확인 $8 \times 6 = 48,\ 48 + \boxed{} = 52$

18 나눗셈식을 보고 계산 결과가 맞는지 확인해 보시오.

$$61 \div 9 = 6 \cdots 7$$

확인 _____

19 계산해 보고 계산 결과가 맞는지 확인해 보시오.

(1) $63 \div 8 = \boxed{} \cdots \boxed{}$

확인 $8 \times \boxed{} = 56,\ 56 + \boxed{} = \boxed{}$

(2) $96 \div 7 = \boxed{} \cdots \boxed{}$

확인 $7 \times \boxed{} = 91,\ 91 + \boxed{} = \boxed{}$

20 계산해 보고 계산 결과가 맞는지 확인해 보시오.

$$4 \overline{)7\,4}$$

확인 _____

1 계산해 보시오.

(1) $78 \div 6$ (2) $93 \div 4$

(3) $963 \div 3$ (4) $437 \div 5$

2 빈칸에 알맞은 수를 써넣으시오.

$$924 \;\rightarrow\; \div 7 \;\rightarrow\; \boxed{}$$

3 잘못 계산한 곳을 찾아 바르게 계산해 보시오.

$$\begin{array}{r} 1\,3 \\ 4\,)\overline{5\,7} \\ \underline{4} \\ 1\,7 \\ \underline{1\,2} \\ 5 \end{array} \;\Rightarrow\; 4\,)\overline{5\,7}$$

4 관계있는 것끼리 선으로 이어 보시오.

$25 \div 6$ •   • $\begin{array}{l}4 \times 16 = 64, \\ 64 + 2 = 66\end{array}$

$66 \div 4$ •   • $\begin{array}{l}6 \times 4 = 24, \\ 24 + 1 = 25\end{array}$

$88 \div 7$ •   • $\begin{array}{l}7 \times 12 = 84, \\ 84 + 4 = 88\end{array}$

5 $64 \div 4$와 몫이 같은 것은 어느 것입니까?

(   )

① $45 \div 3$ ② $42 \div 3$

③ $91 \div 7$ ④ $96 \div 8$

⑤ $96 \div 6$

6 두 사람의 대화를 읽고 필요한 주머니는 몇 개인지 구해 보시오.

구슬 72개를 한 주머니에 6개씩 똑같이 나누어 담으려고 해.

그럼 필요한 주머니는 몇 개일까?

(   )

교과서 pick   서술형

7 바르게 계산한 사람은 누구인지 쓰고, 그 이유를 써 보시오.

• 명진: $69 \div 4 = 16 \cdots 3$
• 성은: $69 \div 4 = 17 \cdots 1$

답 | _____

_____

_____

8 나머지가 작은 것부터 차례대로 기호를 써 보시오.

> ㉠ $152 \div 3$ ㉡ $284 \div 8$
> ㉢ $477 \div 6$ ㉣ $357 \div 4$

(   )

교과 역량 문제 해결, 추론

9 (몇십몇)÷(몇)을 계산하고 계산 결과가 맞는지 확인한 식이 〈보기〉와 같습니다. 계산한 나눗셈식을 쓰고, 몫과 나머지를 각각 구해 보시오.

〈보기〉
$4 \times 16 = 64, \ 64 + 2 = 66$

식 | _____

몫 (   )
나머지 (   )

10 색연필 304자루를 7상자에 똑같이 나누어 담으려고 합니다. 색연필을 한 상자에 몇 자루씩 담을 수 있고, 몇 자루가 남습니까?

(,   )

11 $73 \div 6$의 계산을 잘못 설명한 사람이 누구인지 찾아 이름을 써 보시오.

$73 \div 6 = \square \cdots \square$

> • 지아: 몫은 15보다 작아.
> • 유진: 맞아. 그리고 몫은 10보다 크지.
> • 준우: 나머지는 0으로 나누어떨어져.

(   )

12 한 바구니에 32개씩 들어 있는 귤이 6바구니 있습니다. 이 귤을 한 봉지에 9개씩 담아서 판다면 몇 봉지까지 팔 수 있습니까?

(   )

교과서 pick

13 어떤 수를 8로 나누었더니 몫이 11, 나머지가 7이 되었습니다. 어떤 수는 얼마입니까?

(   )

1 책이 책꽂이 한 칸에 8권씩 23칸 꽂혀 있습니다. 이 책을 한 상자에 9권씩 담을 때 남는 것 없이 모두 담으려면 상자는 적어도 몇 개 필요한지 구해 보시오.

(   )

교과서 pick

3 어떤 수를 3으로 나누어야 할 것을 잘못하여 7로 나누었더니 몫이 8로 나누어떨어졌습니다. 바르게 계산하면 몫과 나머지는 각각 얼마인지 구해 보시오.

몫 (   )

나머지 (   )

2 한라봉이 264개 있습니다. 그중에서 156개는 한 상자에 6개씩 나누어 담고, 남은 한라봉은 한 상자에 9개씩 나누어 담았습니다. 한라봉을 담은 상자는 모두 몇 개인지 구해 보시오.

(   )

4 수 카드 3장을 한 번씩만 사용하여 몫이 가장 큰 (몇십몇)÷(몇)을 만들고, 계산해 보시오.

3   7   8

☐ ÷ ☐ = ☐

실력 확인   [평가책] 단원 평가 10~15쪽, 서술형 평가 16~17쪽

3

원

1 원의 중심, 반지름

(1~2) 원의 중심을 찾아 써 보시오.

1
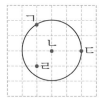

( )

2
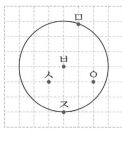

( )

(3~5) 원의 반지름은 몇 cm인지 구해 보시오.

3
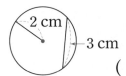

( )

4
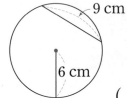

( )

5

( )

2 원의 지름

(1~3) 원의 지름은 몇 cm인지 구해 보시오.

1

( )

2
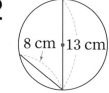

( )

3
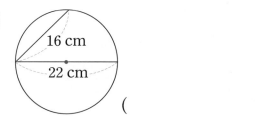

( )

(4~7) ☐ 안에 알맞은 수를 써넣으시오.

4   **5**
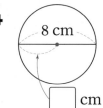   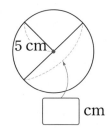

6   **7**
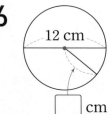

③ 컴퍼스를 이용하여 원 그리기

(1~3) 주어진 선분을 반지름으로 하는 원을 그려 보시오.

1

2

3

④ 원을 이용하여 여러 가지 모양 그리기

(1~2) 주어진 모양과 똑같이 그려 보시오.

1

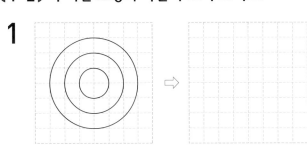

2

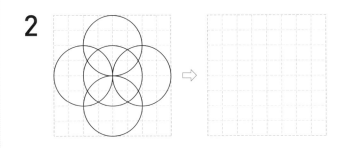

(3~4) 규칙에 따라 원을 2개 더 그려 보시오.

3

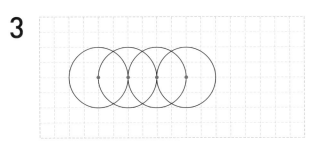

4

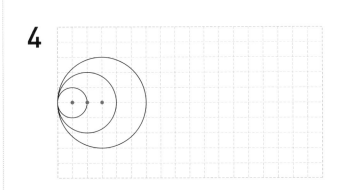

1 원의 중심, 반지름

1 원의 중심을 찾아 ○표 하고, ☐ 안에 알맞은 수를 써넣으시오.

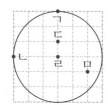

⇨ 한 원에는 원의 중심이 ☐ 개 있습니다.

2 오른쪽 원에 반지름을 2개 그어 보고 알맞은 말에 ○표 하시오.

⇨ 한 원에서 반지름은 길이가 모두 (같습니다 , 다릅니다).

3 원의 반지름은 몇 cm입니까?

⇨ ☐ cm

4 누름 못과 띠 종이를 이용하여 다음과 같이 원을 그렸습니다. 원을 더 크게 그리려면 가, 나 중 어느 곳에 연필을 넣어야 합니까?

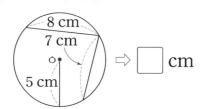

( )

2 원의 지름

5 ☐ 안에 알맞은 말을 써넣으시오.

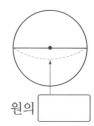

원의 ☐

⇨ 원의 ☐ 은/는 항상 원의 중심을 지납니다.

6 원의 지름을 찾아 기호를 써 보시오.

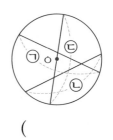

( )

7 지름을 나타내는 선분의 길이를 재어 보고, ☐ 안에 알맞은 말을 써넣으시오.

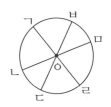

지름	선분 ㄱㄹ	선분 ㄴㅁ	선분 ㄷㅂ
길이(cm)			

⇨ 한 원에서 지름은 길이가 모두

☐ .

8 ☐ 안에 알맞은 수를 써넣으시오.

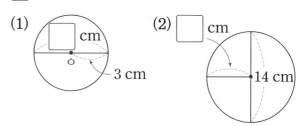

(1) ☐ cm
3 cm

(2) ☐ cm
14 cm

3 컴퍼스를 이용하여 원 그리기

9 컴퍼스를 이용하여 원을 그릴 때 컴퍼스의 침은 어느 점에 꽂아야 합니까?

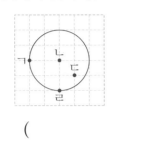

(   )

10 반지름이 2 cm인 원을 그리려고 합니다. 컴퍼스를 바르게 벌린 것을 찾아 기호를 써 보시오.

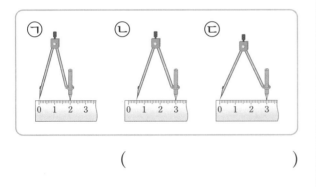

(   )

11 주어진 선분을 반지름으로 하는 원을 그려 보시오.

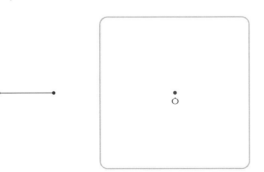

4 원을 이용하여 여러 가지 모양 그리기

12 주어진 모양을 그리기 위해 컴퍼스의 침을 꽂아야 할 곳을 모두 찾아 ✕표 하시오.

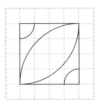

13 원의 반지름은 같게 하고, 원의 중심만 다르게 하여 그린 모양에 ◯표 하시오.

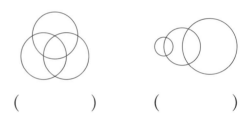

(   )   (   )

14 주어진 모양과 똑같이 그려 보시오.

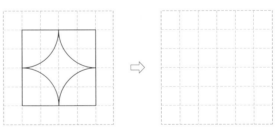

15 그림과 같이 모눈종이에 원의 중심을 오른쪽으로 2칸씩 옮겨 가며 차례대로 원을 2개 더 그려 보시오.

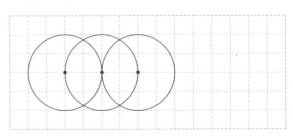

1 원의 중심과 반지름을 표시해 보시오.

2 원의 지름과 반지름을 각각 찾아 기호를 써 보시오.

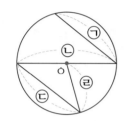

⇨ 지름: ☐

반지름: ☐

3 ☐ 안에 알맞은 수를 써넣으시오.

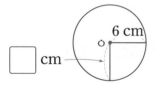

☐ cm ← 6 cm

4 원을 보고 <u>잘못</u> 설명한 사람은 누구입니까?

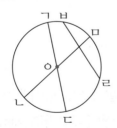

• 가영: 원의 지름은 선분 ㄱㄷ, 선분 ㄴㅁ 이야.
• 승우: 한 원에서 원의 지름은 2개만 그을 수 있어.

( )

5 원의 지름은 몇 cm입니까?

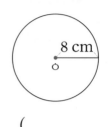

8 cm

( )

정보 처리, 추론

6 그림과 같이 컴퍼스를 벌려서 원을 그렸습니다. 그린 원의 반지름은 몇 cm입니까?

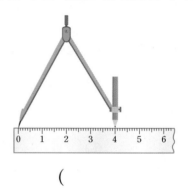

( )

개념 확인 서술형

7 컴퍼스를 이용하여 지름이 4 cm인 원을 그리고, 그린 방법을 설명해 보시오.

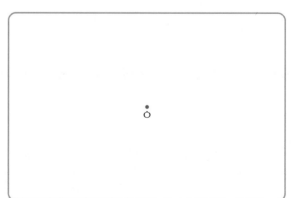

답 |

_____

_____

8 크기가 더 작은 원의 기호를 써 보시오.

> ㉠ 반지름이 6 cm인 원
> ㉡ 지름이 11 cm인 원

( )

9 원을 그린 규칙을 찾아 ☐ 안에 알맞은 수를 써넣고, 찾은 규칙에 따라 원을 2개 더 그려 보시오.

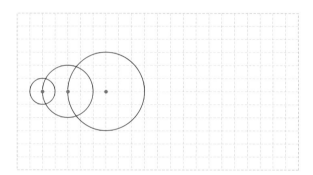

> 원의 중심은 오른쪽으로 모눈 ☐ 칸, ☐ 칸……씩 옮겨 가고, 원의 반지름은 모눈 ☐ 칸씩 늘려 가며 그린 규칙입니다.

10 원의 반지름은 다르게 하고, 원의 중심만 같게 하여 그린 모양을 찾아 기호를 써 보시오.

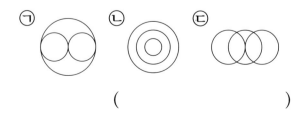

( )

11 주어진 모양을 그리기 위해 컴퍼스의 침을 꽂아야 할 곳이 가장 적은 모양을 찾아 기호를 써 보시오.

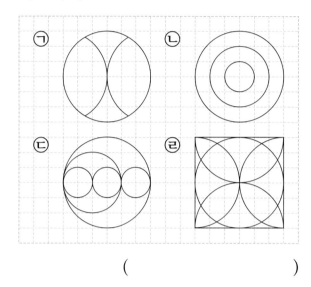

( )

교과서 pick

12 점 ㄴ, 점 ㄷ은 원의 중심입니다. 선분 ㄱㄷ은 몇 cm입니까?

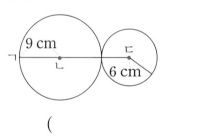

( )

13 반지름이 7 cm인 크기가 같은 원 3개를 그림과 같이 겹치지 않게 붙여 놓고, 세 원의 중심을 이어 삼각형을 만들었습니다. 삼각형의 세 변의 길이의 합은 몇 cm입니까?

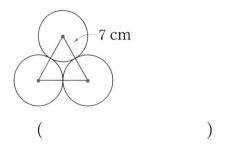

( )

1 다음과 같은 원을 그릴 때 컴퍼스의 침과 연필심 사이를 가장 많이 벌려야 하는 원을 찾아 기호를 써 보시오.

> ㉠ 반지름이 8 cm인 원
> ㉡ 지름이 19 cm인 원
> ㉢ 반지름이 10 cm인 원

( )

교과서 pick

3 직사각형 안에 반지름이 4 cm인 원 5개를 겹치지 않게 이어 붙여서 그렸습니다. 직사각형의 네 변의 길이의 합은 몇 cm입니까?

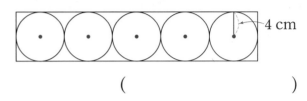

( )

교과서 pick

2 점 ㄱ, 점 ㄴ, 점 ㄷ은 원의 중심입니다. 선분 ㄱㄴ은 몇 cm입니까?

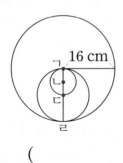

( )

4 원 안에 있는 삼각형 ㄱㅇㄴ의 세 변의 길이의 합은 29 cm입니다. 원의 반지름은 몇 cm입니까?

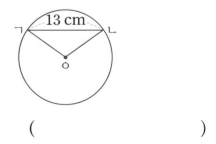

( )

실력 확인　[평가책] 단원 평가 18~23쪽, 서술형 평가 24~25쪽

4

분수

1 부분은 전체의 얼마인지 분수로 나타내기

(1~2) 그림을 보고 ☐ 안에 알맞은 수를 써넣으시오.

1

8을 2씩 묶으면 2는 8의 $\dfrac{\square}{\square}$ 입니다.

2

9를 3씩 묶으면 6은 9의 $\dfrac{\square}{\square}$ 입니다.

(3~4) 색칠한 부분을 분수로 나타내어 보시오.

3
 $\dfrac{\square}{\square}$

4
 $\dfrac{\square}{\square}$

(5~6) 그림을 보고 ☐ 안에 알맞은 수를 써넣으시오.

5 4는 20의 $\dfrac{\square}{\square}$ 입니다.

6 12는 20의 $\dfrac{\square}{\square}$ 입니다.

(7~8) 그림을 보고 ☐ 안에 알맞은 수를 써넣으시오.

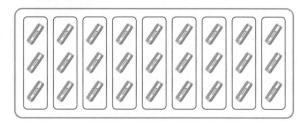

7 3은 27의 $\dfrac{\square}{\square}$ 입니다.

8 12는 27의 $\dfrac{\square}{\square}$ 입니다.

2 전체 개수의 분수만큼은 얼마인지 알아보기

（1~3）그림을 보고 ☐ 안에 알맞은 수를 써넣으시오.

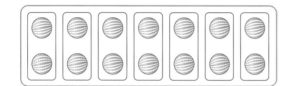

1 14의 $\frac{1}{7}$은 ☐입니다.

2 14의 $\frac{2}{7}$는 ☐입니다.

3 14의 $\frac{5}{7}$는 ☐입니다.

（4~6）그림을 보고 ☐ 안에 알맞은 수를 써넣으시오.

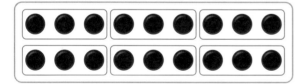

4 18의 $\frac{1}{6}$은 ☐입니다.

5 18의 $\frac{3}{6}$은 ☐입니다.

6 18의 $\frac{5}{6}$는 ☐입니다.

3 전체 길이의 분수만큼은 얼마인지 알아보기

（1~3）종이띠를 보고 ☐ 안에 알맞은 수를 써넣으시오.

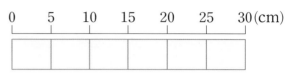

1 30 cm의 $\frac{1}{6}$은 ☐ cm입니다.

2 30 cm의 $\frac{2}{6}$는 ☐ cm입니다.

3 30 cm의 $\frac{5}{6}$는 ☐ cm입니다.

（4~6）종이띠를 보고 ☐ 안에 알맞은 수를 써넣으시오.

4 8 m의 $\frac{1}{4}$은 ☐ m입니다.

5 8 m의 $\frac{2}{4}$는 ☐ m입니다.

6 8 m의 $\frac{3}{4}$은 ☐ m입니다.

개념복습 기초력 기르기

4 진분수, 가분수

(1~3) 진분수를 모두 찾아 ◯표 하시오.

1

| $\frac{6}{6}$ | $\frac{7}{6}$ | $\frac{5}{7}$ | $\frac{6}{9}$ | $\frac{10}{8}$ | $\frac{7}{10}$ |

2

| $\frac{4}{5}$ | $\frac{4}{4}$ | $\frac{10}{11}$ | $\frac{15}{9}$ | $\frac{9}{6}$ | $\frac{2}{7}$ |

3

| $\frac{3}{8}$ | $\frac{8}{12}$ | $\frac{11}{8}$ | $\frac{5}{3}$ | $\frac{4}{7}$ | $\frac{17}{20}$ |

(4~6) 가분수를 모두 찾아 ◯표 하시오.

4

| $\frac{6}{7}$ | $\frac{14}{11}$ | $\frac{13}{9}$ | $\frac{5}{9}$ | $\frac{7}{8}$ | $\frac{3}{3}$ |

5

| $\frac{7}{5}$ | $\frac{4}{6}$ | $\frac{12}{9}$ | $\frac{5}{5}$ | $\frac{6}{10}$ | $\frac{10}{13}$ |

6

| $\frac{10}{12}$ | $\frac{8}{8}$ | $\frac{7}{2}$ | $\frac{5}{6}$ | $\frac{15}{14}$ | $\frac{5}{27}$ |

5 대분수

(1~2) 색칠한 부분을 대분수로 나타내어 보시오.

1

2
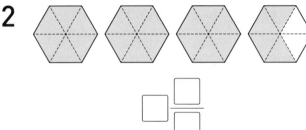

□ $\frac{□}{□}$

(3~5) 대분수를 모두 찾아 ◯표 하시오.

3

| $\frac{6}{3}$ | $2\frac{1}{3}$ | $\frac{5}{8}$ | $\frac{11}{9}$ | $5\frac{3}{7}$ |

4

| $2\frac{4}{9}$ | $\frac{7}{5}$ | $3\frac{1}{8}$ | $\frac{12}{7}$ | $4\frac{5}{6}$ |

5

| $5\frac{3}{8}$ | $\frac{13}{10}$ | $\frac{7}{9}$ | $4\frac{5}{18}$ | $\frac{2}{2}$ |

(6~9) 대분수를 가분수로 나타내어 보시오.

6 $1\frac{3}{7}$

7 $3\frac{2}{9}$

8 $3\frac{5}{13}$

9 $2\frac{2}{21}$

(10~13) 가분수를 대분수로 나타내어 보시오.

10 $\frac{18}{5}$

11 $\frac{25}{6}$

12 $\frac{37}{10}$

13 $\frac{35}{12}$

6 분모가 같은 분수의 크기 비교

(1~10) 두 분수의 크기를 비교하여 ◯ 안에 >, =, <를 알맞게 써넣으시오.

1 $\frac{7}{5}$ ◯ $\frac{10}{5}$

2 $\frac{21}{8}$ ◯ $\frac{19}{8}$

3 $2\frac{3}{7}$ ◯ $5\frac{1}{7}$

4 $6\frac{8}{11}$ ◯ $9\frac{7}{11}$

5 $5\frac{5}{6}$ ◯ $5\frac{1}{6}$

6 $4\frac{9}{14}$ ◯ $4\frac{13}{14}$

7 $\frac{17}{6}$ ◯ $2\frac{1}{6}$

8 $3\frac{5}{8}$ ◯ $\frac{25}{8}$

9 $\frac{54}{9}$ ◯ $5\frac{4}{9}$

10 $2\frac{4}{13}$ ◯ $\frac{31}{13}$

1 부분은 전체의 얼마인지 분수로 나타내기

1 그림을 보고 ☐ 안에 알맞은 수를 써넣으시오.

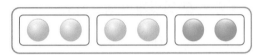

노란색 공은 전체 공을 똑같이 ☐ 묶음으로 나눈 것 중의 ☐ 묶음입니다.

➡ 노란색 공은 전체 공의 ☐/☐ 입니다.

2 색칠한 부분은 전체의 얼마인지 분수로 나타내어 보시오.

(1)
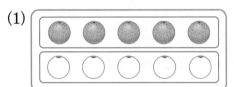

(2)
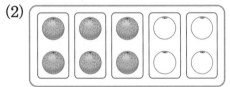

3 그림을 보고 ☐ 안에 알맞은 수를 써넣으시오.

18을 3씩 묶으면 ☐ 묶음이 됩니다.

➡ 6은 18의 ☐/☐ 입니다.

4 그림을 보고 ☐ 안에 알맞은 수를 써넣으시오.

(1) 4는 16의 ☐/☐ 입니다.

(2) 12는 16의 ☐/☐ 입니다.

2 전체 개수의 분수만큼은 얼마인지 알아보기

5 ◇ 9개를 똑같이 3묶음으로 나누고, ☐ 안에 알맞은 수를 써넣으시오.

(1) 9의 $\frac{1}{3}$ 은 ☐ 입니다.

(2) 9의 $\frac{2}{3}$ 는 ☐ 입니다.

6 그림을 보고 ☐ 안에 알맞은 수를 써넣으시오.

(1) 12의 $\frac{1}{4}$ 은 ☐ 입니다.

(2) 12의 $\frac{3}{4}$ 은 ☐ 입니다.

7 그림을 보고 ☐ 안에 알맞은 수를 써넣으시오.

(1) 16의 $\frac{1}{2}$은 ☐입니다.

(2) 16의 $\frac{3}{4}$은 ☐입니다.

(3) 16의 $\frac{5}{8}$는 ☐입니다.

(4) 16의 $\frac{11}{16}$은 ☐입니다.

③ 전체 길이의 분수만큼은 얼마인지 알아보기

8 6 cm의 종이띠를 분수만큼 색칠하고, ☐ 안에 알맞은 수를 써넣으시오.

(1) $\frac{1}{3}$
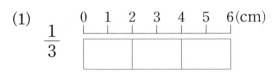

6 cm의 $\frac{1}{3}$은 ☐cm입니다.

(2) $\frac{2}{3}$
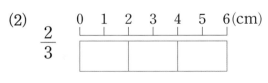

6 cm의 $\frac{2}{3}$는 ☐cm입니다.

9 종이띠를 보고 ☐ 안에 알맞은 수를 써넣으시오.

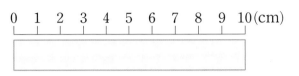

(1) 10 cm의 $\frac{1}{5}$은 ☐cm입니다.

(2) 10 cm의 $\frac{3}{5}$은 ☐cm입니다.

10 수직선을 보고 ☐ 안에 알맞은 수를 써넣으시오.

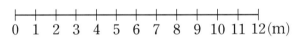

(1) 12 m의 $\frac{2}{3}$는 ☐m입니다.

(2) 12 m의 $\frac{5}{6}$는 ☐m입니다.

11 수직선을 보고 ☐ 안에 알맞은 수를 써넣으시오.

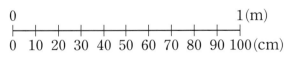

(1) $\frac{5}{10}$ m는 ☐cm입니다.

(2) $\frac{9}{10}$ m는 ☐cm입니다.

1 열쇠 15개를 3개씩 묶어 보고, ☐ 안에 알맞은 수를 써넣으시오.

(1) 3은 15의 ☐/☐ 입니다.

(2) 9는 15의 ☐/☐ 입니다.

2 색칠한 부분이 전체의 $\frac{4}{7}$ 가 되도록 색칠해 보시오.

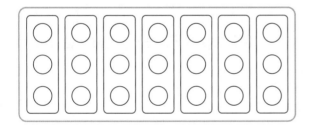

3 그림을 보고 24의 $\frac{5}{8}$ 는 얼마인지 구해 보시오.

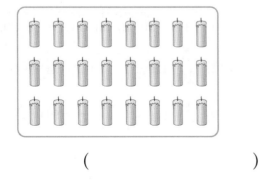

( )

4 수직선을 보고 $\frac{2}{5}$ m는 몇 cm인지 구해 보시오.

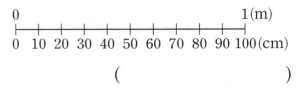

( )

5 지우개를 5개씩 묶으면 15는 20의 얼마인지 분수로 나타내어 보시오.

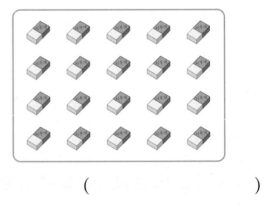

( )

(6~7) 종이띠를 보고 물음에 답하시오.

0 4 8 12 16 20 24 28 32 36 40 44 48(cm)

6 종이띠를 16 cm씩 나누면 16 cm는 48 cm의 얼마인지 분수로 나타내어 보시오.

( )

7 48 cm의 $\frac{2}{3}$ 는 몇 cm입니까?

( )

교과 역량 창의·융합

8 (조건)에 맞게 분홍색과 보라색으로 □를 색칠하고, □ 안에 알맞은 수를 써넣으시오.

┌─ (조건) ─────────────────────
│ • 분홍색: 18의 $\frac{4}{9}$ • 보라색: 18의 $\frac{5}{9}$
└──────────────────────────────

□□□□□□□□
□□□□□□□□

분홍색 □: □개, 보라색 □: □개

9 승아는 60분의 $\frac{3}{4}$ 만큼 줄넘기를 했습니다. 승아가 줄넘기를 한 시간은 몇 분입니까?

( )

교과서 pick

10 유정이는 젤리 32개의 $\frac{3}{8}$ 을 동생에게 주었습니다. 남은 젤리는 몇 개인지 풀이 과정을 쓰고 답을 구해 보시오. (서술형)

풀이 |

_____

_____

답 |

교과 역량 문제 해결

11 집에서 도서관까지의 거리는 25 km입니다. 은행은 집에서 도서관으로 가는 길의 $\frac{1}{5}$ 만큼의 거리에 있습니다. 은행에서 도서관까지의 거리는 몇 km입니까?

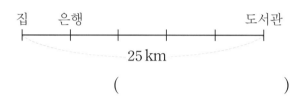

25 km

( )

12 준호와 솔비 중에서 사탕을 더 많이 먹은 사람은 누구입니까?

┌──────────────────────────────
│ • 준호: 난 사탕 14개의 $\frac{3}{7}$ 만큼 먹었어.
│ • 솔비: 난 사탕 14개의 $\frac{5}{14}$ 만큼 먹었어.
└──────────────────────────────

( )

13 부분은 전체의 얼마인지 잘못 설명한 것을 찾아 기호를 써 보시오.

┌──────────────────────────────
│ ㉠ 36을 4씩 묶으면 8은 36의 $\frac{2}{9}$ 입니다.
│ ㉡ 36을 6씩 묶으면 18은 36의 $\frac{4}{6}$ 입니다.
│ ㉢ 36을 9씩 묶으면 27은 36의 $\frac{3}{4}$ 입니다.
└──────────────────────────────

( )

4 진분수, 가분수

1 그림을 분수로 나타내고, 진분수에는 '진', 가분수에는 '가'를 써 보시오.

(1)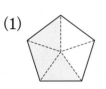

( )

(2)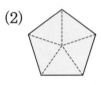

( )

2 진분수는 ○표, 가분수는 △표 하시오.

$$\frac{5}{6} \qquad \frac{11}{8} \qquad \frac{9}{9} \qquad \frac{3}{10} \qquad \frac{4}{13}$$

3 자연수 1을 분수로 나타내려고 합니다. 그림을 보고 ☐ 안에 알맞은 수를 써넣으시오.

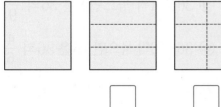

1

4 분모가 4인 진분수를 모두 써 보시오.

( )

5 대분수

5 (보기)를 보고 아래 그림을 대분수로 나타내어 보시오.

(보기)

1

6 대분수를 모두 찾아 ○표 하시오.

$$1\frac{3}{5} \qquad \frac{10}{9} \qquad \frac{7}{7} \qquad \frac{6}{11} \qquad 2\frac{5}{12} \qquad 3\frac{1}{4}$$

7 대분수는 가분수로, 가분수는 대분수로 나타내어 보시오.

(1) $2\dfrac{3}{7} = \dfrac{\square}{\square}$ 　(2) $\dfrac{29}{4} = \square\dfrac{\square}{\square}$

(3) $1\dfrac{4}{11} = \dfrac{\square}{\square}$ 　(4) $\dfrac{19}{5} = \square\dfrac{\square}{\square}$

8 같은 것끼리 선으로 이어 보시오.

$2\dfrac{5}{9}$ 　　 $4\dfrac{1}{9}$ 　　 $3\dfrac{7}{9}$

· 　　 · 　　 ·

· 　　 · 　　 ·

$\dfrac{34}{9}$ 　　 $\dfrac{23}{9}$ 　　 $\dfrac{37}{9}$

6 분모가 같은 분수의 크기 비교

9 그림을 보고 두 분수의 크기를 비교하여 ◯ 안에 >, =, <를 알맞게 써넣으시오.

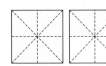 　

$1\dfrac{3}{8} \bigcirc 1\dfrac{5}{8}$

10 $3\dfrac{1}{6}$과 $\dfrac{25}{6}$의 크기를 2가지 방법으로 비교해 보시오.

(1) 대분수를 가분수로 나타내고 ◯ 안에 >, =, <를 알맞게 써넣으시오.

$3\dfrac{1}{6} = \dfrac{\square}{\square}$ 이므로

$\dfrac{\square}{\square} \bigcirc \dfrac{25}{6}$ ⇨ $3\dfrac{1}{6} \bigcirc \dfrac{25}{6}$

(2) 가분수를 대분수로 나타내고 ◯ 안에 >, =, <를 알맞게 써넣으시오.

$\dfrac{25}{6} = \square\dfrac{\square}{\square}$ 이므로

$3\dfrac{1}{6} \bigcirc \square\dfrac{\square}{\square}$ ⇨ $3\dfrac{1}{6} \bigcirc \dfrac{25}{6}$

11 두 분수의 크기를 비교하여 ◯ 안에 >, =, <를 알맞게 써넣으시오.

(1) $\dfrac{13}{7} \bigcirc \dfrac{15}{7}$ 　(2) $2\dfrac{7}{11} \bigcirc 2\dfrac{2}{11}$

(3) $7\dfrac{3}{5} \bigcirc 6\dfrac{4}{5}$ 　(4) $4\dfrac{3}{8} \bigcirc \dfrac{35}{8}$

1 주어진 분수가 어떤 분수인지 알맞게 선으로 이어 보시오.

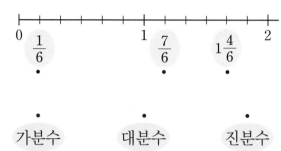

가분수   대분수   진분수

2 그림을 보고 가분수와 대분수로 각각 나타내어 보시오.

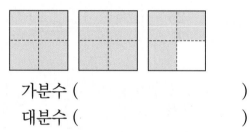

가분수 (   )

대분수 (   )

3 $\frac{17}{5}$ 과 $\frac{13}{5}$ 의 크기를 비교하려고 합니다. ☐ 안에 알맞은 수를 써넣고, 알맞은 말에 ◯표 하시오.

$\frac{17}{5}$ 은 $\frac{1}{5}$ 이 ☐ 개이고,

$\frac{13}{5}$ 은 $\frac{1}{5}$ 이 ☐ 개이므로

$\frac{17}{5}$ 이 $\frac{13}{5}$ 보다 더 (큽니다 , 작습니다).

4 대분수는 가분수로, 가분수는 대분수로 바르게 나타낸 것에 ◯표 하시오.

$$3\frac{2}{7} = \frac{32}{7}$$ $$\frac{47}{8} = 5\frac{7}{8}$$

(   )   (   )

5 두 분수의 크기를 비교하여 ◯ 안에 >, =, <를 알맞게 써넣으시오.

$$6\frac{7}{10} \bigcirc 6\frac{4}{10}$$

6 $\frac{5}{☐}$ 는 가분수입니다. ☐ 안에 들어갈 수 있는 수를 모두 찾아 ◯표 하시오.

| 2 | 3 | 4 | 5 | 6 | 7 |

7 ☐ 안에 알맞은 수를 써넣으시오.

(1) $\frac{2}{☐} = 1$ (2) $\frac{☐}{9} = 3$

8 □ 안에 알맞은 수를 써넣으시오.

$$4\frac{□}{3} = \frac{14}{3}$$

교과서 pick

9 크기가 큰 수부터 차례대로 써 보시오.

$$\frac{25}{13} \qquad 2 \qquad 2\frac{4}{13}$$

( )

서술형

10 빨간색 털실의 길이는 $6\frac{1}{10}$ m이고, 파란색 털실의 길이는 $\frac{59}{10}$ m입니다. 빨간색 털실과 파란색 털실 중에서 길이가 더 긴 것은 무엇인지 풀이 과정을 쓰고 답을 구해 보시오.

풀이 |

_____

_____

답 |

교과 역량 추론, 정보 처리

11 조건에 맞는 분수를 찾아 ○표 하시오.

조건
• 분모와 분자의 합이 16입니다.
• 가분수입니다.

$$(\quad \frac{6}{6} \quad , \quad \frac{9}{7} \quad , \quad \frac{4}{12} \quad)$$

교과 역량 추론

12 수 카드 3장을 보고 물음에 답하시오.

5   6   9

(1) 수 카드 2장을 뽑아 한 번씩만 사용하여 만들 수 있는 진분수를 모두 써 보시오.

( )

(1) 수 카드 3장을 모두 한 번씩만 사용하여 만들 수 있는 대분수를 모두 써 보시오.

( )

13 $1\frac{5}{7}$보다 크고 $\frac{23}{7}$보다 작은 분수를 찾아 ○표 하시오.

$$\frac{11}{7} \qquad \frac{19}{7} \qquad 3\frac{4}{7}$$

1 인형 40개를 5개씩 상자에 나누어 담았습니다. 인형 15개는 전체의 얼마인지 분수로 나타내어 보시오.

(   )

3 가게에서 어항에 들어 있던 금붕어의 $\dfrac{4}{9}$ 를 팔았습니다. 판 금붕어가 36마리일 때, 처음에 들어 있던 금붕어는 몇 마리인지 구해 보시오.

(   )

교과서 pick

2 ㉠에 들어갈 수 있는 자연수를 모두 구해 보시오.

$$\frac{25}{6} < 4\frac{\text{㉠}}{6}$$

(   )

교과서 pick

4 수 카드 3장을 모두 한 번씩만 사용하여 만들 수 있는 가장 큰 대분수를 가분수로 나타내어 보시오.

2   3   7

(   )

실력 확인   [평가책] 단원 평가 26~31쪽, 서술형 평가 32~33쪽

5

들이와 무게

1 들이의 비교

(1~2) 두 그릇에 물을 가득 채운 후 모양과 크기가 같은 수조에 각각 옮겨 담았습니다. 그림과 같이 물이 채워졌을 때 들이가 더 많은 것을 써 보시오.

1

주스병   요구르트병
(   )

2
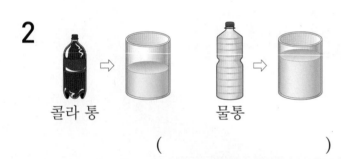
콜라 통   물통
(   )

(3~4) 두 그릇에 물을 가득 채운 후 모양과 크기가 같은 컵에 각각 옮겨 담았습니다. 들이가 더 많은 것을 써 보시오.

3

우유갑   컵
(   )

4

주전자   분무기
(   )

2 들이의 단위

(1~5) ☐ 안에 알맞은 수를 써넣으시오.

1 8 L=☐ mL

2 2000 mL=☐ L

3 6000 mL=☐ L

4 4 L 700 mL=☐ mL

5 5600 mL=☐ L ☐ mL

(6~10) 들이를 비교하여 ◯ 안에 >, =, <를 알맞게 써넣으시오.

6 1500 mL ◯ 2 L 10 mL

7 3 L ◯ 3700 mL

8 5 L 900 mL ◯ 5090 mL

9 6900 mL ◯ 9 L 600 mL

10 7 L 580 mL ◯ 7100 mL

3 들이를 어림하고 재어 보기

（1~10） □ 안에 L와 mL 중 알맞은 단위를 써넣으시오.

1 물뿌리개의 들이는 약 2 □ 입니다.

2 음료수 캔의 들이는 약 250 □ 입니다.

3 냄비의 들이는 약 3 □ 입니다.

4 약병의 들이는 약 35 □ 입니다.

5 수족관의 들이는 약 120 □ 입니다.

6 요구르트병의 들이는 약 100 □ 입니다.

7 욕조의 들이는 약 300 □ 입니다.

8 물병의 들이는 약 1500 □ 입니다.

9 양동이의 들이는 약 4 □ 입니다.

10 밥그릇의 들이는 약 350 □ 입니다.

4 들이의 덧셈과 뺄셈

（1~8） □ 안에 알맞은 수를 써넣으시오.

1 1 L 200 mL ＋ 4 L 700 mL
= □ L □ mL

2 5 L 300 mL ＋ 2 L 300 mL
= □ L □ mL

3 5 L 800 mL － 3 L 500 mL
= □ L □ mL

4 7 L 600 mL － 2 L 200 mL
= □ L □ mL

5
```
    2 L   800 mL
+   3 L   400 mL
─────────────────
    □ L   □ mL
```

6
```
    5 L   900 mL
+   1 L   200 mL
─────────────────
    □ L   □ mL
```

7
```
    4 L   300 mL
－   1 L   400 mL
─────────────────
    □ L   □ mL
```

8
```
    7 L   100 mL
－   2 L   300 mL
─────────────────
    □ L   □ mL
```

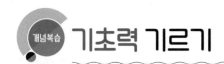

5 무게의 비교

(1~2) 저울로 무게를 비교한 것입니다. 무게가 더 무거운 것을 써 보시오.

1
사과   바나나

(   )

2
토마토   배

(   )

(3~4) 저울과 바둑돌을 사용하여 무게를 비교한 것입니다. 무게가 더 무거운 것을 써 보시오.

3
초콜릿   바둑돌 9개   사탕   바둑돌 8개

(   )

4
지우개   바둑돌 11개   풀   바둑돌 15개

(   )

6 무게의 단위

(1~5) ☐ 안에 알맞은 수를 써넣으시오.

1 4 kg = ☐ g

2 7000 g = ☐ kg

3 3 kg 900 g = ☐ g

4 2000 kg = ☐ t

5 8100 g = ☐ kg ☐ g

(6~10) 무게를 비교하여 ◯ 안에 >, =, <를 알맞게 써넣으시오.

6 2008 g ◯ 2 kg 800 g

7 1 kg 700 g ◯ 1600 g

8 3 kg 450 g ◯ 3050 g

9 6003 g ◯ 6 kg 200 g

10 7040 kg ◯ 8 t

7 무게를 어림하고 재어 보기

(1~10) ☐ 안에 kg, g, t 중 알맞은 단위를 써넣으시오.

1 책가방의 무게는 약 2 ☐ 입니다.

2 클립의 무게는 약 1 ☐ 입니다.

3 강아지의 무게는 약 3 ☐ 입니다.

4 축구공의 무게는 약 450 ☐ 입니다.

5 자동차의 무게는 약 3 ☐ 입니다.

6 코끼리의 무게는 약 4 ☐ 입니다.

7 교실 의자의 무게는 약 3 ☐ 입니다.

8 오이의 무게는 약 100 ☐ 입니다.

9 수박의 무게는 약 5 ☐ 입니다.

10 바둑돌의 무게는 약 4 ☐ 입니다.

8 무게의 덧셈과 뺄셈

(1~8) ☐ 안에 알맞은 수를 써넣으시오.

1 4 kg 400 g + 2 kg 500 g
= ☐ kg ☐ g

2 2 kg 200 g + 6 kg 600 g
= ☐ kg ☐ g

3 7 kg 900 g − 3 kg 500 g
= ☐ kg ☐ g

4 5 kg 800 g − 4 kg 300 g
= ☐ kg ☐ g

5
```
    2  kg    500  g
 +  1  kg    600  g
 ─────────────────────
    ☐  kg    ☐  g
```

6
```
    3  kg    600  g
 +  2  kg    800  g
 ─────────────────────
    ☐  kg    ☐  g
```

7
```
    6  kg    100  g
 −  2  kg    300  g
 ─────────────────────
    ☐  kg    ☐  g
```

8
```
    8  kg    200  g
 −  5  kg    600  g
 ─────────────────────
    ☐  kg    ☐  g
```

기본유형 익히기

1 들이의 비교

1 주스병에 물을 가득 채운 후 컵에 옮겨 담았습니다. 그림과 같이 물이 넘쳤을 때 들이가 더 많은 것은 어느 것입니까?

주스병

컵

(   )

2 로션 통, 분유 통, 세제 통에 물을 가득 채운 후 모양과 크기가 같은 그릇에 각각 옮겨 담았습니다. 그림과 같이 물이 채워졌을 때 들이가 가장 적은 것은 어느 것입니까?

로션 통   분유 통   세제 통

(   )

3 ㉮ 그릇과 ㉯ 그릇에 물을 가득 채운 후 모양과 크기가 같은 컵에 각각 옮겨 담았습니다. ☐ 안에 알맞게 써넣으시오.

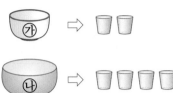

☐ 그릇이 ☐ 그릇보다 컵 ☐개만큼 들이가 더 많습니다.

4 양동이에 물을 가득 채우려면 ㉮ 컵과 ㉯ 컵으로 각각 다음과 같은 횟수만큼 물을 부어야 합니다. 들이가 더 적은 컵은 어느 것입니까?

컵	㉮	㉯
물을 부은 횟수	7번	4번

(   )

2 들이의 단위

5 주어진 들이를 쓰고 읽어 보시오.

(1)

5 L

쓰기	
읽기	

(2)

3 L 80 mL

쓰기	
읽기	

6 물의 양이 얼마인지 눈금을 읽고 ☐ 안에 알맞은 수를 써넣으시오.

(1)
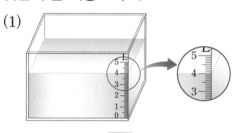

☐ L

(2)
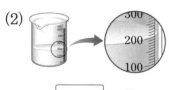

☐ mL

7 ☐ 안에 알맞은 수를 써넣으시오.

(1) 9 L = ☐ mL

(2) 7500 mL = ☐ L ☐ mL

8 3 L의 물이 들어 있는 그릇에 200 mL의 물을 더 부었습니다. 그릇에 들어 있는 물은 모두 몇 mL입니까?

( )

3 들이를 어림하고 재어 보기

9 들이가 1 L인 우유갑을 기준으로 물병의 들이를 어림해 보시오.

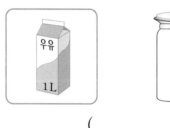

물병

( )

10 ☐ 안에 L와 mL 중 알맞은 단위를 써넣으시오.

(1)

세제 통의 들이는
약 3 ☐ 입니다.

(2)

음료수병의 들이는
약 250 ☐ 입니다.

11 들이가 100 mL에 가장 가까운 물건을 찾아 기호를 써 보시오.

> ㉠ 어항　　　　㉡ 주전자
> ㉢ 주사기　　　　㉣ 종이컵

(　　　　　　)

12 주전자에 물을 가득 채운 후 들이가 1000 mL 인 컵 2개에 모두 옮겨 담았더니 한 컵은 가 득 찼고, 다른 한 컵은 절반 정도 찼습니다. 주전자의 들이를 어림해 보시오.

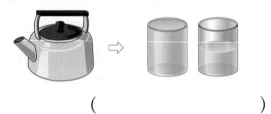

(　　　　　　)

4 들이의 덧셈과 뺄셈

13 들이가 1 L인 비커에 다음과 같이 물이 들어 있습니다. 비커에 있는 물을 모두 수조에 부 으면 물의 양은 모두 얼마인지 ☐ 안에 알맞 은 수를 써넣으시오.

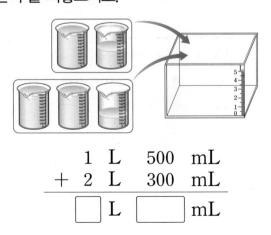

$$
\begin{array}{r}
1 \text{ L} \quad 500 \text{ mL} \\
+ \ 2 \text{ L} \quad 300 \text{ mL} \\
\hline
\boxed{} \text{ L} \ \boxed{} \text{ mL}
\end{array}
$$

14 들이가 4 L 500 mL인 수조에 2 L 400 mL 만큼 물이 들어 있습니다. 물을 얼마나 더 부 으면 수조를 가득 채울 수 있는지 ☐ 안에 알 맞은 수를 써넣으시오.

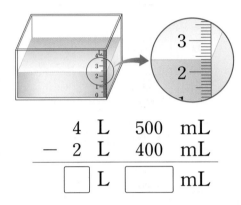

$$
\begin{array}{r}
4 \text{ L} \quad 500 \text{ mL} \\
- \ 2 \text{ L} \quad 400 \text{ mL} \\
\hline
\boxed{} \text{ L} \ \boxed{} \text{ mL}
\end{array}
$$

15 ☐ 안에 알맞은 수를 써넣으시오.

(1) 2 L 400 mL＋1 L 200 mL

= ☐ L ☐ mL

(2) 5 L 700 mL－3 L 500 mL

= ☐ L ☐ mL

(3)
$$
\begin{array}{r}
3 \text{ L} \quad 800 \text{ mL} \\
+ \ 4 \text{ L} \quad 500 \text{ mL} \\
\hline
\boxed{} \text{ L} \ \boxed{} \text{ mL}
\end{array}
$$

(4)
$$
\begin{array}{r}
6 \text{ L} \quad 200 \text{ mL} \\
- \quad\quad\ 700 \text{ mL} \\
\hline
\boxed{} \text{ L} \ \boxed{} \text{ mL}
\end{array}
$$

1 ㉮ 그릇에 물을 가득 채운 후 ㉯ 그릇에 옮겨 담았더니 그림과 같이 물이 채워졌습니다. 들이가 더 많은 그릇은 어느 것입니까?

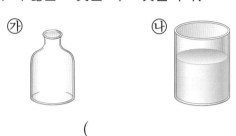

(   )

2 ☐ 안에 알맞은 수를 써넣으시오.

(1) 6040 mL = ☐ L ☐ mL

(2) 3 L 8 mL = ☐ mL

3 들이를 비교하여 ◯ 안에 >, =, <를 알맞게 써넣으시오.

(1) 4900 mL ◯ 5 L

(2) 3700 mL ◯ 3 L 70 mL

4 (보기)에서 알맞은 물건을 선택하여 문장을 완성해 보시오.

┌─(보기)─────────────┐
│   주사기   어항   주스병   │
└────────────────────┘

(1) ☐ 의 들이는 약 220 mL입니다.

(2) ☐ 의 들이는 약 5 L입니다.

5 보온병의 들이를 더 적절히 어림한 사람은 누구입니까?

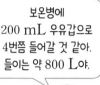 보온병에 200 mL 우유갑으로 4번쯤 들어갈 것 같아. 들이는 약 800 L야.

보온병은 1 L 우유갑과 들이가 비슷할 것 같아. 들이는 약 1000 mL야.

선아   재호

(   )

6 ☐ 안에 알맞은 수를 써넣으시오.

+1400 mL

3700 mL   ☐ L ☐ mL

개념 확인 서술형

7 문장에서 사용된 단위가 어색하거나 틀린 문장을 찾아 바르게 고쳐 쓰고 그 이유를 써 보시오.

┌────────────────────────────┐
│ • 나는 오늘 세탁용 세제를 약 3 L 샀어. │
│ • 요구르트병의 들이는 약 80 mL야. │
│ • 나는 라면 한 개를 끓이는 데 물을 약 │
│   500 L 사용했어. │
└────────────────────────────┘

답| _____

_____

_____

8 음료수병과 세숫대야에 물을 가득 채운 후 모양과 크기가 같은 컵에 각각 옮겨 담았습니다. 세숫대야의 들이는 음료수병의 들이의 몇 배입니까?

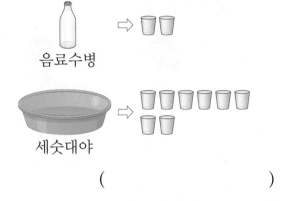

음료수병

세숫대야

( )

교과 역량 추론

9 들이가 가장 적은 물건은 어느 것입니까?

석유통	양동이	냄비
4800 mL	4100 mL	4 L 80 mL

( )

---

10 다음과 같이 물이 채워져 있는 수조에서 1 L 400 mL의 물을 덜어 내면 몇 L 몇 mL가 남습니까?

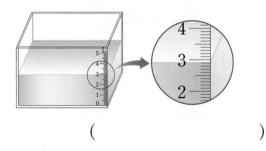

( )

교과 역량 추론, 정보 처리

11 물통과 항아리에 물을 가득 채우려면 ㉮ 컵과 ㉯ 컵으로 각각 다음과 같은 횟수만큼 물을 부어야 합니다. 바르게 이야기한 사람은 누구입니까?

	㉮ 컵	㉯ 컵
물통	6번	5번
항아리	18번	15번

㉮ 컵과 ㉯ 컵 중에 들이가 더 많은 컵은 ㉮ 컵이야.

재아

항아리의 들이는 물통의 들이의 3배야.

민태

( )

교과서 pick

12 실제 들이가 1400 mL인 물통의 들이를 각각 다음과 같이 어림하였습니다. 물통의 들이와 가장 가깝게 어림한 사람은 누구입니까?

• 소희: 약 1500 mL

• 건우: 약 1 L 350 mL

• 현중: 약 1 L 250 mL

( )

---

13 보경이가 물을 어제는 2 L 500 mL 마셨고 오늘은 2700 mL 마셨습니다. 보경이가 어제와 오늘 마신 물은 모두 몇 L 몇 mL입니까?

( )

5 무게의 비교

1 휴대 전화와 지우개를 양손에 하나씩 들고 무게를 비교하였습니다. 어느 것이 더 가벼운지 써 보시오.

(   )

2 무게가 무거운 물건부터 차례대로 1, 2, 3을 써 보시오.

(   ) (   ) (   )

3 저울로 감자, 양파, 단호박의 무게를 비교한 것입니다. 감자, 양파, 단호박 중에서 가장 무거운 채소를 써 보시오.

(   )

4 저울과 동전을 사용하여 감과 귤의 무게를 비교한 것입니다. 감과 귤 중에서 어느 것이 100원짜리 동전 몇 개만큼 더 무겁습니까?

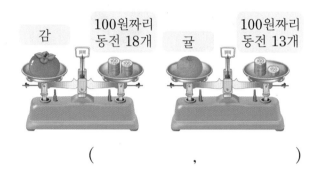

(,   )

6 무게의 단위

5 주어진 무게를 쓰고 읽어 보시오.

(1)
3 kg

쓰기	
읽기	

(2)
1 kg 60 g

쓰기	
읽기	

(3)
5 t

쓰기	
읽기	

6 저울을 보고 ☐ 안에 알맞은 수를 써넣으시오.

(1)
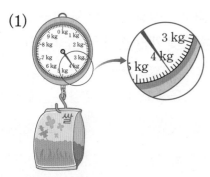

☐ kg

(2)
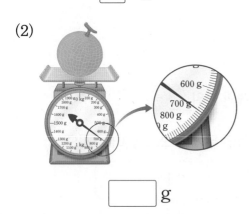

☐ g

7 ☐ 안에 알맞은 수를 써넣으시오.

(1) 8 kg= ☐ g

(2) 2 kg 700 g= ☐ g

(3) 4000 g= ☐ kg

(4) 5000 kg= ☐ t

8 하마의 무게는 약 2 t입니다. 하마의 무게는 약 몇 kg입니까?

( )

7 무게를 어림하고 재어 보기

9 무게가 1 kg인 유자차를 기준으로 생강차의 무게를 어림해 보시오.

( )

10 ☐ 안에 kg과 g 중 알맞은 단위를 써넣으시오.

(1)
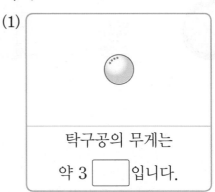

탁구공의 무게는

약 3 ☐ 입니다.

(2)

유모차의 무게는

약 9 ☐ 입니다.

11 무게가 1 t보다 무거운 것을 찾아 기호를 써 보시오.

> ㉠ 전자레인지 1대   ㉡ 우산 10개
> ㉢ 소방차 1대   ㉣ 의자 5개

( )

12 무게에 알맞은 물건을 예상하여 2가지씩 써 보시오.

무게	예상한 물건
1 kg	
300 g	

8 무게의 덧셈과 뺄셈

13 저울에 소금을 올려놓았더니 저울의 바늘이 3 kg 200 g을 가리키고 있습니다. 소금 1 kg 500 g을 더 올려놓으면 소금의 무게는 모두 얼마인지 ☐ 안에 알맞은 수를 써넣으시오.

```
      3   kg    200   g
  +   1   kg    500   g
  ─────────────────────
    ☐   kg    ☐    g
```

14 승우가 강아지를 안고 저울에 올라가면 무게가 35 kg 700 g이고, 승우만 저울에 올라가면 몸무게가 33 kg 100 g입니다. 강아지의 무게는 얼마인지 ☐ 안에 알맞은 수를 써넣으시오.

승우

35 kg 700 g   33 kg 100 g

```
      35   kg    700   g
  -   33   kg    100   g
  ─────────────────────
    ☐   kg    ☐    g
```

15 ☐ 안에 알맞은 수를 써넣으시오.

(1) 3 kg 500 g＋5 kg 300 g

= ☐ kg ☐ g

(2) 6 kg 500 g－2 kg 300 g

= ☐ kg ☐ g

(3)
```
      5   kg    700   g
  +   3   kg    600   g
  ─────────────────────
    ☐   kg    ☐    g
```

(4)
```
      8   kg    100   g
  -            900   g
  ─────────────────────
    ☐   kg    ☐    g
```

1 저울의 눈금을 읽어 ☐ 안에 알맞은 수를 써 넣으시오.

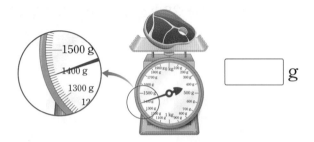

☐ g

2 무게가 같은 것끼리 선으로 이어 보시오.

7 kg 20 g · · 7200 g

7 kg 2 g · · 7002 g

7 kg 200 g · · 7020 g

3 무게를 비교하여 ◯ 안에 >, =, <를 알맞게 써넣으시오.

(1) 6500 g ◯ 6 kg 200 g

(2) 3850 g ◯ 4 kg 60 g

4 〈보기〉에서 알맞은 물건을 선택하여 문장을 완성해 보시오.

〈보기〉
세탁기   수박   자동차

(1) ☐ 의 무게는 약 3 t입니다.

(2) ☐ 의 무게는 약 3 kg입니다.

5 무게가 1 kg보다 무거운 것을 찾아 기호를 써 보시오.

ㄱ 가위   ㄴ 청소기
ㄷ 축구공   ㄹ 컵

( )

6 ☐ 안에 알맞은 수를 써넣으시오.

+2700 g

4500 g   ☐ kg ☐ g

교과 역량 문제 해결, 추론, 의사소통   개념 확인 서술형

7 경진이가 바나나와 오렌지의 무게를 <u>잘못</u> 비교했습니다. 그 이유를 써 보시오.

바나나   100원짜리 동전 30개

오렌지   500원짜리 동전 30개

바나나 1개의 무게와 오렌지 1개의 무게는 같아. 왜냐하면 바나나와 오렌지의 무게가 각각 동전 30개의 무게와 같기 때문이야.

경진

이유 |

_____

_____

8 무게의 단위를 잘못 사용한 사람은 누구입니까?

> • 찬성: 버스의 무게는 약 12 t이야.
> • 지영: 과자 한 봉지의 무게는 약 70 kg 이야.
> • 유림: 난 재활용 의류를 약 3 kg 500 g 모았어.

( )

교과 역량 문제 해결, 추론

9 실제 무게가 2 kg인 항아리의 무게와 더 가깝게 어림한 사람은 누구입니까?

항아리의 무게는 약 1 kg 850 g일 거야.

항아리의 무게는 약 2 kg 140 g일 것 같아.

현미   승우

( )

10 무게가 가장 가벼운 것을 찾아 기호를 써 보시오.

> ㉠ 3 t   ㉡ 9700 g   ㉢ 400 kg

( )

11 콩을 5 kg까지 담을 수 있는 주머니가 있습니다. 이 주머니에 콩이 3 kg 70 g 담겨 있다면 더 담을 수 있는 콩의 무게는 몇 kg 몇 g입니까?

( )

교과서 pick

12 연필, 지우개, 가위의 무게를 비교한 것입니다. 한 개의 무게가 무거운 것부터 차례대로 써 보시오. (단, 같은 종류의 물건끼리는 한 개의 무게가 같습니다.)

| 연필 6자루 | 지우개 3개 | 지우개 3개 | 가위 1개 |

( )

13 예나가 밀가루 3 kg 500 g과 설탕 1700 g을 섞어 케이크를 만들었습니다. 예나가 사용한 밀가루와 설탕의 무게는 모두 몇 kg 몇 g입니까?

( )

교과서 pick

1 양동이에 물이 4 L 들어 있었습니다. 물통에 350 mL씩 담아 5번 덜어 냈다면 양동이에 남아 있는 물의 양은 몇 L 몇 mL인지 구해 보시오.

(   )

2 다율이네 가족은 고구마를 어제 20 kg 400 g 캤고, 오늘은 어제보다 3 kg 900 g 더 많이 캤습니다. 다율이네 가족이 어제와 오늘 캔 고구마의 무게는 모두 몇 kg 몇 g인지 구해 보시오.

(   )

3 다음과 같은 주전자와 물통에 각각 물을 가득 채운 후 대야에 모두 부었더니 대야가 가득 찼습니다. 들이가 2 L 900 mL인 수조와 대야 중에서 어느 것의 들이가 몇 mL 더 적은지 구해 보시오.

주전자   물통

1 L 700 mL   1500 mL

(,   )

4 무게가 똑같은 책 6권이 꽂힌 책꽂이의 무게가 4 kg 900 g입니다. 책꽂이만의 무게가 1 kg 300 g이라면 책 한 권의 무게는 몇 g인지 구해 보시오.

(   )

실력 확인   [평가책] 단원 평가 34~39쪽, 서술형 평가 40~41쪽

6

자료의 정리

1 표에서 알 수 있는 내용

(1~5) 준수네 반 학생들이 좋아하는 과일을 조사하여 표로 나타내었습니다. 물음에 답하시오.

좋아하는 과일별 학생 수

과일	감	딸기	귤	키위	합계
학생 수(명)	5	9	6	7	27

1 조사한 학생은 모두 몇 명입니까?

( )

2 귤을 좋아하는 학생은 몇 명입니까?

( )

3 가장 많은 학생이 좋아하는 과일은 무엇입니까?

( )

4 가장 적은 학생이 좋아하는 과일은 무엇입니까?

( )

5 딸기를 좋아하는 학생은 키위를 좋아하는 학생보다 몇 명 더 많습니까?

( )

2 자료를 수집하여 표로 나타내기

(1~3) 조사한 자료를 보고 표로 나타내어 보시오.

1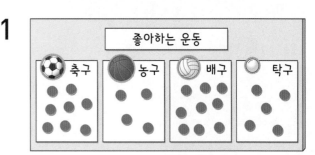

좋아하는 운동별 학생 수

운동	축구	농구	배구	탁구	합계
학생 수(명)					

2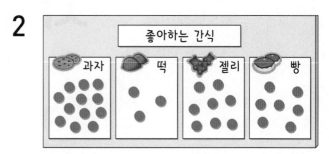

좋아하는 간식별 학생 수

간식	과자	떡	젤리	빵	합계
학생 수(명)					

3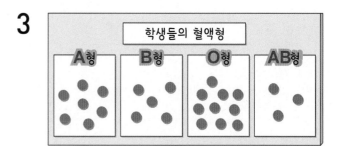

혈액형별 학생 수

혈액형	A형	B형	O형	AB형	합계
학생 수(명)					

3 그림그래프

(1~4) 마을별 자전거 수를 조사하여 그래프로 나타내었습니다. 물음에 답하시오.

마을별 자전거 수

마을	자전거 수
하늘	🚲🚲🚲
햇살	🚲🚲🚲🚲🚲🚲🚲
사랑	🚲🚲🚲🚲🚲🚲🚲🚲
행복	🚲🚲🚲🚲🚲🚲🚲🚲

🚲 10대   🚲 1대

1 위와 같이 조사한 수를 그림으로 나타낸 그래프를 무엇이라고 합니까?

(   )

2 그래프에서 그림 🚲과 🚲은 각각 몇 대를 나타냅니까?

🚲 (   )

🚲 (   )

3 행복 마을의 자전거 수는 몇 대입니까?

(   )

4 자전거 수가 가장 많은 마을은 어느 마을입니까?

(   )

(5~8) 과수원별 포도 판매량을 조사하여 그림그래프로 나타내었습니다. 물음에 답하시오.

과수원별 포도 판매량

과수원	포도 판매량
가	🍇🍇🍇🍇🍇🍇
나	🍇🍇🍇🍇🍇🍇🍇🍇🍇🍇
다	🍇🍇🍇🍇🍇🍇🍇
라	🍇🍇🍇🍇

🍇 10상자   🍇 1상자

5 그림그래프에서 그림 🍇과 🍇은 각각 몇 상자를 나타냅니까?

🍇 (   )

🍇 (   )

6 가 과수원의 포도 판매량은 몇 상자입니까?

(   )

7 포도를 가장 많이 판매한 과수원은 어느 과수원입니까?

(   )

8 포도를 가장 적게 판매한 과수원은 어느 과수원입니까?

(   )

4 그림그래프로 나타내기

(1~3) 마을별 학생 수를 조사하여 표로 나타내었습니다. 물음에 답하시오.

마을별 학생 수

마을	가	나	다	라	합계
학생 수(명)	18	24	30	15	87

1 표를 보고 그림그래프로 나타내려고 합니다. 그림을 😊과 😊으로 나타낸다면 각각 몇 명으로 나타내야 합니까?

😊 (   )

😊 (   )

2 표를 보고 그림그래프를 완성해 보시오.

마을별 학생 수

마을	학생 수
가	😊 😊😊😊😊😊😊😊
나	
다	
라	

😊 10명 😊 1명

3 학생 수가 가장 많은 마을은 어느 마을입니까?

(   )

(4~6) 가게별 일주일 동안 판매한 호빵의 수를 조사하여 표로 나타내었습니다. 물음에 답하시오.

일주일 동안 판매한 호빵의 수

가게	가	나	다	라	합계
호빵의 수(개)	33	17	28	22	100

4 표를 보고 그림그래프로 나타내려고 합니다. 그림을 🍞과 🍞으로 나타낸다면 각각 몇 개로 나타내야 합니까?

🍞 (   )

🍞 (   )

5 표를 보고 그림그래프를 완성해 보시오.

일주일 동안 판매한 호빵의 수

가게	호빵의 수
가	🍞 🍞 🍞 🍞 🍞 🍞
나	
다	
라	

🍞 10개 🍞 1개

6 일주일 동안 판매한 호빵의 수가 가장 적은 가게는 어느 가게입니까?

(   )

1 표에서 알 수 있는 내용

(1~3) 어느 가게의 옷을 종류별로 조사하여 표로 나타내었습니다. 물음에 답하시오.

종류별 옷의 수

종류	티셔츠	바지	치마	조끼	합계
옷의 수(벌)	38		12	23	98

1 바지는 몇 벌입니까?

( )

2 조끼는 치마보다 몇 벌 더 많습니까?

( )

3 옷의 수가 적은 종류부터 차례대로 써 보시오.

( )

(4~5) 현수네 학교 3학년 학생들의 혈액형을 조사하여 표로 나타내었습니다. 물음에 답하시오.

혈액형별 학생 수

혈액형	A형	B형	O형	AB형	합계
남학생 수(명)	20	27	13	10	70
여학생 수(명)	17	32	21	5	75

4 가장 많은 남학생의 혈액형은 무엇입니까?

( )

5 A형인 여학생은 O형인 여학생보다 몇 명 더 적습니까?

( )

2 자료를 수집하여 표로 나타내기

(6~8) 지혜네 반 학생들이 좋아하는 계절을 조사하였습니다. 물음에 답하시오.

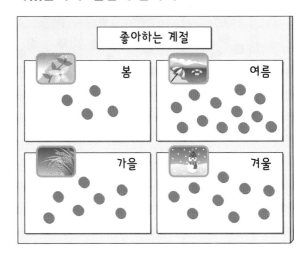

6 조사한 자료를 보고 표로 나타내어 보시오.

좋아하는 계절별 학생 수

계절	봄	여름	가을	겨울	합계
학생 수(명)					

7 가장 적은 학생이 좋아하는 계절은 무엇입니까?

( )

8 지혜네 반 학생이 모두 몇 명인지 알아보려고 할 때 조사한 자료와 표 중에서 어느 것이 더 편리합니까?

( )

9 지호네 반 학생들이 좋아하는 간식을 조사하였습니다. 자료를 보고 표를 완성해 보시오.

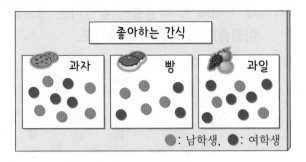

좋아하는 간식별 학생 수

간식	과자	빵	과일	합계
남학생 수(명)				
여학생 수(명)				

③ 그림그래프

(10~11) 마을별 돼지의 수를 조사하여 그림그래프로 나타내었습니다. 물음에 답하시오.

마을별 돼지의 수

마을	돼지의 수
행복	🐷 🐷 🐷 🐷 🐷
햇살	🐷 🐷 🐷 🐷
금빛	🐷 🐷 🐷 🐷
아름	🐷 🐷 🐷 🐷 🐷 🐷 🐷 🐷

🐷 10마리   🐷 1마리

10 햇살 마을의 돼지는 몇 마리입니까?

(   )

11 돼지가 가장 적은 마을은 어느 마을입니까?

(   )

(12~13) 지난 한 달 동안 어느 가게에서 팔린 주스의 수를 조사하여 그림그래프로 나타내었습니다. 물음에 답하시오.

어느 가게에서 팔린 종류별 주스의 수

종류	주스의 수
딸기 주스	🍼 🍼 🍼 🍼 🍼 🍼 🍼 🍼
포도 주스	🍼 🍼 🍼 🍼 🍼 🍼 🍼
키위 주스	🍼 🍼 🍼 🍼 🍼 🍼
자몽 주스	🍼 🍼 🍼 🍼 🍼 🍼 🍼 🍼

🍼 100병 🍼 10병

12 가장 많이 팔린 주스는 무엇이고, 몇 병입니까?

(,   )

13 포도 주스와 자몽 주스 중에서 더 적게 팔린 주스는 무엇입니까?

(   )

4 그림그래프로 나타내기

(14~15) 농장별 감자 생산량을 조사하여 표로 나타내었습니다. 물음에 답하시오.

농장별 감자 생산량

농장	신선	아침	푸른	튼튼	합계
생산량 (상자)	35	42	26	51	154

14 표를 보고 그림그래프로 나타낼 때 그림을 몇 가지로 나타내는 것이 좋겠습니까?

(   )

15 표를 보고 그림그래프로 나타내어 보시오.

농장별 감자 생산량

농장	감자 생산량
신선	
아침	
푸른	
튼튼	

🥔 10상자   🥔 1상자

(16~17) 어느 박물관의 월별 방문객 수를 조사하여 표로 나타내었습니다. 물음에 답하시오.

월별 방문객 수

월	9월	10월	11월	12월	합계
방문객 수(명)	230	520	410	340	1500

16 표를 보고 그림그래프로 나타내어 보시오.

월	방문객 수
9월	
10월	
11월	
12월	

◎ 100명   ○ 10명

17 방문객이 가장 적게 방문한 달은 몇 월입니까?

(   )

(1~3) 재희네 반 학생들이 좋아하는 중국 음식을 조사하였습니다. 물음에 답하시오.

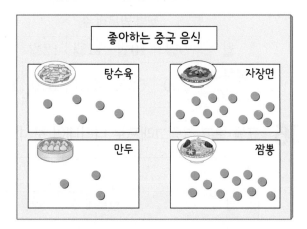

좋아하는 중국 음식

탕수육　　자장면

만두　　짬뽕

1 조사한 자료를 보고 표로 나타내어 보시오.

좋아하는 중국 음식별 학생 수

중국 음식	탕수육	자장면	만두	짬뽕	합계
학생 수(명)					

2 위 1의 표를 보고 그림그래프로 나타내어 보시오.

중국 음식	학생 수
탕수육	
자장면	
만두	
짬뽕	

😊 10명 　 🙂 1명

교과서 pick

3 좋아하는 중국 음식별 학생 수를 비교하려고 할 때 표와 그림그래프 중에서 어느 것이 더 편리합니까?

(　　　　　　　)

(4~6) 어느 서점에서 한 달 동안 팔린 책 수를 조사하여 그림그래프로 나타내었습니다. 물음에 답하시오.

한 달 동안 팔린 종류별 책 수

종류	책 수
소설책	📕📕 📖📖📖
유아 서적	📕📕📕 📖📖📖📖📖
학습지	📕 📖📖📖📖📖📖📖
잡지	📕📕📕📕 📖📖

📕 100권　📖 10권

4 한 달 동안 많이 팔린 책부터 차례대로 써 보시오.

(　　　　　　　)

5 한 달 동안 팔린 책은 모두 몇 권입니까?

(　　　　　　　)

교과서 pick 　　　　　　　서술형

6 이 서점에서 다음 달에는 어떤 종류의 책을 가장 많이 준비하면 좋을지 고르고, 그 이유를 써 보시오.

답 | _____

_____

_____

(7~8) 준우네 학교 학생들이 가고 싶어 하는 나라를 조사하여 표로 나타내었습니다. 물음에 답하시오.

가고 싶어 하는 나라별 학생 수

나라	일본	미국	스위스	호주	합계
학생 수(명)	280	450	160	170	1060

7 표를 보고 ◎은 100명, ○은 10명으로 하여 그림그래프로 나타내어 보시오.

나라	학생 수
일본	
미국	
스위스	
호주	

◎ 100명   ○ 10명

교과 역량 문제 해결, 추론, 정보 처리

8 표를 보고 ◎은 100명, △은 50명, ○은 10명으로 하여 그림그래프로 나타내어 보시오.

나라	학생 수
일본	
미국	
스위스	
호주	

◎ 100명   △ 50명   ○ 10명

9 과수원별 사과 생산량을 조사하여 그림그래프로 나타내었습니다. <u>잘못된</u> 점을 찾아 써 보시오.

과수원별 사과 생산량

과수원	사과 생산량
가	□ □ □ □ ☐ ☐ ☐
나	○ ○○○○○○○○
다	△ △ △ △ △ △

□ 100상자   ☐ 10상자

(   )

교과 역량 정보 처리

10 재아네 학교 학생들이 좋아하는 과목별 학생 수를 표로 나타내었습니다. 표를 보고 바르게 설명한 사람은 누구입니까?

좋아하는 과목별 학생 수

과목	수학	국어	과학	사회
남학생 수(명)	80	70	130	100
여학생 수(명)	100	120	60	110

- 서윤: 국어를 좋아하는 남학생 수와 여학생 수의 차는 70명이야.
- 정호: 전체 남학생 수는 전체 여학생 수보다 더 많아.
- 영미: 좋아하는 학생 수가 더 많은 과목은 남학생보다 여학생이 더 많아.

(   )

교과서 pick

1 피자 가게에서 한 달 동안 팔린 피자의 수를 조사하여 그림그래프로 나타내었습니다. 가장 많이 팔린 피자와 가장 적게 팔린 피자의 차는 몇 판인지 구해 보시오.

한 달 동안 팔린 종류별 피자의 수

종류	피자의 수
불고기	
치즈	
새우	
감자	

🍕 100판 🍕 10판

( )

2 준호와 친구들이 빚은 송편의 수를 조사하여 그림그래프로 나타내었습니다. 준호와 친구들이 빚은 송편이 모두 91개일 때 그림그래프를 완성해 보시오.

학생별 빚은 송편의 수

이름	송편의 수
준호	
경재	
수연	
진희	

🥟 10개 🥟 1개

교과서 pick

3 1반과 2반이 관람하고 싶어 하는 올림픽 경기 종목을 조사하였습니다. 1반과 2반 학생이 가장 관람하고 싶어 하는 종목은 무엇인지 구해 보시오.

관람하고 싶어 하는 올림픽 경기 종목별 학생 수

경기 종목	육상	태권도	체조	수영	합계
1반 학생 수(명)	5	10	4		26
2반 학생 수(명)	7		3	11	27

( )

4 문구점에서 하루 동안 팔린 머리끈의 수를 조사하여 그림그래프로 나타내었습니다. 머리끈 한 개의 값이 70원일 때, 하루 동안 팔린 머리끈의 값은 모두 얼마인지 구해 보시오.

하루 동안 팔린 색깔별 머리끈의 수

색깔	머리끈의 수
분홍색	
연두색	
보라색	

🎀 10개 🎀 1개

( )

실력 확인 [평가책] 단원 평가 42~47쪽, 서술형 평가 48~49쪽

개념+유형

라이트 평가책

- 단원평가 2회
- 서술형평가
- 학업 성취도평가

개념과 유형이 하나로

초등 수학

3·2

책 속의 가접 별책 (특허 제 0557442호)

'평가책'은 복습책에서 쉽게 분리할 수 있도록 제작되었으므로
유통 과정에서 분리될 수 있으나 파본이 아닌 정상 제품입니다.

ABOVE IMAGINATION

우리는 남다른 상상과 혁신으로
교육 문화의 새로운 전형을 만들어
모든 이의 행복한 경험과 성장에 기여한다

개념┿유형

라이트

평가책

초등 수학 ——

3·2

1 수 모형을 보고 계산해 보시오.

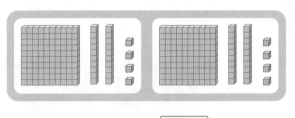

$$124 \times 2 = \boxed{}$$

2 ☐ 안에 알맞은 수를 써넣으시오.

3×19 ─ $3 \times 10 = \boxed{}$ ─ $3 \times \boxed{} = \boxed{}$ ⊕ $\boxed{}$

3 계산해 보시오.

$$\begin{array}{r} 1\,7 \\ \times\ 6\,0 \\ \hline \end{array}$$

4 빈칸에 두 수의 곱을 써넣으시오.

328	3

5 덧셈식을 곱셈식으로 나타내고 계산해 보시오.

$$292 + 292 + 292 + 292$$

$$\boxed{} \times \boxed{} = \boxed{}$$

6 빈칸에 알맞은 수를 써넣으시오.

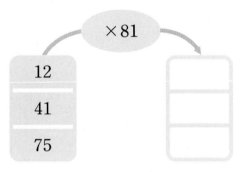

12
41
75

7 계산 결과를 찾아 선으로 이어 보시오.

7×26	•	•	182
5×43	•	•	210
6×35	•	•	215

8 빈칸에 알맞은 수를 써넣으시오.

시험에 꼭 나오는 문제

9 계산 결과의 크기를 비교하여 ◯ 안에 >, =, <를 알맞게 써넣으시오.

$$65 \times 30 \bigcirc 42 \times 32$$

10 계산 결과가 3000보다 큰 곱셈식을 모두 찾아 ◯표 하시오.

50×70	49×50
80×40	
68×50	56×30

11 서윤이는 하루에 물을 8컵씩 마십니다. 서윤이가 25일 동안 마시는 물은 모두 몇 컵입니까?

( )

12 정현이는 50원짜리 동전을 90개 모았습니다. 정현이가 모은 돈은 모두 얼마입니까?

( )

시험에 꼭 나오는 문제

13 고구마가 한 상자에 18개씩 들어 있습니다. 36상자에 들어 있는 고구마는 모두 몇 개입니까?

( )

14 계산 결과가 큰 것부터 차례대로 기호를 써 보시오.

㉠ 378×5	㉡ 40×50
㉢ 24×80	㉣ 69×29

( )

잘 틀리는 문제

15 과일별 열량이 다음과 같을 때 혜미네 가족은 방울토마토 20개와 귤 11개를 먹었습니다. 혜미네 가족이 먹은 과일의 열량은 모두 몇 킬로칼로리입니까?

과일	열량(킬로칼로리)
방울토마토 1개	16
귤 1개	45

(   )

16 ☐ 안에 알맞은 수를 써넣으시오.

$$
\begin{array}{r}
3\ \boxed{}\ 2 \\
\times\quad\quad 4 \\
\hline
1\ 4\ 8\ 8
\end{array}
$$

잘 틀리는 문제

17 어떤 수에 76을 곱해야 하는데 잘못하여 어떤 수에 67을 더했더니 140이 되었습니다. 바르게 계산하면 얼마입니까?

(   )

서술형 문제

18 잘못 계산한 곳을 찾아 이유를 쓰고, 바르게 계산해 보시오.

$$
\begin{array}{r}
6\ 4 \\
\times\ 5\ 3 \\
\hline
1\ 9\ 2 \\
3\ 2\ 0 \\
\hline
5\ 1\ 2
\end{array}
\qquad\Rightarrow\qquad
\begin{array}{r}
6\ 4 \\
\times\ 5\ 3 \\
\hline
\end{array}
$$

이유 |

19 효미는 동화책을 6주 동안 매일 28쪽씩 읽으려고 합니다. 효미가 6주 동안 읽을 수 있는 동화책은 모두 몇 쪽인지 풀이 과정을 쓰고 답을 구해 보시오.

풀이 |

답 |

20 수 카드 4장을 한 번씩만 사용하여 가장 큰 두 자리 수와 가장 작은 두 자리 수를 만들었습니다. 만든 두 수의 곱은 얼마인지 풀이 과정을 쓰고 답을 구해 보시오.

[8] [3] [6] [4]

풀이 |

답 |

단원 평가 2회

1 다음을 계산할 때 $6 \times 9 = 54$에서 4는 어느 자리에 써야 하는지를 찾아 기호를 써 보시오.

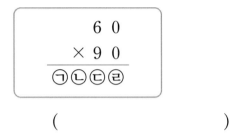

(   )

2 ☐ 안에 알맞은 수를 써넣으시오.

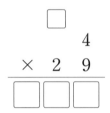

3 계산해 보시오.

531×3

4 빈칸에 알맞은 수를 써넣으시오.

$46 \Rightarrow \times 28 \Rightarrow$ ☐

5 ☐ 안에 들어갈 수는 실제로 어떤 수의 곱인지 찾아 ○표 하시오.

```
    5 9 2
  ×     3
        6
    2 7
  ─────────
  1 7 7 6
```

| 2×3 |
| 5×3 |
| 90×3 |
| 500×3 |

6 빈칸에 알맞은 수를 써넣으시오.

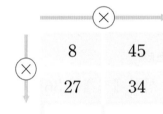

| 8 | 45 |
| 27 | 34 |

7 바르게 계산한 사람은 누구입니까?

```
    4 3 6          6 7
  ×     2        × 4 0
  ─────────      ───────
    8 6 2        2 6 8 0
```

혜원   승호

(   )

8 두 곱의 차는 얼마입니까?

$$46 \times 60 \qquad 38 \times 80$$

( )

9 꽃 한 송이를 만드는 데 30 cm의 색 테이프가 필요합니다. 꽃 40송이를 만들려면 필요한 색 테이프는 모두 몇 cm입니까?

( )

시험에 꼭 나오는 문제

10 인형을 한 상자에 6개씩 36상자에 담았습니다. 상자에 담은 인형은 모두 몇 개입니까?

( )

11 다음이 나타내는 수와 4의 곱은 얼마입니까?

$$100이 7개, 10이 1개, 1이 5개인 수$$

( )

12 계산 결과가 가장 작은 것은 어느 것입니까? ( )

① 304×5 ② 30×90
③ 56×20 ④ 82×13
⑤ 41×27

시험에 꼭 나오는 문제

13 소담이네 학교 3학년 각 반의 학생 수를 나타낸 표입니다. 학생 한 명당 연필을 5자루씩 나누어 줄 때, 모든 학생에게 나누어 주려면 연필은 모두 몇 자루 필요합니까?

반	1반	2반	3반	4반	5반
학생 수(명)	26	24	25	23	26

( )

잘 틀리는 문제

14 1부터 9까지의 수 중에서 ☐ 안에 들어갈 수 있는 가장 큰 수는 얼마입니까?

$$248 \times \boxed{} < 1200$$

( )

15 탁구공은 한 상자에 28개씩 50상자 있고, 야구공은 한 상자에 32개씩 40상자 있습니다. 탁구공과 야구공 중에서 어느 것이 몇 개 더 많습니까?

(,   )

잘 틀리는 문제

16 1부터 9까지의 수 중에서 ㉠에 알맞은 가장 작은 수를 구해 보시오.

$$㉠0 \times 80 > 3000$$

(   )

17 형수는 문구점에서 450원짜리 지우개 2개와 60원짜리 색종이 15장을 사고 2000원을 냈습니다. 형수가 받아야 하는 거스름돈은 얼마입니까?

(   )

서술형 문제

18 세 변이 각각 123 cm인 삼각형이 있습니다. 이 삼각형의 세 변의 길이의 합은 몇 cm인지 풀이 과정을 쓰고 답을 구해 보시오.

풀이 |

답 |

19 동주네 학교 3학년 학생들이 현장 체험 학습을 가려고 45인승 버스 13대에 나누어 탔습니다. 버스마다 3자리씩 비어 있다면 동주네 학교 3학년 학생은 모두 몇 명인지 풀이 과정을 쓰고 답을 구해 보시오.

풀이 |

답 |

20 수 카드 4장을 한 번씩만 사용하여 곱이 가장 작은 (세 자리 수) × (한 자리 수)를 만들었을 때, 그 곱은 얼마인지 풀이 과정을 쓰고 답을 구해 보시오.

6   2   7   4

풀이 |

답 |

1 잘못 계산한 곳을 찾아 이유를 쓰고, 바르게 계산해 보시오. [5점]

$$
\begin{array}{r}
2\,6 \\
\times\,4\,9 \\
\hline
2\,3\,4 \\
1\,0\,4 \\
\hline
3\,3\,8
\end{array}
\quad\Rightarrow\quad
\begin{array}{r}
2\,6 \\
\times\,4\,9 \\
\hline
\end{array}
$$

이유 |

---

2 껌이 한 통에 45개씩 들어 있습니다. 30통에 들어 있는 껌은 모두 몇 개인지 풀이 과정을 쓰고 답을 구해 보시오. [5점]

풀이 |

답 |

---

3 연필 62자루를 한 사람당 5자루씩 13명에게 나누어 주려고 합니다. 연필이 모자라지 않도록 하려면 연필은 적어도 몇 자루 더 필요한지 풀이 과정을 쓰고 답을 구해 보시오. [5점]

풀이 |

답 |

---

4 초록 아파트의 ㉮ 동은 한 층에 6가구씩 살고 있고, 24층까지 있습니다. 초록 아파트의 ㉮, ㉯, ㉰, ㉱ 동에 살고 있는 가구의 수가 모두 같을 때 ㉮, ㉯, ㉰, ㉱ 동에 살고 있는 가구는 모두 몇 가구인지 풀이 과정을 쓰고 답을 구해 보시오. [5점]

풀이 |

답 |

5 참외를 한 봉지에 7개씩 담았더니 32봉지가 되었고, 자두를 한 봉지에 9개씩 담았더니 23봉지가 되었습니다. 참외와 자두 중에서 어느 것이 몇 개 더 많은지 풀이 과정을 쓰고 답을 구해 보시오. [5점]

풀이 |

답 | ,

6 어떤 수에 17을 곱해야 하는데 잘못하여 어떤 수에서 17을 뺐더니 24가 되었습니다. 바르게 계산하면 얼마인지 풀이 과정을 쓰고 답을 구해 보시오. [5점]

풀이 |

답 |

1 ☐안에 알맞은 수를 써넣으시오.

$$8 \div 4 = \boxed{} \Rightarrow 80 \div 4 = \boxed{}$$

2 ☐안에 알맞은 수를 써넣으시오.

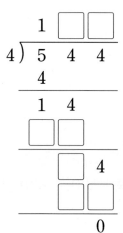

3 계산해 보시오.

$93 \div 3$

4 나눗셈식을 보고 계산 결과가 맞는지 확인해 보시오.

$$33 \div 7 = 4 \cdots 5$$

확인 |

5 빈칸에 알맞은 수를 써넣으시오.

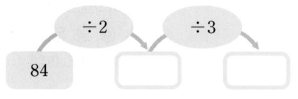

84   ÷2   ÷3

시험에 꼭 나오는 문제

6 잘못 계산한 곳을 찾아 바르게 계산해 보시오.

$$\begin{array}{r} 1\,2 \\ 7\overline{)9\,3} \\ 7 \\ \hline 2\,3 \\ 1\,4 \\ \hline 9 \end{array} \Rightarrow \boxed{7\overline{)9\,3}}$$

7 몫의 크기를 비교하여 ◯ 안에 >, =, < 를 알맞게 써넣으시오.

$55 \div 5$ ◯ $48 \div 4$

8 나누어떨어지는 나눗셈은 어느 것입니까?

(   )

① $35 \div 3$ ② $85 \div 4$
③ $63 \div 5$ ④ $78 \div 6$
⑤ $95 \div 8$

틀리는 문제

9 나머지가 같은 것끼리 선으로 이어 보시오.

134÷4 ·

113÷7 ·

· 139÷3

· 127÷5

· 219÷8

10 몫이 작은 것부터 차례대로 기호를 써 보시오.

㉠ 4) 6 8   ㉡ 2) 5 0

㉢ 5) 9 5   ㉣ 3) 7 2

(   )

11 승희네 학교 학생 60명을 5명씩 한 팀으로 하여 농구 대회를 하려고 합니다. 농구 팀은 몇 팀이 되겠습니까?

(   )

12 길이가 39 cm인 끈을 3도막으로 똑같이 자르려고 합니다. 한 도막이 몇 cm가 되도록 잘라야 합니까?

(   )

13 콩 주머니 256개를 6개 반에 똑같이 나누어 주려고 합니다. 콩 주머니를 한 반에 몇 개씩 줄 수 있고, 몇 개가 남습니까?

(,   )

시험에 꼭 나오는 문제

14 ☐ 안에 알맞은 수를 구해 보시오.

$$\boxed{\ \square \div 6 = 14 \cdots 5\ }$$

(   )

15 옥수수 77개를 한 자루에 5개씩 담아 팔려고 합니다. 옥수수를 자루로만 팔 때 팔 수 있는 옥수수는 모두 몇 개입니까?

( )

잘 틀리는 문제

16 운동장에 학생들이 4명씩 17줄로 서 있습니다. 이 학생들이 6명씩 줄을 다시 선다면 몇 줄이 되고, 몇 명이 남습니까?

(,)

17 어떤 수를 4로 나누어야 할 것을 잘못하여 7로 나누었더니 몫이 13이고 나머지가 5가 되었습니다. 바르게 계산하면 몫은 얼마입니까?

( )

서술형 문제

18 주효는 $51 \div 5$를 다음과 같이 계산하였습니다. 주효의 계산이 잘못된 이유를 쓰고, 바르게 계산해 보시오.

$$51 \div 5 = 9 \cdots 6$$

답 |

19 어느 공장에서 인형 5개를 만드는 데 1시간 25분이 걸린다고 합니다. 이 공장에서 인형 한 개를 만드는 데 몇 분이 걸리는 셈인지 풀이 과정을 쓰고 답을 구해 보시오.

풀이 |

답 |

20 한 봉지에 20개씩 들어 있는 사탕 14봉지가 있습니다. 이 사탕을 한 상자에 6개씩 담을 때 남는 것 없이 모두 담으려면 상자는 적어도 몇 개 필요한지 풀이 과정을 쓰고 답을 구해 보시오.

풀이 |

답 |

1 계산해 보시오.

$$3 \overline{)4\,8}$$

2 나눗셈의 몫과 나머지를 각각 구해 보시오.

$$80 \div 7$$

몫 (　　　　　　　　　)

나머지 (　　　　　　　　　)

3 계산을 하고 계산 결과가 맞는지 확인해 보시오.

$$4 \overline{)6\,7}$$

확인 |

4 빈칸에 알맞은 수를 써넣으시오.

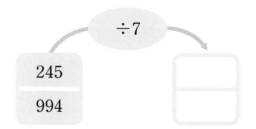

5 몫이 같은 것끼리 선으로 이어 보시오.

$34 \div 2$ ·　　　　· $96 \div 8$

$72 \div 4$ ·　　　　· $54 \div 3$

$84 \div 7$ ·　　　　· $153 \div 9$

6 어떤 수를 9로 나누었을 때 나머지가 될 수 <u>없는</u> 수에 ○표 하시오.

| 5 | 6 | 7 | 8 | 9 |

7 나머지의 크기를 비교하여 ○ 안에 >, =, <를 알맞게 써넣으시오.

$$178 \div 8 \bigcirc 231 \div 5$$

8 $72 \div 6$과 몫이 같은 것은 어느 것입니까?

(　　　　　)

① $91 \div 7$　　　② $84 \div 4$

③ $60 \div 5$　　　④ $90 \div 9$

⑤ $88 \div 8$

9 몫이 15보다 큰 것을 모두 찾아 기호를 써 보시오.

| ㉠ 42÷3 | ㉡ 80÷5 |
| ㉢ 76÷4 | ㉣ 84÷7 |

( )

10 수영이는 사탕을 77개 가지고 있습니다. 친구 한 명에게 7개씩 똑같이 나누어 준다면 사탕을 나누어 줄 수 있는 친구는 몇 명입니까?

( )

11 희수가 수학 문제집 4쪽을 푸는 데 1시간 20분이 걸렸습니다. 수학 문제집 한 쪽을 푸는 데 몇 분이 걸린 셈입니까?

( )

12 1부터 9까지의 수 중에서 □ 안에 들어갈 수 있는 가장 큰 수를 구해 보시오.

$$469 \div 7 > \boxed{} \times 9$$

( )

13 복숭아를 123개 땄습니다. 한 상자에 8개씩 나누어 담았더니 3개가 남았습니다. 복숭아를 담은 상자는 몇 개입니까?

( )

14 한 묶음에 6장씩 들어 있는 색종이 16묶음이 있습니다. 미술 시간에 색종이를 한 명이 5장씩 사용한다면 몇 명이 사용할 수 있고, 몇 장이 남습니까?

(,)

15 연필이 한 타에 12자루씩 12타 있습니다. 이 연필을 필통 한 개에 5자루씩 넣을 때 남는 것 없이 모두 넣으려면 필통은 적어도 몇 개 필요합니까?

(   )

시험에 꼭 나오는 문제

16 수 카드 3장을 한 번씩만 사용하여 몫이 가장 큰 (몇십몇)÷(몇)을 만들려고 합니다. 만든 나눗셈의 몫과 나머지를 각각 구해 보시오.

| 4 | 7 | 9 |

몫 (   )
나머지 (   )

17 다음 나눗셈이 나누어떨어질 때 0부터 9까지의 수 중에서 ★에 알맞은 수는 얼마입니까?

$$8★ ÷ 7$$

(   )

서술형 문제

18 혜경이의 동생은 태어난 지 150일이 되었습니다. 동생이 태어난 지 몇 주 며칠이 되었는지 풀이 과정을 쓰고 답을 구해 보시오.

풀이 |

답 | ,

19 서연이네 학교 3학년은 한 반에 24명씩 6개 반입니다. 3학년 학생들이 8모둠으로 똑같이 나누어 피구 경기를 한다면 한 모둠은 몇 명씩으로 해야 하는지 풀이 과정을 쓰고 답을 구해 보시오.

풀이 |

답 |

20 나눗셈의 나머지가 가장 클 때 ☐ 안에 알맞은 수는 얼마인지 풀이 과정을 쓰고 답을 구해 보시오.

$$☐ ÷ 6 = 13 \cdots ♥$$

풀이 |

답 |

1 잘못 계산한 곳을 찾아 이유를 쓰고, 바르게 계산해 보시오. [5점]

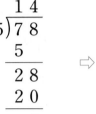

$$
\begin{array}{r}
1\,4 \\
5\,\overline{)7\,8} \\
5 \\
\hline
2\,8 \\
2\,0 \\
\hline
8
\end{array}
$$

⇨

$$5\,\overline{)7\,8}$$

이유 |

2 구슬 153개를 4상자에 똑같이 나누어 담으려고 합니다. 한 상자에 구슬을 몇 개씩 담을 수 있고, 몇 개가 남는지 풀이 과정을 쓰고 답을 구해 보시오. [5점]

풀이 |

답 | _____ , _____

3 당근 63개와 양파 69개가 있습니다. 이 당근과 양파를 3봉지에 똑같이 나누어 담으려고 합니다. 한 봉지에 담을 수 있는 당근과 양파는 모두 몇 개인지 풀이 과정을 쓰고 답을 구해 보시오. [5점]

풀이 |

답 |

4 다율이가 88÷6의 계산을 하고 계산 결과가 맞는지 확인했습니다. ㉠, ㉡에 알맞은 수는 얼마인지 풀이 과정을 쓰고 답을 구해 보시오. [5점]

> **확인** $6 \times ㉠ = ▓$, $▓ + ㉡ = 88$

풀이 |

답 | ㉠:   , ㉡:

5 자전거 대여소에 있는 두발자전거와 세발자전거의 바퀴 수를 세어 보았더니 모두 216개였습니다. 두발자전거가 39대라면 세발자전거는 몇 대인지 풀이 과정을 쓰고 답을 구해 보시오. [5점]

풀이 |

답 |

6 어떤 수를 2로 나누어야 할 것을 잘못하여 어떤 수에 2를 곱했더니 86이 되었습니다. 바르게 계산하면 몫과 나머지는 각각 얼마인지 풀이 과정을 쓰고 답을 구해 보시오. [5점]

풀이 |

답 | 몫: , 나머지:

점수 | 확인

1 원의 중심을 찾아 기호를 써 보시오.

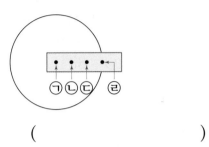

(　　　　　)

2 원의 반지름은 몇 cm입니까?

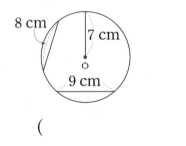

(　　　　　)

3 원의 지름을 나타내는 선분을 찾아 써 보시오.

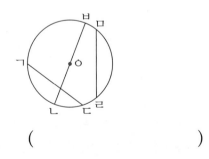

(　　　　　)

4 한 원에서 반지름은 몇 개 그을 수 있습니까? (　　)

① 1개　　　　② 2개
③ 3개　　　　④ 4개
⑤ 무수히 많이 그을 수 있습니다.

시험에 꼭 나오는 문제

5 컴퍼스를 이용하여 반지름이 3 cm인 원을 그리려고 합니다. 그리는 순서대로 기호를 써 보시오.

> ㉠ 컴퍼스의 침과 연필심 사이를 3 cm 가 되도록 벌립니다.
> ㉡ 컴퍼스의 침을 점 ㅇ에 꽂고 한쪽 방향으로 돌려 원을 그립니다.
> ㉢ 원의 중심이 되는 점 ㅇ을 정합니다.

(　　　　　)

6 □ 안에 알맞은 수를 써넣으시오.

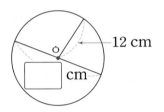

7 주어진 선분을 반지름으로 하는 원을 그려 보시오.

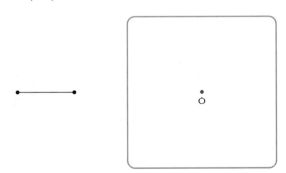

잘 틀리는 문제

8 컴퍼스를 이용하여 지름이 10 cm인 원을 그리려고 합니다. 컴퍼스의 침과 연필심 사이를 몇 cm만큼 벌려야 합니까?

(　　　　　)

9 주어진 모양을 그릴 수 있는 방법을 모두 찾아 기호를 써 보시오.

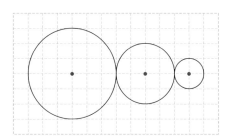

┌─────────────────────────────────┐
│ ㉠ 원의 중심을 옮겨 가며 그리기   │
│ ㉡ 원의 중심을 옮기지 않고 그리기   │
│ ㉢ 반지름의 길이를 같게 하여 그리기   │
│ ㉣ 반지름의 길이를 다르게 하여 그리기   │
└─────────────────────────────────┘

( )

10 오른쪽과 같은 모양을 그리기 위하여 컴퍼스의 침을 꽂아야 할 곳은 모두 몇 군데입니까?

( )

11 주어진 모양과 똑같이 그려 보시오.

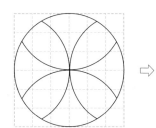 

시험에 꼭 나오는 문제

12 가장 큰 원을 찾아 기호를 써 보시오.

┌─────────────────────────────┐
│ ㉠ 반지름이 9 cm인 원   │
│ ㉡ 지름이 16 cm인 원   │
│ ㉢ 반지름이 10 cm인 원   │
│ ㉣ 지름이 12 cm인 원   │
└─────────────────────────────┘

( )

13 그림과 같이 원들이 맞닿도록 반지름의 길이가 같고 원의 중심을 옮겨 가며 차례대로 원을 2개 더 그려 보시오.

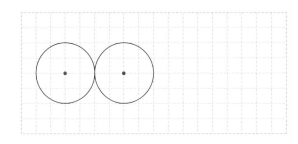

14 크기가 같은 원 3개를 이어 붙여서 그린 것입니다. 선분 ㄱㄴ은 몇 cm입니까?

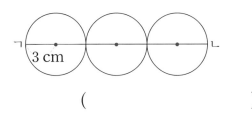

( )

15 점 ㄱ, 점 ㄴ은 원의 중심입니다. 큰 원의 지름이 24 cm일 때, 작은 원의 반지름은 몇 cm입니까?

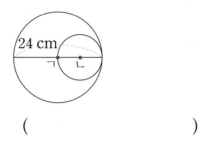

( )

잘 틀리는 문제

16 가장 큰 원의 반지름은 몇 cm입니까?

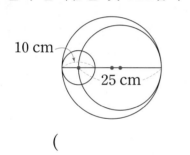

( )

17 직사각형 안에 반지름이 2 cm인 원 3개를 겹치지 않게 이어 붙여서 그렸습니다. 직사각형의 네 변의 길이의 합은 몇 cm입니까?

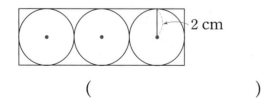

( )

서술형 문제

18 오른쪽 그림을 보고 어떤 규칙으로 원을 그린 것인지 설명해 보시오.

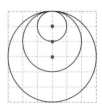

답 |

19 점 ㄱ, 점 ㄴ은 원의 중심입니다. 선분 ㄱㄴ은 몇 cm인지 풀이 과정을 쓰고 답을 구해 보시오.

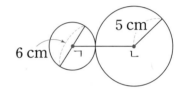

풀이 |

답 |

20 반지름이 4 cm인 크기가 같은 원 3개를 오른쪽과 같이 겹치지 않게 붙여 놓고, 세 원의 중심을 이어 삼각형을 만들었습니다. 삼각형의 세 변의 길이의 합은 몇 cm인지 풀이 과정을 쓰고 답을 구해 보시오.

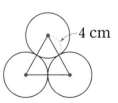

풀이 |

답 |

1 원의 중심을 찾아 써 보시오.

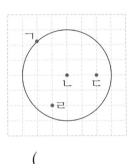

(   )

2 원의 반지름을 나타내는 선분을 찾아 써 보시오.

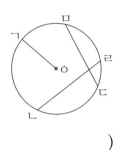

(   )

3 원의 반지름을 나타내는 선분을 1개 그어 보고, 그 길이를 재어 보시오.

(   )

시험에 꼭 나오는 문제

4 길이가 가장 긴 선분을 찾아 써 보시오.

(   )

5 원의 지름은 몇 cm입니까?

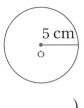

(   )

6 선분 ㅇㄱ과 선분 ㅇㄴ의 길이의 합은 몇 cm입니까?

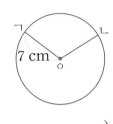

(   )

7 점 ㅇ을 원의 중심으로 하여 지름이 2 cm, 3 cm인 원을 각각 그려 보시오.

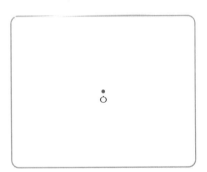

8 주어진 모양을 그리기 위해 컴퍼스의 침을 꽂아야 할 곳을 모두 찾아 ✕표 하시오.

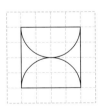

9 그림과 같이 컴퍼스를 벌려 그린 원의 지름은 몇 cm입니까?

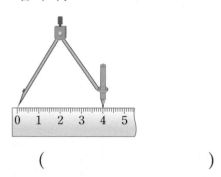

( )

10 규칙에 따라 원을 1개 더 그려 보시오.

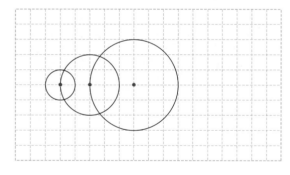

11 주어진 모양과 똑같이 그려 보시오.

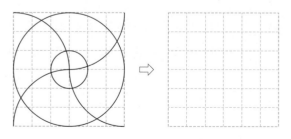

12 크기가 같은 원 2개를 서로 원의 중심을 지나도록 겹쳐서 그린 것입니다. 선분 ㄱㄴ은 몇 cm입니까?

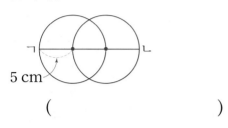

( )

13 놀이공원에 다음과 같은 원 모양의 화단이 있었습니다. 큰 원 모양 화단의 지름이 28 m일 때, 작은 원 모양 화단의 반지름은 몇 m입니까?

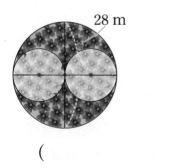

( )

14 직사각형 ㄱㄴㅇㄷ의 네 변의 길이의 합이 24 cm일 때, 원의 지름은 몇 cm입니까?

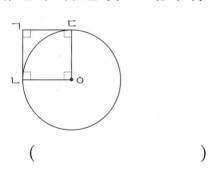

( )

15 정사각형 안에 반지름이 8 cm인 원의 일부를 그려 다음과 같은 모양을 그렸습니다. 정사각형의 네 변의 길이의 합은 몇 cm입니까?

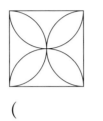

( )

16 직사각형 안에 반지름이 4 cm인 원 6개를 겹치지 않게 이어 붙여서 그렸습니다. 직사각형의 네 변의 길이의 합은 몇 cm입니까?

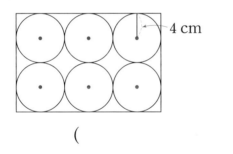

4 cm

( )

17 크기가 같은 원 2개와 큰 원 1개를 서로 원의 중심이 지나도록 겹쳐서 그린 것입니다. 선분 ㄱㄴ은 몇 cm입니까?

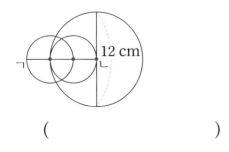

12 cm

( )

서술형 문제

18 두 원의 지름의 차는 몇 cm인지 풀이 과정을 쓰고 답을 구해 보시오.

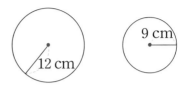

12 cm   9 cm

풀이 |

답 |

19 오른쪽 그림에서 가장 큰 원의 지름은 몇 cm인지 풀이 과정을 쓰고 답을 구해 보시오.

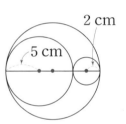

2 cm   5 cm

풀이 |

답 |

20 오른쪽 원 안에 있는 삼각형 ㄱㄴㅇ의 세 변의 길이의 합이 24 cm일 때, 원의 반지름은 몇 cm인지 풀이 과정을 쓰고 답을 구해 보시오.

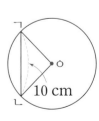

10 cm

풀이 |

답 |

1 원의 지름을 4개 그어 각각의 길이를 재어 보고 알 수 있는 사실을 설명해 보시오. [5점]

답 | _____

_____

2 오른쪽 그림에서 원의 반지름은 몇 cm인지 풀이 과정을 쓰고 답을 구해 보시오. [5점]

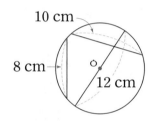

풀이 | _____

_____

답 | _____

3 두 원의 크기가 같을 때, 선분 ㄱㄴ은 몇 cm인지 풀이 과정을 쓰고 답을 구해 보시오. [5점]

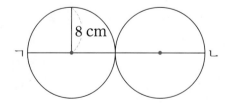

풀이 | _____

_____

답 | _____

4 그림을 보고 규칙에 따라 원을 2개 더 그리고, 그린 방법을 설명해 보시오. [5점]

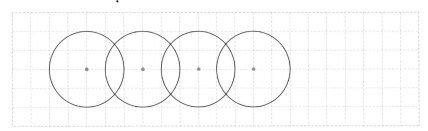

답 |

5 오른쪽은 지름이 18 cm인 원 2개를 서로 원의 중심을 지나도록 겹쳐서 그린 것입니다. 선분 ㄱㄴ은 몇 cm인지 풀이 과정을 쓰고 답을 구해 보시오. [5점]

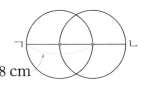

18 cm

풀이 |

답 |

6 오른쪽 그림에서 점 ㄱ, 점 ㄴ, 점 ㄷ은 원의 중심입니다. 선분 ㄴㄷ은 몇 cm인지 풀이 과정을 쓰고 답을 구해 보시오. [5점]

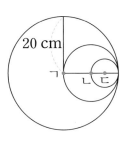

20 cm

풀이 |

답 |

1 그림을 보고 ☐ 안에 알맞은 수를 써넣으시오.

색칠한 부분은 7묶음 중에서 ☐묶음이

므로 전체의 $\dfrac{\Box}{\Box}$ 입니다.

2 그림을 보고 ☐ 안에 알맞은 수를 써넣으시오.

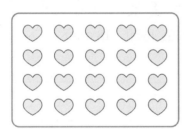

20의 $\dfrac{1}{5}$ 은 ☐ 입니다.

3 종이띠를 보고 ☐ 안에 알맞은 수를 써넣으시오.

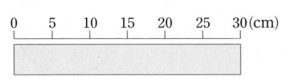

30 cm의 $\dfrac{4}{6}$ 는 ☐ cm입니다.

4 (보기)를 보고 오른쪽 그림을 대분수로 나타내어 보시오.

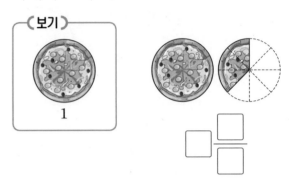

보기

1

$\dfrac{\Box}{\Box}$

5 더 큰 분수에 ◯표 하시오.

$\dfrac{21}{10}$ $\dfrac{19}{10}$

(   ) (   )

6 진분수는 모두 몇 개입니까?

$\dfrac{2}{9}$ $1\dfrac{4}{7}$ $\dfrac{5}{2}$ $\dfrac{6}{13}$ $\dfrac{8}{8}$

(   )

시험에 꼭 나오는 문제

7 대분수를 가분수로 나타내어 보시오.

$3\dfrac{1}{4}$

(   )

8 □ 안에 알맞은 수를 써넣으시오.

21을 3씩 묶으면 9는 21의 $\frac{\square}{7}$입니다.

9 수직선을 보고 □ 안에 알맞은 수를 써넣으시오.

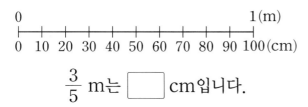

$\frac{3}{5}$ m는 □ cm입니다.

10 분모가 6인 가분수를 작은 수부터 차례대로 3개만 써 보시오.

( )

11 가분수를 대분수로 <u>잘못</u> 나타낸 것은 어느 것입니까? ( )

① $\frac{5}{2} = 2\frac{1}{2}$ ② $\frac{14}{5} = 2\frac{4}{5}$

③ $\frac{25}{6} = 3\frac{5}{6}$ ④ $\frac{13}{7} = 1\frac{6}{7}$

⑤ $\frac{37}{10} = 3\frac{7}{10}$

12 두 분수의 크기를 비교하여 ○ 안에 >, =, <를 알맞게 써넣으시오.

$\frac{15}{9}$ ○ $1\frac{5}{9}$

13 나타내는 길이가 가장 긴 것을 찾아 기호를 써 보시오.

㉠ 40 cm의 $\frac{7}{8}$

㉡ 54 cm의 $\frac{5}{6}$

㉢ 56 cm의 $\frac{4}{7}$

( )

14 은별이는 오렌지 12개의 $\frac{5}{6}$만큼을 주스를 만드는 데 사용했습니다. 남은 오렌지는 몇 개입니까?

( )

잘 틀리는 문제

15 《조건》에 맞는 분수를 찾아 ○표 하시오.

《조건》
• 분모와 분자의 합이 15입니다.
• 가분수입니다.

($\frac{7}{7}$, $\frac{2}{13}$, $\frac{9}{6}$)

16 □ 안에 들어갈 수 있는 자연수를 모두 구해 보시오.

$$\frac{17}{5} < 3\frac{\square}{5}$$

( )

잘 틀리는 문제

17 수 카드 3장 중에서 2장을 뽑아 한 번씩만 사용하여 만들 수 있는 가장 큰 가분수를 대분수로 나타내어 보시오.

[4] [5] [6]

( )

서술형 문제

18 □ 안에 알맞은 수는 얼마인지 풀이 과정을 쓰고 답을 구해 보시오.

10을 2씩 묶으면 6은 10의 $\frac{\square}{5}$ 입니다.

풀이 |

답 |

19 은행나무의 높이는 $2\frac{5}{8}$ m이고, 단풍나무의 높이는 $3\frac{1}{8}$ m입니다. 은행나무와 단풍나무 중에서 높이가 더 높은 것은 어느 것인지 풀이 과정을 쓰고 답을 구해 보시오.

풀이 |

답 |

20 은서는 63쪽짜리 동화책을 어제는 전체의 $\frac{2}{7}$ 를 읽고, 오늘은 전체의 $\frac{4}{9}$ 를 읽었습니다. 은서가 어제와 오늘 읽은 동화책은 모두 몇 쪽인지 풀이 과정을 쓰고 구해 보시오.

풀이 |

답 |

1 그림을 보고 ☐ 안에 알맞은 수를 써넣으시오.

12를 4씩 묶으면 8은 12의 $\dfrac{\square}{\square}$ 입니다.

2 그림을 보고 ☐ 안에 알맞은 수를 써넣으시오.

18의 $\dfrac{2}{6}$ 는 ☐ 입니다.

3 18의 $\dfrac{5}{9}$ 만큼 색칠해 보시오.

4 수직선을 보고 ☐ 안에 알맞은 수를 써넣으시오.

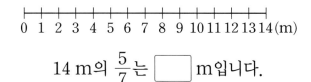

14 m의 $\dfrac{5}{7}$ 는 ☐ m입니다.

5 그림을 보고 대분수를 가분수로 나타내어 보시오.

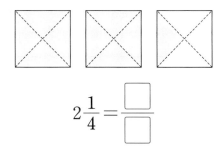

$2\dfrac{1}{4} = \dfrac{\square}{\square}$

6 진분수, 가분수, 대분수로 분류해 보시오.

$$1\frac{5}{10} \qquad \frac{3}{5} \qquad \frac{7}{6} \qquad \frac{4}{4} \qquad 2\frac{1}{3} \qquad \frac{5}{8}$$

진분수	가분수	대분수

7 두 분수의 크기를 비교하여 ◯ 안에 >, =, <를 알맞게 써넣으시오.

$$7\frac{4}{13} \bigcirc 6\frac{9}{13}$$

8 자연수 1을 분모가 7인 분수로 나타내어 보시오.

( )

9 대분수를 가분수로 바르게 나타낸 것을 찾아 기호를 써 보시오.

$\bigcirc\ 2\dfrac{1}{6}=\dfrac{11}{6}$	$\bigcirc\ 2\dfrac{4}{5}=\dfrac{24}{5}$
$\bigcirc\ 5\dfrac{8}{9}=\dfrac{53}{9}$	$\bigcirc\ 2\dfrac{3}{11}=\dfrac{23}{11}$

( )

10 1시간의 $\dfrac{1}{3}$은 몇 분입니까?

( )

11 지성이가 가지고 있는 줄의 길이는 $\dfrac{17}{8}$ cm 입니다. 이 줄의 길이를 대분수로 나타내면 몇 cm입니까?

( )

시험에 꼭 나오는 문제

12 $\dfrac{8}{3}$보다 큰 분수를 모두 찾아 ○표 하시오.

$$\dfrac{3}{3} \qquad 2\dfrac{1}{3} \qquad 3\dfrac{1}{3} \qquad \dfrac{5}{3} \qquad \dfrac{13}{3}$$

13 상우와 미나 중에서 초콜릿을 더 많이 먹은 사람은 누구입니까?

- 상우: 난 초콜릿 36개의 $\dfrac{5}{6}$만큼 먹었어.
- 미나: 난 초콜릿 36개의 $\dfrac{7}{9}$만큼 먹었어.

( )

시험에 꼭 나오는 문제

14 ㉠과 ㉡에 알맞은 수를 각각 구해 보시오.

- 24를 4씩 묶으면 8은 24의 $\dfrac{\bigcirc}{6}$입니다.
- 24를 6씩 묶으면 18은 24의 $\dfrac{\bigcirc}{4}$입니다.

㉠ ( )

㉡ ( )

15 $\frac{11}{4}$ 보다 크고 $4\frac{1}{4}$ 보다 작은 가분수를 모두 써 보시오.

( )

16 예솔이는 철사의 $\frac{4}{7}$ 를 사용했습니다. 예솔이가 사용한 철사의 길이가 32 cm일 때, 처음에 있던 철사의 길이는 몇 cm입니까?

( )

17 (조건)을 모두 만족하는 진분수를 구해 보시오.

〔조건〕
• 분모와 분자의 합은 12입니다.
• 분모와 분자의 차는 6입니다.

( )

서술형 문제

18 분모가 5인 진분수는 모두 몇 개인지 풀이 과정을 쓰고 답을 구해 보시오.

풀이 |

답 |

19 주희네 집에서 각 장소까지의 거리입니다. 기차역, 우체국, 소방서 중에서 주희네 집에서 가장 가까운 곳은 어디인지 풀이 과정을 쓰고 답을 구해 보시오.

기차역	우체국	소방서
$3\frac{7}{8}$ km	$3\frac{3}{8}$ km	$\frac{33}{8}$ km

풀이 |

답 |

20 수 카드 3장을 모두 한 번씩만 사용하여 만들 수 있는 가장 큰 대분수를 가분수로 나타내려고 합니다. 풀이 과정을 쓰고 답을 구해 보시오.

3 4 5

풀이 |

답 |

1 그림을 보고 20을 4씩 묶으면 12는 20의 얼마인지 분수로 나타내려고 합니다. 풀이 과정을 쓰고 답을 구해 보시오. [5점]

풀이 |

_____

_____

답 | _____

2 진분수와 가분수 중에서 어느 것이 몇 개 더 많은지 풀이 과정을 쓰고 답을 구해 보시오. [5점]

$$\frac{7}{9} \qquad \frac{6}{5} \qquad \frac{14}{11} \qquad \frac{13}{17} \qquad \frac{4}{4} \qquad \frac{8}{3}$$

풀이 |

_____

_____

답 | _____ , _____

3 은서는 귤 14개 중에서 $\frac{3}{7}$을 먹었습니다. 은서가 먹고 남은 귤은 몇 개인지 풀이 과정을 쓰고 답을 구해 보시오. [5점]

풀이 |

_____

_____

답 | _____

4 서진이와 혜빈이 중에서 더 긴 길이를 나타낸 사람은 누구인지 풀이 과정을 쓰고 답을 구해 보시오. [5점]

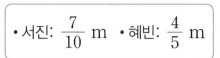

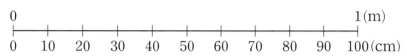

풀이 |

_____

_____

답 | _____

5 ☐ 안에 들어갈 수 있는 자연수를 모두 구하려고 합니다. 풀이 과정을 쓰고 답을 구해 보시오. [5점]

$$1\frac{5}{8} < \frac{\square}{8} < 2\frac{1}{8}$$

풀이 |

_____

_____

답 | _____

6 수 카드 8장 중에서 2장을 뽑아 한 번씩만 사용하여 만들 수 있는 가장 큰 가분수를 대분수로 나타내려고 합니다. 풀이 과정을 쓰고 답을 구해 보시오. [5점]

| 2 | 3 | 4 | 5 | 6 | 7 | 8 | 9 |

풀이 |

_____

_____

답 | _____

1 주스병에 물을 가득 채운 후 물병에 옮겨 담았더니 그림과 같이 물이 채워졌습니다. 들이가 더 많은 것은 어느 것입니까?

주스병

물병

(   )

2 주어진 들이를 읽어 보시오.

3 L 150 mL

(   )

3 비커에 담긴 물의 양은 몇 mL입니까?

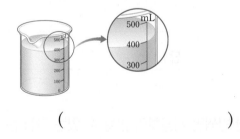

(   )

4 ☐ 안에 알맞은 수를 써넣으시오.

2150 g = ☐ kg ☐ g

5 （보기）에서 알맞은 단위를 찾아 ☐ 안에 써넣으시오.

（보기）

g   kg   t

바둑돌의 한 개의 무게는 약 3 ☐ 입니다.

6 무게를 비교하여 ◯ 안에 >, =, <를 알맞게 써넣으시오.

9 kg 90 g ◯ 9900 g

（7~8） ☐ 안에 알맞은 수를 써넣으시오.

7
```
    3 L   200 mL
+   2 L   500 mL
────────────────
  ☐ L   ☐ mL
```

8
```
    9 kg   400 g
−   5 kg   100 g
────────────────
  ☐ kg   ☐ g
```

9 수조와 주전자 중에서 들이가 더 많은 것은 어느 것입니까?

수조   주전자

3500 mL   3 L 80 mL

(   )

잘 틀리는 문제

10 들이의 단위를 잘못 사용한 것을 찾아 기호를 써 보시오.

> ㉠ 음료수 캔의 들이는 약 250 mL입니다.
> ㉡ 양동이의 들이는 약 5 L입니다.
> ㉢ 주사기의 들이는 약 3 L입니다.
> ㉣ 요구르트병의 들이는 약 80 mL입니다.

(   )

11 무게가 1 t보다 무거운 것을 찾아 기호를 써 보시오.

> ㉠ 책상 1개   ㉡ 자전거 5대
> ㉢ 침대 1개   ㉣ 비행기 1대

(   )

12 무게가 같은 것끼리 선으로 이어 보시오.

2 kg 300 g ·   · 7 kg 200 g

5000 kg ·   · 5 t

7200 g ·   · 2300 g

시험에 꼭 나오는 문제

13 저울과 동전을 사용하여 사과와 복숭아의 무게를 비교한 것입니다. 사과와 복숭아 중에서 어느 것이 100원짜리 동전 몇 개만큼 더 무겁습니까?

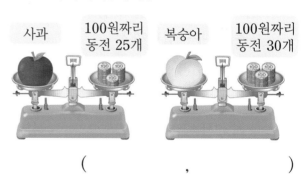

사과   100원짜리 동전 25개   복숭아   100원짜리 동전 30개

(,   )

14 식용유 통에 식용유 8 L가 들어 있습니다. 그중에서 2 L 700 mL를 튀김을 만드는 데 사용했습니다. 남은 식용유의 양은 몇 L 몇 mL입니까?

(   )

시험에 꼭 나오는 문제

15 멜론의 무게는 다음과 같습니다. 수박의 무게가 멜론보다 2 kg 450 g 더 무겁다면 수박의 무게는 몇 kg 몇 g입니까?

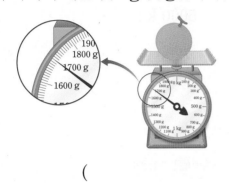

(   )

잘 틀리는 문제

16 냄비와 주전자에 물을 가득 채우려면 ㉮ 컵과 ㉯ 컵으로 각각 다음과 같은 횟수만큼 물을 부어야 합니다. 바르게 이야기한 사람은 누구입니까?

	㉮ 컵	㉯ 컵
냄비	10번	8번
주전자	5번	4번

- 세영: ㉮ 컵과 ㉯ 컵 중에 들이가 더 많은 컵은 ㉮ 컵입니다.
- 민아: 냄비의 들이는 주전자의 들이의 2배입니다.

(   )

17 파란색 페인트 1 L 600 mL와 흰색 페인트 2 L 850 mL를 섞어서 하늘색 페인트를 만든 후 그중 3 L 700 mL로 담장을 칠했습니다. 남은 하늘색 페인트의 양은 몇 mL입니까?

(   )

서술형 **문제**

18 양동이의 들이를 비커로 재었습니다. 양동이의 들이는 몇 mL인지 풀이 과정을 쓰고 답을 구해 보시오.

풀이 |

답 |

19 갯벌에서 조개를 7 kg 100 g 캤습니다. 그중에서 3 kg 600 g을 먹었다면 남은 조개의 무게는 몇 kg 몇 g인지 풀이 과정을 쓰고 답을 구해 보시오.

풀이 |

답 |

20 대야에 물이 5 L 들어 있었습니다. 그릇에 550 mL씩 담아 5번 덜어 냈다면 대야에 남아 있는 물의 양은 몇 L 몇 mL인지 풀이 과정을 쓰고 답을 구해 보시오.

풀이 |

답 |

5. 들이와 무게

점수 | 확인

1 우유병과 주스병에 물을 가득 채운 후 모양과 크기가 같은 그릇에 각각 옮겨 담았습니다. 그림과 같이 물이 채워졌을 때 들이가 더 많은 것은 어느 것입니까?

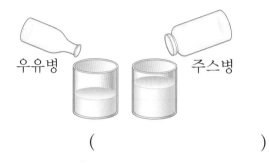

우유병   주스병

(   )

2 ☐ 안에 알맞은 수를 써넣으시오.

1800 mL = ☐ L ☐ mL

3 ☐ 안에 알맞은 수를 써넣으시오.

2 t = ☐ kg

4 ☐ 안에 kg과 g 중 알맞은 단위를 써넣으시오.

냉장고의 무게는
약 120 ☐ 입니다.

냉장고

5 ☐ 안에 알맞은 수를 써넣으시오.

4900 mL − 1500 mL
= ☐ mL
= ☐ L ☐ mL

6 ☐ 안에 알맞은 수를 써넣으시오.

$$\begin{array}{r} 3 \text{ kg} \quad 600 \text{ g} \\ + \ 2 \text{ kg} \quad 150 \text{ g} \\ \hline \square \text{ kg} \quad \square \text{ g} \end{array}$$

7 들이를 비교하여 ◯ 안에 >, =, <를 알맞게 써넣으시오.

5 L 70 mL ◯ 5300 mL

8 ☐ 안에 L와 mL 중 알맞은 단위가 나머지와 다른 것을 찾아 기호를 써 보시오.

㉠ 우유갑의 들이는 약 200 ☐ 입니다.
㉡ 냄비의 들이는 약 3 ☐ 입니다.
㉢ 욕조의 들이는 약 150 ☐ 입니다.

(   )

9 무게가 무거운 것부터 차례대로 기호를 써 보시오.

> ㉠ 4900 g ㉡ 4 kg 90 g
> ㉢ 4 kg 950 g ㉣ 4009 g

( )

10 수조에 물을 가득 채우려면 ㉮, ㉯, ㉰ 컵으로 각각 다음과 같은 횟수만큼 물을 부어야 합니다. ㉮, ㉯, ㉰ 컵 중에서 들이가 가장 적은 컵은 어느 것입니까?

㉮ 컵	㉯ 컵	㉰ 컵
12번	18번	15번

( )

11 물통과 주스병의 들이의 합은 몇 L 몇 mL입니까?

물통   주스병

3 L 200 mL   1 L 900 mL

( )

12 문장에서 사용된 단위가 어색하거나 틀린 문장 2개를 찾아 바르게 고쳐 보시오.

> • 배추 한 포기의 무게는 약 800 kg입니다.
> • 바둑돌 한 개의 무게는 약 2 g입니다.
> • 4 kg 50 g은 450 g입니다.
> • 3 t은 3000 kg입니다.

_____

_____

13 초콜릿 상자의 무게는 2 kg 750 g이고 사탕 상자의 무게는 3600 g입니다. 어느 상자가 몇 g 더 무겁습니까?

(,)

14 재훈이 아버지의 몸무게는 70 kg입니다. 1 t은 재훈이 아버지 몸무게의 약 몇 배쯤 되는지 어림해 보시오.

( )

15 실제 들이가 1 L 200 mL인 물병의 들이와 더 가깝게 어림한 사람은 누구입니까?

> • 윤서: 200 mL 우유갑으로 4번쯤 들어갈 것 같으므로 물병의 들이는 약 800 mL입니다.
> • 준영: 500 mL 우유갑으로 1번, 200 mL 우유갑으로 3번 들어갈 것 같으므로 물병의 들이는 약 1 L 100 mL입니다.

( )

16 승재와 민아가 산 음료의 양입니다. 누가 산 음료의 양이 몇 mL 더 많습니까?

	승재	민아
식혜	1 L 700 mL	650 mL
수정과	500 mL	1 L 300 mL

(,)

잘 틀리는 문제

17 성민이가 강아지를 안고 무게를 재면 42 kg 500 g이고, 고양이를 안고 무게를 재면 43 kg 100 g입니다. 강아지의 무게가 2 kg 300 g이라면 고양이의 무게는 몇 kg 몇 g입니까?

( )

18 사과와 배를 양손에 들어 보니 무게가 비슷하여 어느 것이 더 무거운지 알 수 없었습니다. 두 과일의 무게를 비교할 수 있는 방법을 써 보시오.

답 |

19 저울로 상자 3개의 무게를 비교한 것입니다. 가벼운 상자부터 차례대로 쓰려고 합니다. 풀이 과정을 쓰고 답을 구해 보시오.

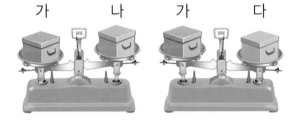

가   나   가   다

풀이 |

답 |

20 ㉮ 그릇과 ㉯ 그릇의 들이입니다. ㉮ 그릇과 ㉯ 그릇을 사용하여 수조에 물 5 L를 담는 방법을 쓰고 그렇게 생각한 이유를 써 보시오.

㉮ 그릇	㉯ 그릇
2 L 500 mL	7 L 500 mL

답 |

1 물통과 주전자에 물을 가득 채운 후 모양과 크기가 같은 컵에 각각 옮겨 담았더니 물통은 컵이 12개, 주전자는 컵이 14개였습니다. 물통과 주전자 중에서 들이가 더 많은 것은 어느 것인지 풀이 과정을 쓰고 답을 구해 보시오. [5점]

풀이 |

답 |

2 물이 수조에는 4550 mL 들어 있고, 어항에는 4 L 500 mL 들어 있습니다. 수조와 어항 중에서 물이 더 많이 들어 있는 것은 어느 것인지 풀이 과정을 쓰고 답을 구해 보시오. [5점]

풀이 |

답 |

3 책가방의 무게는 몇 kg 몇 g인지 풀이 과정을 쓰고 답을 구해 보시오. [5점]

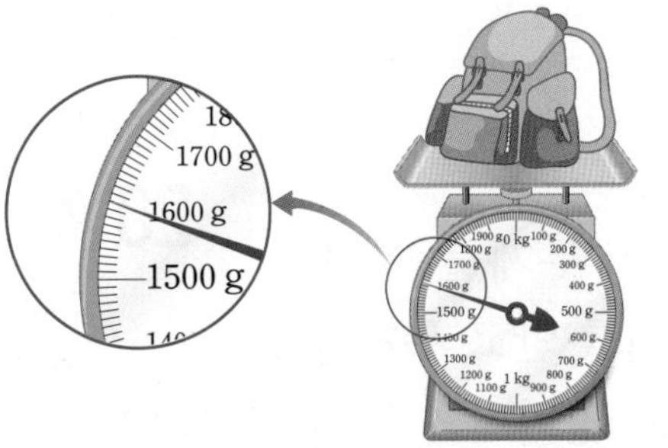

풀이 |

답 |

4 두 상자의 무게의 차는 몇 g인지 풀이 과정을 쓰고 답을 구해 보시오. [5점]

가

4 kg 70 g

나

5600 g

풀이 |

_____

_____

답 |

5 태주가 고구마와 양파의 무게를 바르게 비교했는지 네, 아니요로 답하고 그렇게 생각한 이유를 써 보시오. [5점]

고구마 100원짜리 동전 30개 양파 500원짜리 동전 30개

고구마와 양파는 각각 동전 30개의 무게와 같으므로 고구마 1개와 양파 1개의 무게는 같아요.

태주

답 |

_____

_____

6 주스를 선미는 1 L 450 mL 마셨고, 영호는 선미보다 700 mL 더 적게 마셨습니다. 두 사람이 마신 주스의 양은 모두 몇 L 몇 mL인지 풀이 과정을 쓰고 답을 구해 보시오. [5점]

풀이 |

_____

_____

답 |

(1~4) 윤아네 반 학생들의 혈액형을 조사하여 표로 나타내었습니다. 물음에 답하시오.

혈액형별 학생 수

혈액형	A형	B형	O형	AB형	합계
학생 수(명)	8	11	5	4	28

1 O형인 학생은 몇 명입니까?

( )

2 윤아네 반 학생은 모두 몇 명입니까?

( )

3 학생 수가 가장 많은 혈액형은 무엇입니까?

( )

4 A형인 학생 수는 AB형인 학생 수의 몇 배입니까?

( )

(5~8) 준서네 반 학생들이 좋아하는 과일을 조사하였습니다. 물음에 답하시오.

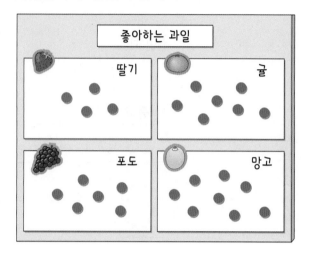

5 조사한 것은 무엇입니까?

( )

6 누구를 대상으로 조사하였습니까?

( )

7 조사한 자료를 보고 표를 완성해 보시오.

좋아하는 과일별 학생 수

과일	딸기	귤	포도	망고	합계
학생 수(명)	4		6		

| 시험에 꼭 나오는 문제

8 좋아하는 과일별 학생 수를 알아보려고 할 때 조사한 자료와 표 중에서 어느 것이 더 편리합니까?

( )

(9~12) 어느 자동차 공장의 월별 자동차 생산량을 조사하여 그림그래프로 나타내었습니다. 물음에 답하시오.

월별 자동차 생산량

월	자동차 생산량
7월	
8월	
9월	
10월	

🚙10대 🚗1대

9 그림그래프에서 그림 🚙과 🚗은 각각 몇 대를 나타냅니까?

🚙 ( )

🚗 ( )

10 8월의 자동차 생산량은 몇 대입니까?

( )

11 자동차 생산량이 가장 많은 달은 몇 월이고, 몇 대입니까?

(,)

12 7월과 9월의 자동차 생산량의 차는 몇 대입니까?

( )

(13~15) 목장별로 기르고 있는 소의 수를 조사하여 표로 나타내었습니다. 물음에 답하시오.

목장별 소의 수

목장	튼튼	신선	아침	합계
소의 수(마리)	30	41	24	95

13 표를 보고 그림그래프로 나타낼 때 그림을 몇 가지로 나타내는 것이 좋겠습니까?

( )

14 표를 보고 그림그래프를 완성해 보시오.

목장별 소의 수

목장	소의 수
튼튼	
신선	
아침	

🐮10마리 🐮1마리

15 소의 수가 많은 목장부터 차례대로 써 보시오.

( )

16 어제 팔린 과자의 수를 그림그래프로 나타내었습니다. 팔린 과자는 모두 몇 개입니까?

어제 팔린 종류별 과자의 수

종류	과자의 수
초코칩	
오트밀	
견과류	

🍪100개 🍪10개 ●1개

( )

17 승재네 반과 주아네 반은 함께 현장 체험 학습을 가려고 학생들이 가고 싶어 하는 장소를 조사하였습니다. 놀이공원에 가고 싶어 하는 학생 수와 방송국에 가고 싶어 하는 학생 수의 차는 몇 명입니까?

가고 싶어 하는 장소별 학생 수

장소	미술관	놀이공원	고궁	방송국	합계
승재네 반 학생 수(명)	6	9	4	7	26
주아네 반 학생 수(명)	3	10	5	7	25

(   )

잘 틀리는 문제

18 현주와 친구들이 한 학기 동안 읽은 책의 수를 조사하여 표로 나타내었습니다. 표를 보고 ◎은 10권, △은 5권, ○은 1권으로 하는 그림그래프로 나타내어 보시오.

학생별 읽은 책의 수

이름	현주	진호	민아	영태	합계
책의 수(권)	35	17	28	32	112

학생별 읽은 책의 수

이름	책의 수
현주	
진호	
민아	
영태	

◎ ☐권 △ ☐권 ○ ☐권

서술형 문제

(19~20) 어느 가게에서 일주일 동안 팔린 종류별 김밥의 수를 조사하여 그림그래프로 나타내었습니다. 물음에 답하시오.

일주일 동안 팔린 종류별 김밥의 수

종류	김밥의 수
참치	
채소	
불고기	
치즈	

🍙 100줄   🍙 10줄

19 가장 적게 팔린 김밥은 몇 줄이 팔렸는지 풀이 과정을 쓰고 답을 구해 보시오.

풀이|

답|

20 내가 음식점 주인이라면 다음 주에는 어떤 김밥 재료를 어떻게 준비하면 좋을지 써 보시오.

답|

단원 평가 2회

6. 자료의 정리

(1~4) 승범이가 모은 구슬을 색깔별로 조사하였습니다. 물음에 답하시오.

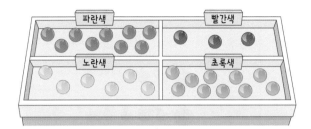

1 조사한 자료를 보고 표로 나타내어 보시오.

색깔별 구슬 수

색깔	파란색	빨간색	노란색	초록색	합계
구슬 수(개)					

2 구슬 수가 가장 많은 색깔은 무엇입니까?

( )

3 구슬 수가 가장 적은 색깔은 무엇입니까?

( )

4 파란색 구슬과 노란색 구슬은 모두 몇 개입니까?

( )

(5~8) 수현이네 모둠 학생들이 어제 책을 읽은 시간을 조사하여 그림그래프로 나타내었습니다. 물음에 답하시오.

학생별 책을 읽은 시간

이름	책을 읽은 시간
수현	
재욱	
선영	
근호	

📖 10분 📖 1분

5 그림그래프에서 그림 📖과 📖은 각각 몇 분을 나타냅니까?

📖 ( )
📖 ( )

6 수현이가 책을 읽은 시간은 몇 분입니까?

( )

7 책을 읽은 시간이 가장 짧은 학생은 누구입니까?

( )

8 재욱이는 근호보다 책을 몇 분 더 읽었습니까?

( )

(9~12) 지혜네 학교 3학년 학생들이 좋아하는 운동을 조사하여 표로 나타내었습니다. 물음에 답하시오.

좋아하는 운동별 학생 수

운동	수영	축구	야구	피구	합계
학생 수(명)		35	26	14	98

9 수영을 좋아하는 학생은 몇 명입니까?

( )

시험에 꼭 나오는 문제

10 표를 보고 그림그래프로 나타내어 보시오.

운동	학생 수
수영	
축구	
야구	
피구	

😊 10명 😊 1명

11 좋아하는 학생 수가 많은 운동부터 차례대로 써 보시오.

( )

12 좋아하는 운동별 학생 수의 많고 적음을 비교하려고 할 때 표와 그림그래프 중에서 어느 것이 더 편리합니까?

( )

(13~15) 과수원별 사과 생산량을 조사하여 그림그래프로 나타내었습니다. 물음에 답하시오.

과수원별 사과 생산량

과수원	사과 생산량
가	🍎 🍏 🍏
나	🍎 🍎 🍎 🍎 🍎
다	🍎 🍎 🍏 🍏 🍏
라	🍎 🍎 🍎 🍏

🍎 100상자 🍏 10상자

13 사과 생산량이 가장 많은 과수원은 어느 과수원이고, 몇 상자입니까?

(,)

14 사과 생산량이 가 과수원의 2배인 과수원은 어느 과수원입니까?

( )

잘 틀리는 문제

15 전체 사과 생산량은 몇 상자입니까?

( )

(16~17) 주희네 반 학생들이 가고 싶어 하는 나라를 조사하였습니다. 물음에 답하시오.

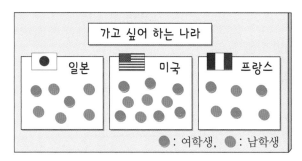

가고 싶어 하는 나라

일본 미국 프랑스

● : 여학생, ◗ : 남학생

16 조사한 자료를 보고 표로 나타내어 보시오.

가고 싶어 하는 나라별 학생 수

나라	일본	미국	프랑스	합계
여학생 수(명)				
남학생 수(명)				

시험에 꼭 나오는 문제

17 주희네 반 학생들이 수학 여행을 해외로 간다면 어느 나라로 가는 것이 좋겠습니까?

( )

잘 틀리는 문제

18 초등학교별 학생 수를 조사하여 나타낸 표와 그림그래프를 각각 완성해 보시오.

초등학교별 학생 수

초등학교	우정	행복	바른	합계
학생 수(명)	450		523	1575

초등학교별 학생 수

초등학교	학생 수
우정	
행복	☺☺☺☺☺☺☻☻
바른	

☺ 100명 ☺ 10명 ☻ 1명

서술형 문제

(19~20) 용재와 친구들이 빚은 만두의 수를 조사하여 그림그래프로 나타내었습니다. 4명이 빚은 만두는 모두 114개입니다. 물음에 답하시오.

학생별 빚은 만두의 수

이름	만두의 수
용재	🥟🥟🥟🥟
태훈	🥟🥟🥟🥟🥟🥟
성희	
은아	🥟🥟🥟🥟🥟🥟

🥟 10개 🥟 1개

19 그림그래프에서 성희가 빚은 만두의 수는 그림 🥟과 🥟을 각각 몇 개씩 그려야 하는지 풀이 과정을 쓰고 답을 구해 보시오.

풀이 |

답 | 🥟 :   , 🥟 :

20 그림그래프를 보고 알 수 있는 내용을 2가지 써 보시오.

답 |

1 진수네 학교 3학년 학생들이 참여하는 방과 후 교실을 조사하여 표로 나타내었습니다. 참여하는 학생 수가 적은 교실부터 차례대로 쓰려고 합니다. 풀이 과정을 쓰고 답을 구해 보시오. [5점]

방과 후 교실별 학생 수

방과 후 교실	종이접기	영어 회화	농구	컴퓨터	합계
학생 수(명)	12	33	24	31	100

풀이 |

답 |

(2~3) 어느 지역의 마을별 수박 생산량을 조사하여 그림그래프로 나타내었습니다. 물음에 답하시오.

2 수박 생산량이 가장 많은 마을의 수박 생산량은 몇 상자인지 풀이 과정을 쓰고 답을 구해 보시오. [5점]

마을별 수박 생산량

마을	수박 생산량
가	🍉🍉🍉🍉🍉
나	🍉🍉🍉🍉🍉
다	🍉🍉🍉🍉🍉
라	🍉🍉🍉🍉🍉🍉

🍉10상자 🍉1상자

풀이 |

답 |

3 네 마을의 수박 생산량은 모두 몇 상자인지 풀이 과정을 쓰고 답을 구해 보시오. [5점]

풀이 |

답 |

(4~5) 재우네 반에 있는 색종이의 수를 색깔별로 조사하여 그림그래프로 나타내었습니다. 초록색 색종이는 빨간색 색종이보다 50장 더 많습니다. 물음에 답하시오.

색깔별 색종이의 수

색깔	색종이의 수
빨간색	□ □ □ □ □ □
파란색	□ □ □ □ □
노란색	□ □ □ □ □ □
초록색	

□ 100장   □ 10장

4 그림그래프에서 초록색 색종이의 수는 그림 ▢과 □을 각각 몇 개씩 그려야 하는지 풀이 과정을 쓰고 답을 구해 보시오. [5점]

풀이 |

답 | ▢:   , □:

5 가장 많은 색깔의 색종이 수와 가장 적은 색깔의 색종이 수의 차는 몇 장인지 풀이 과정을 쓰고 답을 구해 보시오. [5점]

풀이 |

답 |

6 준호네 반과 승진이네 반 학생들이 먹고 싶어 하는 음식을 조사하여 표로 나타내었습니다. 두 반 학생들이 가장 먹고 싶어 하는 음식은 무엇인지 풀이 과정을 쓰고 답을 구해 보시오. [5점]

먹고 싶어 하는 음식별 학생 수

음식	떡볶이	햄버거	김밥	자장면	합계
준호네 반 학생 수(명)	6	4	8	5	23
승진이네 반 학생 수(명)	5	9	6	4	24

풀이 |

답 |

1 계산해 보시오.

1. 곱셈

$$\begin{array}{r} 5\ 1 \\ \times\ 3\ 4 \\ \hline \end{array}$$

3. 원

2 원의 지름은 몇 cm입니까?

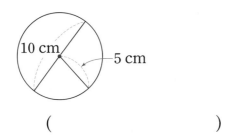

10 cm   5 cm

(   )

4. 분수

3 그림을 보고 ☐ 안에 알맞은 수를 써넣으시오.

14의 $\frac{1}{7}$은 ☐입니다.

5. 들이와 무게

4 단위 사이의 관계를 <u>잘못</u> 나타낸 것은 어느 것입니까? (   )

① 4600 g＝4 kg 600 g
② 7000 mL＝7 L
③ 5 t＝5000 kg
④ 3 L 60 mL＝3600 mL
⑤ 9 kg 2 g＝9002 g

2. 나눗셈

5 빈칸에 알맞은 수를 써넣으시오.

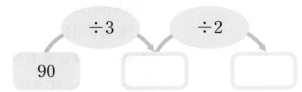

1. 곱셈

6 계산 결과의 크기를 비교하여 ◯ 안에 ＞, ＝, ＜를 알맞게 써넣으시오.

$$35 \times 14 \bigcirc 123 \times 4$$

4. 분수

7 가분수를 대분수로 바르게 나타낸 것에 ◯표 하시오.

$\frac{15}{8}=1\frac{6}{8}$	$\frac{11}{4}=2\frac{3}{4}$	$\frac{21}{13}=2\frac{1}{13}$
( )	( )	( )

3. 원

8 원에 대한 설명 중 <u>틀린</u> 것을 찾아 기호를 써 보시오.

> ⊙ 지름은 원을 둘로 똑같이 나눕니다.
> ⓒ 한 원에서 원의 중심은 무수히 많습니다.
> ⓒ 지름은 반지름의 2배입니다.
> ② 한 원에서 반지름은 무수히 많이 그을 수 있습니다.

(   )

(9~10) 어느 과일 가게의 과일별 판매량을 조사하여 그림그래프로 나타내었습니다. 물음에 답하시오.

과일별 판매량

과일	판매량
사과	🗃🗃🗃
복숭아	🗃▪▪
배	▪▪▪▪▪▪
참외	🗃🗃▪▪▪▪

🗃100상자 ▪10상자

6. 자료의 정리

9 적게 팔린 과일부터 차례대로 써 보시오.

(   )

6. 자료의 정리

10 과일 가게에서 팔린 과일은 모두 몇 상자입니까?

(   )

5. 들이와 무게

11 식혜가 3 L 400 mL 있었는데 지효네 가족이 1 L 600 mL를 마셨습니다. 마시고 남은 식혜는 몇 L 몇 mL입니까?

(   )

2. 나눗셈

12 세 변의 길이가 모두 같은 삼각형이 있습니다. 삼각형의 세 변의 길이의 합이 135 cm일 때, 한 변은 몇 cm입니까?

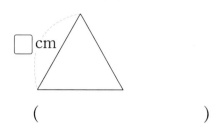

(   )

4. 분수

13 선아네 집에서 학교, 도서관, 경찰서까지의 거리는 각각 다음과 같습니다. 선아네 집에서 가장 가까운 곳은 어디입니까?

학교	도서관	경찰서
$2\frac{3}{9}$ km	$\frac{24}{9}$ km	$2\frac{7}{9}$ km

(   )

1. 곱셈

14 ☐ 안에 알맞은 수를 써넣으시오.

$$\begin{array}{r} 3\ 1\ \boxed{} \\ \times \quad\quad 6 \\ \hline 1\ 8\ 8\ 4 \end{array}$$

15 2보다 크고 3보다 작으면서 분모가 5인 가분수를 모두 구해 보시오.
4. 분수

(   )

16 수 카드 3장을 한 번씩만 사용하여 몫이 가장 큰 (몇십몇)÷(몇)을 만들려고 합니다. 만든 나눗셈의 몫과 나머지를 각각 구해 보시오.
2. 나눗셈

3   4   9

몫 (   )

나머지 (   )

17 직사각형 안에 반지름이 7 cm인 원 4개를 겹치지 않게 이어 붙였습니다. 직사각형의 네 변의 길이의 합은 몇 cm입니까?
3. 원

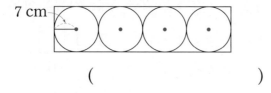

7 cm

(   )

서술형 문제

18 잘못 계산한 곳을 찾아 이유를 쓰고, 바르게 계산해 보시오.
2. 나눗셈

$$73 \div 4 = 17 \cdots 5$$

답 |

19 지선이네 가족은 쌀을 9월에 4 kg 280 g 먹었고, 10월에는 9월보다 500 g을 더 적게 먹었습니다. 지선이네 가족이 9월과 10월에 먹은 쌀은 모두 몇 kg 몇 g인지 풀이 과정을 쓰고 답을 구해 보시오.
5. 들이와 무게

풀이 |

답 |

20 어떤 수에 37을 곱해야 하는데 잘못하여 어떤 수에서 37을 뺐더니 25가 되었습니다. 바르게 계산하면 얼마인지 풀이 과정을 쓰고 답을 구해 보시오.
1. 곱셈

풀이 |

답 |